强化学习的数学原理

赵世钰 ◎ 著

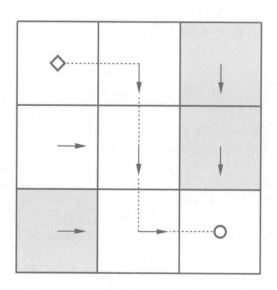

清华大学出版社
北京

内 容 简 介

本书从强化学习最基本的概念开始介绍，将介绍基础的分析工具，包括贝尔曼方程和贝尔曼最优方程，然后推广到基于模型的和无模型的强化学习算法，最后推广到基于值函数和策略函数的强化学习方法。本书强调从数学的角度引入概念、分析问题、分析算法。本书不要求读者具备任何关于强化学习的知识背景，仅要求读者具备一定的概率论和线性代数的知识。如果读者已经具备强化学习的学习基础，本书可以帮助读者更深入地理解一些问题并提供新的视角。

本书面向对强化学习感兴趣的本科生、研究生、研究人员和企业或研究所的从业者。

图书在版编目（CIP）数据

强化学习的数学原理/ 赵世钰著. -- 北京：清华大学出版社，2025. 4（2025.6 重印）. -- ISBN 978-7-302-68567-8
I. TP181
中国国家版本馆 CIP 数据核字第 2025MF6035 号

责任编辑：郭　赛
封面设计：杨玉兰
责任校对：郝美丽
责任印制：杨　艳

出版发行：清华大学出版社
　　　　　网　　址：https://www.tup.com.cn, https://www.wqxuetang.com
　　　　　地　　址：北京清华大学学研大厦 A 座　　　　　　邮　　编：100084
　　　　　社 总 机：010-83470000　　　　　　　　　　　　邮　　购：010-62786544
　　　　　投稿与读者服务：010-62776969, c-service@tup.tsinghua.edu.cn
　　　　　质量反馈：010-62772015, zhiliang@tup.tsinghua.edu.cn
　　　　　课件下载：https://www.tup.com.cn,010-83470236
印 装 者：三河市龙大印装有限公司
经　　销：全国新华书店
开　　本：203mm×260mm　　　　　印　　张：18.5　　　　　字　　数：372
版　　次：2025 年 4 月第 1 版　　　　印　　次：2025 年 6 月第 4 次印刷
定　　价：108.00 元

产品编号：109860-01

中文版自序

本教材的英文版已于 2022 年 8 月发布在 GitHub 上，供国内外读者免费下载阅读，其纸质版分别于 2024 年底和 2025 年初由清华大学出版社和施普林格自然出版社在国内外发行。自上线以来，本教材得到了许多关注，我也收到了不少反馈。其中有一些有意思的故事，借着这次机会，我想和大家分享一下。

这个自序可能有点长，我想和大家分享的东西不少，大家可以把它当作学习之余的休闲。

为什么要做这个教程？

> 曾经有小伙伴在我的线上课程视频下留言，原文是："您是怎么学得这么透彻的呢，学习路线是什么样子的呢？"我回复的原文是"这个问题有点意思：如果一开始就能顺利而透彻地学习，我又怎么会呕心沥血去做这样一个教程呢？强化学习有多难学透，局中人才了解。"

我为什么要花大量时间来做这个教程呢？虽然国内外已经有很多关于强化学习的书籍和课程，但是我自己学习强化学习的过程是十分痛苦的。现有的教程大部分比较偏向直观，也有一些是比较偏向控制理论的。直观的解释往往难以令人透彻理解，而偏向控制理论的教程则需要专业背景。所以，我觉得现有教程中存在一个鸿沟。我想做一个新的教程，既能通过数学解释让读者"透彻理解"，又能通过创新体系架构和直观例子让读者"快速理解"。

我做这个教程的另一个原因在于自己的学习习惯。多年的研究经历让我有了一个习惯：打破砂锅问到底。对于一个算法，许多人可能知道怎么用就行了，但是我必须知道为什么，否则心里没有安全感，所以会一直往下挖，等所有的来龙去脉都搞清楚了，我才会安心。因此，我在学习过程中积累了大量的笔记资料，后来就想把这些资料整理后分享出来。

做这个教程的更深原因可能来源于早些年种在我内心中的一颗种子。虽然我是一名科研人员，但是一直觉得教学也能产生很大的影响力。为什么这么说呢？因为我自己就被深深地影响过！虽然我在本科期间上过线性代数的课程，但是在读博士时又自学了一遍，当时用的是 MIT 的 Gilbert Strang 教授的线性代数教材，我相信很多人都读过这本书。他在 2023 年退休了，当时网上还有一些讨论和感慨。他的书给我留下了很深的印象，感觉自己能够沉醉其中，并且在读的时候不禁感叹"太优美了"，有时候自己还能够会心一笑，我现在还清晰地记得当时读那本书会心一笑的场景。这个可能是种在我心里的一颗种子，希望有机会我也能写一本能帮助很多人的教材。如果你在读我的教程时也能够会心一笑，这将是我至高无上的荣幸。

究竟花了多少时间？

> 如果当初知道要花这么多时间，我可能就不会去做这个教程了。但是好在人生没有那么多"如果"，否则也不会有那么多惊喜了。

我究竟花了多少时间来做这个教程呢？这个很难统计，不过我简单算了一下。这本教材约 300 页，所有内容都由我亲自开发，包括数学推导、例子设计、仿真绘图、语言组织等。如果平均一天工作八小时，那么能不能写出来一页呢？我想了想，答案是不能。本质原因是现在没有一本类似的教材可以供我参考，我需要从零开始去开发。例如，我需要首先从大量文献中把分散的内容挖掘出来，之后用合适的方式将这些内容有机地组织在一起，再配上严格的数学推导和直观的例子说明，最后一遍又一遍地不断优化结构和文字。这些事情耗费的时间是难以想象的。所以，大家现在看到的 10 小时的课程视频，是我花了几百倍的时间浓缩而成的作品。如果你觉得好，那一定是有原因的。我经常去参观一些博物馆，当看到一些好物件，例如瓷器或手工艺品时，我经常会感叹"好东西啊好东西"。很多东西一看就知道当初那个工匠在这上面花了很多时间和心血，我自己也一直比较推崇工匠精神。

开发这个教程的过程中的酸甜苦辣，一般人是体会不了的。因为我还有很多其他事情要处理，中间有好几次想过放弃。不过随着投入的时间越来越多，后来想放弃也越来越困难，好在最后还是咬牙坚持下来了。值得庆幸的是，我经过多年的科研训练，学习能力还处于巅峰的状态，科技写作的经验也相对丰富，这些对我最终完成这个教程起到了重要的作用。有不少同学留言问我能不能做其他课程或者知识点的教学视频，虽然我很感谢大家的信任，但是我的统一回复都是：实在"肝"不动了。

这么做值得吗？

> 对于一个大学老师来说，花费如此巨大的精力和时间值得吗？当很多同学和老师和我说我的教程给了他们很大帮助时，我觉得是值得的！

截至 2025 年 3 月，教材在 GitHub 已经收获 7000+ 星，课程视频在 B 站等平台播放总和超过 130 万次，它也是中国大学 MOOC 上的第一个强化学习课程。此外，有很多热心读者在网上发布了他们学习我的课程的笔记，单单这些笔记就已经得到了很多关注。还有一些读者把我的教程里面所有的例子都自己动手编程复现了出来，也有读者录制了视频来重新解读我的课程，我都很受触动。这些笔记和代码等资料的链接我都已经放到了 GitHub 的主页上。

我自己也收到了很多国内外邮件来信，其中一些给我留下了深刻的印象。例如，有一个在美国加州留学的中国学生给我写邮件，很坦诚地说他一般只看西方的教材和课程视频，因为他觉得西方的质量更高，但是他说我的课程是一个"反例"，给他带来了很大的帮助。这个同学给我留下了很深的印象，因为我觉得只要我们中国人愿意用心去做一件事情，那就一定能做好！此外，我也收到了一些国内外大学老师的来信，希望把我的教材或者课件用在他们的教学上，我一般都会非常开心地支持。

该怎么学习强化学习？

> 在大家都推崇"快速入门"和"无痛学习"的情况下，为什么我会反其道而行之，竟然要介绍数学原理呢？

我们要回答的第一个问题是：真的有必要学习数学吗？其实一门课究竟该怎么教或学，不完全取决于我们的主观想法，而是应该基于这门课的客观特点。强化学习具有两个特点：一个是数学性，另一个是系统性。很多读者觉得强化学习比其他人工智能领域更难入门，这与其数学性和系统性有很大关系。

◇ 数学性：强化学习从其诞生之初就有很强的数学性。虽然近些年在与深度学习结合之后，强化学习的工程性和实验性越来越强，但是理解强化学习的基础原理始终是入门的关键一步，这对于将来正确使用已有算法或者研发新型算法都十分必要。我们必须要面对的事实是：如果想透彻地理解强化学习，其数学原理是不可回避的。

如果不讲背后的数学，而只是通过文字直观解释，那么很多时候看似懂了，但是经常会有云里雾里、似懂非懂的感觉。相反，如果我们从数学的角度去学习，便能够更加透彻地理解很多算法的本质，而且学习效率可能更高，花费的时间可能更短。我相信许多读者都有过这样的体验：一个数学公式胜过千言万语的文字描述。

此外，数学其实并不总是令人生畏的。只要通过富有逻辑的方式呈现，掌握好数学知识的深度和广度，完全可以写出一本既适合入门又能揭示强化学习本质的书籍。在我的教程里面，我也不是一味地堆砌公式，因为那没有意义，关键是怎样从读者的角度去帮助读者更好地理解。我把很多数学内容放到了灰色的方框里面，明确告诉读者这些是选学内容，大家可以根据自己的情况选择性阅读。在教程视频里面，我对许多数学证明也尽量点到为止，让感兴趣的读者去书中自学。不过，有许多读者会很细致地阅读书中的数学推导并且给我反馈，这出乎我的意料也让我很欣慰，起码我写的一些很细节的东西还是帮助到了大家。

◇ **系统性**：强化学习的系统性很强，许多概念一环扣一环。要想深入地理解强化学习，就要从最基础的概念出发，一点一滴地学习。这也是我建议大家放弃"速成"想法的一个重要原因。如果大家上来就学习 Q-learning 或者 Actor-Critic 的方法，连基本的概念都没有搞清楚，那么往往会一知半解。这个教程的一个新颖之处就是对现有方法的梳理：大家可以看书里的第一张图，这张图明确指出了不同方法之间的逻辑关系，也明确指出了应该先学什么、后学什么。

在了解了这两个特点之后，我们对该如何学习也就很清楚了。大家可以回想一下自己之前是怎么学习高等数学的。我们从不奢望能够在短时间内"速成"高等数学，因为我们知道必须脚踏实地一步一步来。我们必须先学会什么是极限，才能知道什么是导数，之后才能学习怎么求积分。如果还没有学习导数就想求积分，即使把积分的公式记下来了，也不意味着能够很好地理解和应用。

基础打得不牢，将来"楼"盖得越高，越会感觉乏力。一步一步地吃透强化学习中的数学原理看似是一个笨办法，实则是真正高效的捷径。

这个教程适合你吗？

大家可以快速判断一下本教程是否适合自己。

◇ 第一，本教程介绍的是"深度"强化学习吗？我想大部分读者都会对这个问题感兴趣，不过许多小伙伴可能还不清楚什么是深度强化学习。深度强化学习有两种含义。第一种含义是在强化学习中引入全连接神经网络，作为值函数或者策略函数的逼近器，这在本教程中已经涵盖。我觉得这个不是深度强化学习，但是大家一般也都称之为深度强化学习，即使这个网络并不深。第二种含义是把深度学习和强化学习相结合。一个简单的例子是输入是图像、输出是动作，或者最近流行的视觉-语言-动作模型，这时就需要将用于处理图像或语言的深度学习方法与强化学习相结合。

大家可以自己判断一下你要学习的是哪一种。如果你对强化学习还不熟悉，你要学习的是第一种，而不是第二种，因为第二种是一种结合体，需要你对强化学习原理已经有一些了解。如果你要学习的是第一种，那么本教程就是合适的。

◇ 第二，本教程不要求读者有任何强化学习的背景知识，因为它会从最基本的概念开始介绍。只要你有决心系统而深入地学习，相信本教程一定能让你高效入门且"知其然并知其所以然"。如果读者已经有了一定的强化学习的背景，相信本教程也能给你带来新的视角和理解。

◇ 第三，本教程会涉及高等数学、线性代数、概率论中的一些基础知识，读者最好学过这些课程。如果没有学过，可以参考本教程附录中给出的基础知识。我在介绍的时候也会循序渐进、逐步深入、配以例子，所以大家不用太担心这门教程过于数学化。

◇ 第四，本教程更适合那些希望深入了解强化学习的同学，特别是未来需要进行学术研究或创新的同学。如果你未来要以此为生，强化学习就是你的"饭碗"，那么这个碗饭你要端得很牢才可以。相反，如果你只是想浅浅地了解一些名词和概念，那么你可能会发现本教程的深度超出了你的预期。

◇ 第五，本教程侧重于原理而不是编程。如果你对编程感兴趣，那么可以参考许多其他优秀的资料。如果你想了解强化学习的原理，那么这个教程就是合适的。

"四宫格"集齐

到目前为止，整套教程的"四宫格"已经集齐：中文版的教材；中文版的视频；英文版的教材；英文版的视频。详细信息请参见 https://github.com/MathFoundationRL/Book-Mathematical-Foundation-of-Reinforcement-Learning，这是本教程在 GitHub 上的主页，大家也可以自行在网上搜索。

最初的教材是英文的，这一方面是因为我的所有学习笔记都是英文的，另一方面是因为我想写一本能够让国内外读者都能阅读的教材。那为什么我又要把英文教材翻译成中文呢？主要还是应读者的呼吁，对于一个不熟悉的领域，直接用母语阅读确实会更方便。不过翻译成中文要花费太多的时间，好在随着大语言模型的出现，现在的翻译工作也变得相对容易了。不过目前大语言模型翻译的文稿还有很多问题，还是需要我花费大量时间一遍遍地优化修改。

最初的课程视频是中文的，后来我把中文视频转成了英文。国内的读者可能不会太关注英文视频，因为大家可以看中文视频，不过我觉得这是很有意义的一件事情，因为我们中国人做的课程在国际上还是很少的。那怎么去做英文课程视频呢？重新录视频真的是太花时间了，因为要非常流畅清晰而且中间不能出错，想一遍录制下来其实是很难的，大家看到的我的视频一般是录制了很多遍后才得到的。因此，这次转成英文视频的时候，我们利用了一些最近兴起的 AI 工具，例如声音克隆等。不过现在 AI 工具的输出还有大量的错误和问题，也需要我做仔细的修改和校对。

致谢

我要感谢清华大学出版社的郭赛编辑对我中英文教材的大力支持。在教材翻译的过程中，我实验室的吕嘉玲、徐璐峰、季文康等同学做了许多琐碎但是重要的工作，在此表示感谢。最后，要感谢关注这本书、帮助我改进这本书的天南海北的小伙伴，你们的认真学习是对我时间和精力付出的最好回报。希望这个教程能够扎扎实实地帮助到大家，让更多的读者进入生机勃勃的强化学习领域。

赵世钰

2025 年 3 月

于中国杭州

英文版前言（中文翻译）

　　本书旨在成为一本数学但是友好的教材，能帮助读者"从零开始"实现对强化学习原理的"透彻理解"。本书的特点如下所述。

◇　第一，从数学的角度讲故事，让读者不仅了解算法的流程，更能理解为什么一个算法最初设计成这个样子、为什么它能有效地工作等基本问题。

◇　第二，数学的深度被控制在恰当的水平，数学内容也以精心设计的方式呈现，从而确保本书的易读性。读者可以根据自己的兴趣选择性地阅读灰色方框中的数学材料。

◇　第三，提供了大量例子，能够帮助读者更好地理解概念和算法。特别是本书广泛使用了网格世界的例子，这个例子非常直观，对理解概念和算法非常有帮助。

◇　第四，在介绍算法时尽可能将其核心思想与一些不太重要但是可能让算法看起来很复杂的东西分离开来。通过这种方式，读者可以更好地把握算法的核心思想。

◇　第五，本书采用了新的内容组织架构，脉络清晰，易于建立宏观理解，内容层层递进，每一章都依赖于前一章且为后续章节奠定基础。

　　本书适合对强化学习感兴趣的高年级本科生、研究生、科研人员和工程技术人员阅读。由于本书会从最基本的概念开始介绍，因此不要求读者有任何强化学习的背景。当然，如果读者已经有一些强化学习的背景，我相信本书可以帮助大家更深入地理解一些问题或者提供不同的视角。此外，本书要求读者具备一些概率论和线性代数的知识，这些知识在本书附录中已经给出。

　　自2019年以来，我一直在教授研究生的强化学习课程，我要感谢课程中的学生对我的教学提出的反馈建议。自2022年8月把这本书的草稿在线发布在GitHub，到目前为止我收到了许多读者的宝贵反馈，在此对这些读者表示衷心感谢。此外，我还要感谢我的团队成员吕嘉玲在编辑书稿和课程视频方面所做的大量琐碎但是重要的工作；感谢助教李佳楠和米轶泽在我的教学中的勤恳工作；感谢我的博士生郑灿伦在设计书中图片方面的帮助，以及我的家人的大力支持。

最后，我要感谢清华大学出版社的郭赛编辑和施普林格自然出版社的常兰兰博士，他们对于书稿的顺利出版给予了大力支持。

我真诚地希望这本书能够帮助读者顺利进入强化学习这一激动人心的领域。

赵世钰

本书概览

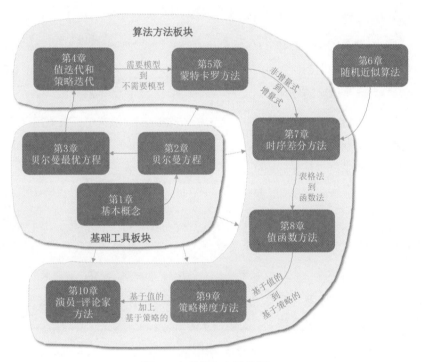

图 1　本书的内容结构图。

　　在开始强化学习的旅程之前，有必要先了解一下本书的内容结构（图1）。本书包含10章，可以分为两部分：第一部是关于基础工具，第二部分是关于算法方法。这10章之间密切相关、互为依托，前面的章节是后面章节的基础。

　　接下来，请随我快速浏览这10章的内容。我将介绍每一章的两个方面：一是每章的内容，二是每章与前后章的关系。这个概述的目的是让读者快速了解整个强化学习原理的脉络。如果其间读者遇到了很多陌生的概念，完全没有关系。只要读者在阅读完下面的概述之后能制定出适合自己的学习计划，那么这个概述的目的就达到了。当然，读者也可以在学完全书后再来看这个概述，到时候你一定能对强化学习的脉络和内容有更好的理解。

◇ 第1章介绍了强化学习中最基础的概念，包括状态、动作、奖励、回报、策略等。这些概念在后续章节会有广泛应用。这一章首先通过网格世界的例子来介绍这些概念。在这个网格世界中，一个智能体的任务是制定出合适的策略，从某一个位置出发，到达指定位置。这个例子非常直观，有助于帮助初学者快速理解。之后，这些概念在基于马尔可夫决策过程（Markov decision processes, MDPs）的框架下以更加正式的方式介绍出来。

◇ 第2章介绍了两个关键点：一个关键概念，一个关键工具。只要明白了这两个关键点，这一章的脉络就会非常清晰。

一个关键概念指的是状态值（state value）。其定义为当智能体从某个状态出发时所能获得的回报的期望值。因为状态值越大说明对应的策略就越好，所以状态值可以用来评估一个策略的好坏，这是我们需要学习状态值的本质原因。

一个关键工具指的是贝尔曼方程（Bellman equation）。用一句话来概述，贝尔曼方程描述了所有状态值之间的关系。通过求解贝尔曼方程，我们就可以得到状态值，这是我们需要学习贝尔曼方程的本质原因。求解状态值的过程称为策略评价，这是强化学习中的一个重要概念。最后，在介绍状态值的基础上，本章进一步介绍动作值的概念。

◇ 第3章也介绍了两个关键点：一个关键概念，一个关键工具。只要明白了这两个关键点，这一章的脉络也会非常清晰。

一个关键概念指的是最优策略（optimal policy）。最优策略的定义是该策略相比其他任意策略在所有状态上都具有更高的状态值。

一个关键工具指的是贝尔曼最优方程（Bellman optimality equation）。顾名思义，贝尔曼最优方程是一种特殊的贝尔曼方程，之所以称其为"最优"，是因为这个方程对应了最优策略。本章涉及一个非常基础的问题：强化学习的终极目标是什么？我在线下授课时会告诉学生：当你听到这个问题的时候，一定要非常清晰地回答出强化学习的终极目标是寻找最优策略。贝尔曼最优方程之所以重要是因为它可以用来刻画最优策略。虽然初学者可能需要花一些时间去理解这个方程，但是一旦理解，你就会发现它是一个十分优雅和强大的工具，能够帮助我们深入理解许多基本问题和算法。

前3章构成了本书的第一个板块：基础工具。这个板块为后续章节奠定了必要的基础。本书从第4章开始将介绍能够得到最优策略的各式各样的算法。

◇ 第4章介绍了三种算法：值迭代（value iteration）、策略迭代（policy iteration）、截断策略迭代（truncated policy iteration）。这三种算法关系密切、相辅相成。第一，值迭代算法实际上就是第3章给出的用于求解贝尔曼最优方程的算法。第二，策略迭代算法是值迭代算法的推广，它也是第5章将介绍的蒙特卡罗方法的直接基础。第三，截断策略迭代算法是更加一般化的算法：值迭代和策略迭代是它的两个特殊情况。

这三种算法具有类似的结构，即每次迭代都有两个步骤：一个步骤用来更新值，另一个步骤用来更新策略。这种在更新值和更新策略之间不断切换的思想被称为广义策略迭代（generalized policy iteration，GPI），该思想广泛存在于各式各样的强化学习算法中。

本章介绍的算法实际上可以归类为动态规划（dynamic programming）算法。这些算法需要预先知道系统模型。本书后续章节中介绍的算法都不再需要模型。理解好本章介绍的"有模型"算法对于理解后面介绍的"无模型"算法至关重要。

◇ 第5章给出了本书第一个无模型（model-free）的强化学习算法。之后所有章节介绍的算法都不再依赖于模型。

由于这是本书第一次介绍无模型算法，因此这里有一个知识鸿沟需要填补：怎么样在没有模型的情况下学习最优策略？其基本思路非常简单：可以使用大量数据来估计状态值进而改进策略。如果没有模型，我们必须要有数据；如果没有数据，必须要有模型。如果两者都没有，那什么也做不了。"数据"在强化学习中指的是智能体与环境交互产生的经验样本（experience sample）。

具体来说，本章介绍三种基于蒙特卡罗的算法，这些算法能够从经验样本中学习最优策略。第一个也是最简单的算法称为MC Basic。该算法就是把第4章介绍的策略迭代算法中"需要模型"的模块替换成"不需要模型"的模块。理解MC Basic算法对于理解蒙特卡罗方法的基本思想非常重要。通过扩展这一算法，我们可以得到更复杂但更高效的算法。此外，探索（exploration）与利用（exploitation）之间的平衡是强化学习非常基础的问题，本章也将对该问题进行讨论。

到目前为止，读者可能已经注意到强化学习的"系统性"非常强，不同章节之间的关系非常密切。例如，如果我们想学习第5章中无模型的蒙特卡罗算法，那么必须先理解第4章中的策略迭代算法。如果想理解策略迭代算法，则必须首先学习值迭代算法。如果要学习值迭代算法，那么要先理解第3章的贝尔曼最优方程。要理解贝尔曼最优方程，则要先学习第2章中的贝尔曼方程。因此，如果读者是从零开始入门，我强烈建议从前往后逐章学习，否则后面章节的内容可能会一知半解、似懂非懂。

◇ 第7章将介绍时序差分方法，然而在从第5章跳到第7章时存在一个知识鸿沟：第7章中的算法是增量式的（incremental），而第5章中的算法则是非增量式的（non-incremental）。如果不很好地填补这个鸿沟，那么读者很容易感到迷惑。因此，我们在第6章通过介绍随机近似（stochastic approximation）理论来填补这一知识鸿沟。

随机近似指的是用随机迭代算法求解方程或者优化问题的过程。经典的随机梯度下降算法和Robbins-Monro算法都是特殊的随机近似算法。尽管这一章没有介绍任何强化学习算法，但是它却十分重要，因为它为第7章奠定了必要的基础。

◇ 第7章介绍了时序差分（temporal-difference，TD）算法。有了第6章的准备，相信读者在看到这一章的时序差分算法时就不会感到意外了。实际上，时序差分算法可以被视为求解贝尔曼方程或贝尔曼最优方程的随机近似算法。

时序差分方法也是无模型的。由于其增量形式，它相比蒙特卡罗方法具有一定优势，例如它可以在线学习：每次接收到经验样本时，它可以立即用于更新值和策略。本章将介绍一些具体的时序差分算法，包括Sarsa和Q-learning等。此外，同策略（on-policy）和异策略（off-policy）的概念也将在本章介绍。

◇ 第8章介绍了值函数（value function）方法。事实上，这一章仍然在介绍时序差分方法，只不过它采用了不同的方式来表示状态值和动作值。在本章之前，状态值和动作值都是通过表格表示的。虽然表格方法易于理解，但是难以高效处理大型状态或动作空间。为此，可以用函数来表示值。理解这种方法的关键是理解其三个步骤：第一步是选择合适的目标函数，第二步是推导目标函数的梯度，第三步是用基于梯度的方法来优化目标函数。值函数方法很重要，因为现在它已经成为表示值的标准方法，而且这也是将人工神经网络作为函数逼近器引入强化学习的切入点。著名的深度Q-learning算法也将在本章介绍。

◇ 第9章介绍了策略梯度（policy gradient）方法，这是许多现代强化学习算法的基础。在本章之前，策略都是通过表格表示的，而本章采用函数来表示策略（注意第8章是用函数来表示值的）。

策略梯度方法的基本思想非常简单：第一，选择一个合适的目标函数；第二，求解目标函数对策略参数的梯度；第三，应用基于梯度的算法来优化目标函数。策略梯度方法有众多优势，例如它可以更加高效地处理大型状态和动作空间，也具有更强的泛化能力。

◇ 第10章介绍了演员-评论家（actor-critic）方法。从一个角度来说，演员-评论家方法是第9章中策略梯度方法和第8章中值函数方法的结合体。从另一个角度来说，演员-评论家方法仍然是第9章中的策略梯度方法，只不过其中估计值的时候使用了第8章中值函数的方法。因此，在学习第10章之前，需要先理解第8章和第9章的内容。

至此，我们概述了本书的所有内容，这是一个"名词大全"和"脉络大全"。虽然大家目前还不清楚里面的很多概念，但是没有关系，只要大家了解了本书的脉络，并且能据此制定一个适合自己的学习计划，那这个概述的目的就达到了。

目　录

第1章

基本概念

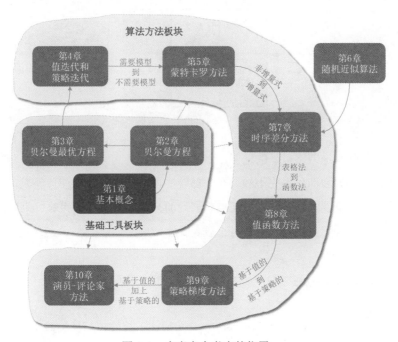

图 1.1 本章在全书中的位置。

本章介绍强化学习中最基本的概念，这些概念将在本书中广泛使用。本章首先通过网格世界的例子引出这些概念，之后会在马尔可夫决策过程的框架中对它们进行更加正式的介绍。

1.1 网格世界例子

图1.2展示了一个网格世界（grid world）的例子。其中有一个智能体（agent）在网格中移动。在每个时刻，智能体只能占据一个单元格。白色单元格代表可以进入的区域，橙色单元格代表禁止进入的区域，蓝色单元格代表目标区域。智能体的任务是从一个初始区域出发，最终到达目标区域。这个网格世界的例子非常直观，能够很好地解释许多新概念、新算法，将在本书中广泛使用。

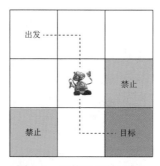

图 1.2 网格世界的示例。

如果智能体知道网格世界的地图，那么规划一条能到达目标单元格的路径其实并不难。然而，如果智能体事先不知道有关环境的任何信息，这个任务就变得有挑战性了。此时智能体需要与环境交互，通过获取经验来找到一个好的策略。为了能够描述这样一个过程，我们需要学习一系列的基本概念。

1.2 状态和动作

本书介绍的第一个概念是状态（state），它描述了智能体与环境的相对状况。具体到网格世界的例子中，状态对应了智能体所在单元格的位置。如图1.3(a) 所示，这个网格有 9 个单元格，因此也对应了 9 个状态，它们被表示为 $s_1, s_2, \ldots, s_9$。所有状态的集合被称为状态空间（state space），表示为 $\mathcal{S} = \{s_1, s_2, \ldots, s_9\}$。我们通常用花括号 $\{\}$ 来表示一个集合。

我们介绍的第二个概念是动作（action）。具体到网格世界的例子中，智能体在每一个状态有 5 个可选的动作：向上移动、向右移动、向下移动、向左移动、保持不动。这 5

个动作分别表示为 $a_1, a_2, \ldots, a_5$（图1.3(b)）。所有动作的集合被称为动作空间（action space），表示为 $\mathcal{A} = \{a_1, a_2, \ldots, a_5\}$。

值得注意的是，不同的状态可以有不同的动作空间。例如，我们可以设置状态 s_1 的动作空间为 $\mathcal{A}(s_1) = \{a_2, a_3, a_5\}$，即可以把那些明显不合理的动作（即向上或向左移动）从动作空间中删除。不过在本书中，我们考虑最一般的情况，即所有的状态都对应 5 个动作。即使其中有我们认为不合理的动作，我们也并不人为避开，而是要通过算法学习到哪些动作好、哪些动作不好。此时，对任意状态 $s \in \mathcal{S}$，有 $\mathcal{A}(s) = \mathcal{A} = \{a_1, a_2, \ldots, a_5\}$。

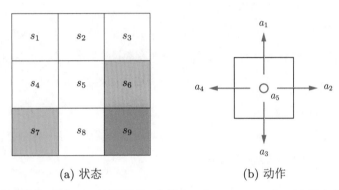

(a) 状态   (b) 动作

图 1.3　状态和动作的示例。(a) 该网格有 9 个状态：$\{s_1, s_2, \ldots, s_9\}$。(b) 每个状态有 5 个可能的动作：$\{a_1, a_2, a_3, a_4, a_5\}$。

1.3　状态转移

当执行一个动作时，智能体可能从一个状态转移到另一个状态，这样的过程被称为状态转移（state transition）。例如，如果智能体当前时刻处在状态 s_1 并且执行动作 a_2（即向右移动），那么智能体会在下个时刻移动到状态 s_2，这个过程可以表示为

$$s_1 \xrightarrow{a_2} s_2.$$

下面我们考虑两个特殊但重要的情况。

◇ 当智能体试图越过网格世界的边界时，它下一个时刻应该转移到什么状态呢？例如，在状态 s_1 采取动作 a_1（即向上移动）时，因为智能体不可能跳出状态空间，所以智能体会被弹回到某一个状态。这里我们设置智能体会被弹回到原来的状态，即 s_1。这样一个状态转移的过程可以表示为 $s_1 \xrightarrow{a_1} s_1$。

有的读者可能会问：智能体有没有可能被弹回到其他状态呢？答案是有可能的。因为这个网格世界是一个仿真环境，所以我们可以根据自己的喜好任意设置其状态转移过程。然而，如果是在现实世界中，那么状态转移需要服从物理规律，不再能

任意设置。

◇ 当智能体试图进入禁止区域时，它下一个时刻应该转移到什么状态呢？例如，在状态 s_5 采取动作 a_2（向右移动）。此时可能遇到两种情况。在第一种情况中，虽然 s_6 是禁止区域，但它仍然是"可进入"的，只不过进入的时候会受到惩罚。此时，下一个状态是 s_6。这个状态转移的过程可以表示为 $s_5 \xrightarrow{a_2} s_6$。在第二种情况中，$s_6$ 是"不可进入"的，例如它四周被墙壁包围了起来。在这种情况下，智能体会被弹回到 s_5，此时的状态转移过程是 $s_5 \xrightarrow{a_2} s_5$。

我们究竟应该考虑哪种情况呢？因为这是一个仿真环境，所以我们可以随意选择。在本书中，我们选择第一种情况，即认为禁止区域仍然是可以进入的，只是智能体会受到惩罚。这种情况更为一般化并且更加有趣，例如之后我们会看到智能体可能会"冒险"穿过禁止区域，从而能更快地到达目标区域。

每一个状态的每一个动作都会对应一个状态转移过程。这些过程可以用一个表格来描述，如表1.1所示。在这个表格中，每一行对应一个状态，每一列对应一个动作。每个单元格给出了智能体会转移到的下一个状态。

表 1.1 状态转移过程可以用表格来表示。

	a_1（向上）	a_2（向右）	a_3（向下）	a_4（向左）	a_5（不动）
s_1	s_1	s_2	s_4	s_1	s_1
s_2	s_2	s_3	s_5	s_1	s_2
s_3	s_3	s_3	s_6	s_2	s_3
s_4	s_1	s_5	s_7	s_4	s_4
s_5	s_2	s_6	s_8	s_4	s_5
s_6	s_3	s_6	s_9	s_5	s_6
s_7	s_4	s_8	s_7	s_7	s_7
s_8	s_5	s_9	s_8	s_7	s_8
s_9	s_6	s_9	s_9	s_8	s_9

在数学上，状态转移过程可以通过条件概率来描述。例如，状态 s_1 和动作 a_2 对应的状态转移可以用如下条件概率描述：

$$p(s_1|s_1,a_2) = 0,$$
$$p(s_2|s_1,a_2) = 1,$$
$$p(s_3|s_1,a_2) = 0,$$
$$p(s_4|s_1,a_2) = 0,$$
$$p(s_5|s_1,a_2) = 0.$$

该条件概率告诉我们：当在状态 s_1 采取动作 a_2 时，智能体转移到状态 s_2 的概率是 1，而转移到其他任意状态的概率是0。因此，在s_1采取a_2一定会导致智能体转移到s_2。条件概率以及基本的概率知识已经在附录A中给出，供读者参考。

虽然直观，但是表格只能描述确定性的（deterministic）状态转移过程。其实状态转移也可以是随机性的（stochastic），此时需要用条件概率分布来描述。什么是随机性的状态转移过程呢？假设网格世界中有随机的阵风吹过。如果在状态s_1采取动作a_2，智能体可能被阵风吹到s_5而不是s_2。在这种情况下，我们有$p(s_5|s_1,a_2) > 0$，即下一个状态具有不确定性。不过简单起见，在本书网格世界的例子中，我们只考虑确定性的状态转移过程。

1.4 策略

策略（policy）会告诉智能体在每一个状态应该采取什么样的动作。

在直观上，策略可以通过箭头来描述（图1.4(a)）。如果智能体执行某一个策略，那么它会从初始状态生成一条轨迹（图1.4(b)）。

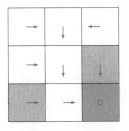

(a) 一个确定性策略

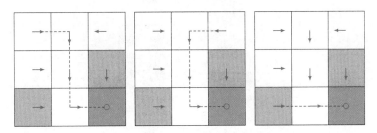

(b) 从不同状态出发得到的轨迹

图 1.4 一个确定性策略和对应的轨迹。

在数学上，策略可以通过条件概率来描述。我们常用$\pi(a|s)$来表示在状态s采取动作a的概率（注意这里的π不是圆周率）。这个概率对每一个状态和每一个动作都有定义。在图1.4所示的例子中，状态s_1对应的策略是

$$\pi(a_1|s_1) = 0,$$
$$\pi(a_2|s_1) = 1,$$
$$\pi(a_3|s_1) = 0,$$
$$\pi(a_4|s_1) = 0,$$
$$\pi(a_5|s_1) = 0.$$

该条件概率表明在状态 s_1 采取动作 a_2 的概率为 1，而采取其他任意动作的概率都为 0。其他状态 $\{s_2, s_3, \dots, s_9\}$ 都可以用类似的条件概率来描述其对应的策略。

上面例子中的策略是确定性的。策略也可能是随机性的。例如，图1.5中给出了一个随机策略：在状态 s_1，智能体有 0.5 的概率采取向右的动作，有 0.5 的概率采取向下的动作。此时在状态 s_1 的策略是

$$\pi(a_1|s_1) = 0,$$
$$\pi(a_2|s_1) = 0.5,$$
$$\pi(a_3|s_1) = 0.5,$$
$$\pi(a_4|s_1) = 0,$$
$$\pi(a_5|s_1) = 0.$$

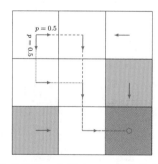

图 1.5 一个随机性策略和对应的轨迹。在状态 s_1，智能体各有 0.5 的概率向右或向下移动。

除了用条件概率，策略也可以用表格来描述。例如，表1.2展示了图1.5中描绘的随机策略。其中第 i 行和第 j 列的元素对应了在第 i 个状态采取第 j 个动作的概率。这样的方法被称为表格表示法（tabular representation）。这种表格表示法是非常基础的，对于理解众多强化学习中的概念和算法至关重要。

表 1.2　用表格来表示一个策略。

	a_1（向上）	a_2（向右）	a_3（向下）	a_4（向左）	a_5（不动）
s_1	0	0.5	0.5	0	0
s_2	0	0	1	0	0
s_3	0	0	0	1	0
s_4	0	1	0	0	0
s_5	0	0	1	0	0
s_6	0	0	1	0	0
s_7	0	1	0	0	0
s_8	0	1	0	0	0
s_9	0	0	0	0	1

1.5　奖励

奖励（reward）是强化学习中最独特的概念之一。

在一个状态执行一个动作后，智能体会获得奖励 r。r 是一个实数，它是状态 s 和动作 a 的函数，可以写成 $r(s,a)$。其值可以是正数、负数或零。不同的奖励值对智能体最终学习到的策略有不同的影响。一般来说，正的奖励表示我们鼓励智能体采取相应的动作；负的奖励表示我们不鼓励智能体采取该动作。另外，如果 r 是负数，此时称之为"惩罚"更为合适，不过我们一般不加区分地统一称之为"奖励"。

在之前提到的网格世界的例子中，我们可以设置如下奖励：

◇　如果智能体试图越过四周边界，设 $r_{\text{boundary}} = -1$；

◇　如果智能体试图进入禁止区域，设 $r_{\text{forbidden}} = -1$；

◇　如果智能体到达了目标区域，设 $r_{\text{target}} = +1$；

◇　在其他情况下，智能体获得的奖励为 $r_{\text{other}} = 0$。

值得提醒读者的是，当智能体到达目标状态 s_9 之后，它也许会持续执行策略，进而持续获得奖励。例如，如果智能体在 s_9 采取动作 a_5（保持不动），下一个状态依然是 s_9，此时会继续获得奖励 $r_{\text{target}} = +1$。如果智能体在 s_9 执行动作 a_2（向右移动），会试图越过右侧边界，因此会被反弹回来，此时下一个状态也是 s_9，但奖励是 $r_{\text{boundary}} = -1$。

奖励实际上是人机交互的一个重要手段：我们可以设置合适的奖励来引导智能体按照我们的预期来运动。例如，通过上述奖励设置，智能体会尽可能避免越过边界、避免进入禁止区域、力争进入目标区域。设计合适的奖励来实现我们的意图是强化学习中的一个重要环节。然而对于复杂的任务，这一环节可能并不简单，它需要用户能很好地理解所给定的任务。尽管如此，奖励的设计可能仍然比使用其他专业工具来设计策略更容易，这也是强化学习受众比较广的原因之一。

奖励的过程可以直观地表示为一个表格，如表1.3所示。表格的每一行对应一个状态，每一列对应一个动作。表格中每个单元格的值是在该状态采取该动作后可以获得的奖励。初学者可能会问一个问题：如果已知这个奖励表格，我们是否可以通过简单地选择对应最大奖励的动作来找到好的策略呢？答案是否定的。这是因为这些奖励只是即时奖励（immediate reward），即在采取一个动作后可以立刻获得的奖励。如果要寻找一个好的策略，那么必须考虑更长远的总奖励（total reward）（更多信息将在第1.6节中给出）。具有最大即时奖励的动作不一定能带来最大的总奖励。

表 1.3　奖励可以用表格来表示。

	a_1（向上）	a_2（向右）	a_3（向下）	a_4（向左）	a_5（不动）
s_1	r_{boundary}	0	0	r_{boundary}	0
s_2	r_{boundary}	0	0	0	0
s_3	r_{boundary}	r_{boundary}	$r_{\text{forbidden}}$	0	0
s_4	0	0	$r_{\text{forbidden}}$	r_{boundary}	0
s_5	0	$r_{\text{forbidden}}$	0	0	0
s_6	0	r_{boundary}	r_{target}	0	$r_{\text{forbidden}}$
s_7	0	0	r_{boundary}	r_{boundary}	$r_{\text{forbidden}}$
s_8	0	r_{target}	r_{boundary}	$r_{\text{forbidden}}$	0
s_9	$r_{\text{forbidden}}$	r_{boundary}	r_{boundary}	0	r_{target}

虽然直观，但是表格表示只能描述确定性的奖励过程。为了描述更加一般化的奖励过程，我们可以使用条件概率：$p(r|s,a)$ 表示在状态 s 采取动作 a 得到奖励 r 的概率。在前述的例子中，对状态 s_1，有

$$p(r = -1|s_1, a_1) = 1, \quad p(r \neq -1|s_1, a_1) = 0.$$

该条件概率表明在 s_1 采取 a_1 得到 $r = -1$ 的概率是1，而得到任何其他奖励值的概率是0。这个奖励是确定性的，因此既可以用表格也可以用条件概率来描述。然而，如果奖励过程是随机的，那么表格法将不再适用，而只能使用条件概率。例如，$p(r = -1|s_1, a_1) = 0.5$，$p(r = -2|s_1, a_1) = 0.5$，即各有0.5的概率获得 -1 或者 -2 的奖励。值得强调的是，本书中的网格世界的例子都只考虑确定性的奖励过程。这里只给出一个简单的例子，读者可以感受一下为什么奖励可能是随机的。例如，如果一个学生努力学习，他或她一般会得到正面的奖励（例如考试成绩好），不过奖励的具体数值（例如考试成绩）可能是不确定的，可能是100分，也可能是90分，这个过程受到了很多因素的影响。

1.6 轨迹、回报、回合

一条轨迹（trajectory）指的是一个"状态-动作-奖励"的链条。例如，根据图1.6(a) 所示的策略，智能体从 s_1 出发会得到如下轨迹：

$$s_1 \xrightarrow[r=0]{a_2} s_2 \xrightarrow[r=0]{a_3} s_5 \xrightarrow[r=0]{a_3} s_8 \xrightarrow[r=1]{a_2} s_9.$$

沿着一条轨迹，智能体会得到一系列的即时奖励，这些即时奖励之和被称为回报（return）。例如，上述轨迹对应的回报是

$$\text{return} = 0 + 0 + 0 + 1 = 1. \tag{1.1}$$

回报由即时奖励（immediate reward）和未来奖励（future reward）组成。这里，即时奖励是在初始状态执行动作后立刻获得的奖励；未来奖励指的是离开初始状态后获得的奖励之和。例如，上述轨迹对应的即时奖励是0，但是未来奖励是1，因此总奖励是1。另外，回报也可以被称为总奖励（total reward）或累积奖励（cumulative reward）。

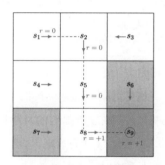 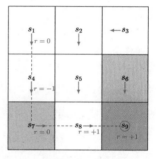

(a) 策略 1 及其轨迹   (b) 策略 2 及其轨迹

图 1.6　两种策略及其对应的轨迹。

回报可以用于评价一个策略的"好坏"。例如，对于图1.6中的两个策略，我们可以分别计算两条轨迹对应的回报，进而判断哪个策略更好。具体来说，如果按照图1.6中左边的策略，从 s_1 开始所获得的回报等于1，计算过程已经在式(1.1)中给出。如果按照图1.6中右边的策略，从 s_1 开始则得到如下轨迹：

$$s_1 \xrightarrow[r=0]{a_3} s_4 \xrightarrow[r=-1]{a_3} s_7 \xrightarrow[r=0]{a_2} s_8 \xrightarrow[r=+1]{a_2} s_9.$$

相应的回报为

$$\text{return} = 0 - 1 + 0 + 1 = 0. \tag{1.2}$$

根据式(1.1)和式(1.2)计算得到的回报，我们知道左边的策略相比右边的策略能得到更大的回报，因此也更好。这个数学结论与我们的直觉是一致的：右侧的策略更差，因为

它会经过禁止区域。关于策略的好坏以及评价，我们将在第2章和第3章进行详细介绍。

刚刚我们提到的轨迹都是有限长的，实际上轨迹也可以无限长。例如，图1.6中的轨迹在到达 s_9 后可能并不会停止，而是继续执行策略。具体来说，这里的策略是在到达 s_9 后保持不动，因此智能体会不断得到 +1 的奖励，所对应的轨迹也是无限长的：

$$s_1 \xrightarrow[r=0]{a_2} s_2 \xrightarrow[r=0]{a_3} s_5 \xrightarrow[r=0]{a_3} s_8 \xrightarrow[r=1]{a_2} s_9 \xrightarrow[r=1]{a_5} s_9 \xrightarrow[r=1]{a_5} s_9 \dots$$

此时，如果我们直接把这条轨迹上所有的奖励求和来计算回报，那么得到的是

$$\text{return} = 0 + 0 + 0 + 1 + 1 + 1 + \dots = \infty.$$

这里因为轨迹是无限长的，所以计算的回报会发散到无穷。此时，我们需要引入折扣回报（discounted return）的概念。令 $\gamma \in (0,1)$ 为折扣因子（discount rate）。折扣回报是所有折扣奖励的总和，即为不同时刻得到的奖励添加相应的折扣再求和：

$$\text{discounted return} = 0 + \gamma 0 + \gamma^2 0 + \gamma^3 1 + \gamma^4 1 + \gamma^5 1 + \dots \tag{1.3}$$

由于 $\gamma \in (0,1)$，式(1.3)中的折扣回报的值不再是无穷了，而是一个有限值：

$$\text{discounted return} = \gamma^3 (1 + \gamma + \gamma^2 + \dots) = \gamma^3 \frac{1}{1-\gamma}.$$

折扣因子的引入具有以下用途。第一，它允许考虑无限长的轨迹，而不用担心回报会发散到无穷；第二，折扣因子可以用来调整对近期或远期奖励的重视程度。具体来说，如果 γ 接近 0，则智能体会更加重视近期奖励，最后所得到的策略也会比较短视。如果 γ 接近 1，则智能体会更加重视远期奖励，最后所得到的策略也会更具有远见，例如敢于冒险在近期获得负面奖励来获得更大的未来奖励。这些结论将在第3.5节通过例子详细展示。

当执行一个策略进而与环境交互时，智能体从初始状态开始到终止状态（terminal state）停止的过程被称为一个回合（episode）或尝试（trial）。这里的Episode有多种翻译，例如回合、情节、集、轮等，其中"回合"能比较好地描述其内涵。不过，它应该与神经网络训练过程中的回合（epoch）加以区分。

回合和轨迹在概念上非常类似：回合通常被认为是一条有限长的轨迹。如果一个任务最多有有限步，那么这样的任务称为回合制任务（episodic task）。如果一个任务没有终止状态，则意味着智能体与环境的交互永不停止，这种任务被称为持续性任务（continuing task）。为了在数学上可以不加区分地对待这两种任务，我们可以把回合制任务转换为持续性任务。为此，我们只需要合理定义智能体在到达终止状态后的状态和动作等元素即可。具体来说，在回合制任务中到达终止状态后，我们有如下两种方式将其转换为持续性任务。

◇ 第一，我们可以将终止状态视为一个特殊状态，即专门设计其动作空间或状态转移，从而使智能体永远停留在此状态，这样的状态被称为吸收状态（absorbing state），即一旦达到这样的状态就会一直停留在该状态。例如，对于目标状态 s_9，我们可以指定其动作空间为 $\mathcal{A}(s_9) = \{a_5\}$，即到达这个状态后唯一可执行的动作就是原地不动。

◇ 第二，我们可以将终止状态视为一个普通状态，即将其与其他状态一视同仁，此时智能体可能会离开该状态并再次回来。由于每次到达 s_9 都可以获得 $r = 1$ 的正奖励，可以预期的是智能体最终会学会永远停留在 s_9 以获得更多的奖励。值得注意的是，将回合制任务转换为持续性任务需要使用折扣因子，以避免回报趋于无穷。

本书将考虑第二种情况，即将目标状态视为一个普通状态，其动作空间为 $\mathcal{A} = \{a_1, a_2, \ldots, a_5\}$。由于智能体到达这个状态之后仍然允许离开这个状态，因此这是一种更加一般化的情况，我们需要让智能体学习到在到达这个状态之后能够保持原地不动。

1.7 马尔可夫决策过程

前面几节通过例子直观地介绍了强化学习中的基本概念。本节将在马尔可夫决策过程（Markov decision process, MDP）的框架下以更加正式的方式介绍这些概念。

马尔可夫决策过程是描述随机动态系统的一般框架，它并不局限于强化学习，而是强化学习需要依赖于这个框架。马尔可夫决策过程涉及以下关键要素。

◇ 集合：

- 状态空间：所有状态的集合，记为 $\mathcal{S}$。

- 动作空间：与每个状态 $s \in \mathcal{S}$ 相关联的所有动作的集合，记为 $\mathcal{A}(s)$。

- 奖励集合：与 (s, a) 相关联的所有奖励的集合，记为 $\mathcal{R}(s, a)$。

◇ 模型：

- 状态转移概率：在状态 s 采取动作 a 时，智能体转移到状态 s' 的概率为 $p(s'|s, a)$。对于任意 (s, a)，都有 $\sum_{s' \in \mathcal{S}} p(s'|s, a) = 1$。

- 奖励概率：在状态 s 采取动作 a 时，智能体获得奖励 r 的概率是 $p(r|s, a)$。对于任意 (s, a)，都有 $\sum_{r \in \mathcal{R}(s, a)} p(r|s, a) = 1$ 成立。

◇ 策略：在状态 s，智能体采取动作 a 的概率是 $\pi(a|s)$。对于任意 $s \in \mathcal{S}$，都有 $\sum_{a \in \mathcal{A}(s)} \pi(a|s) = 1$。

◇ 马尔可夫性质：马尔可夫性质（Markov property）指的是随机过程中的无记忆性质，它在数学上表示为

$$p(s_{t+1}|s_t,a_t,s_{t-1},a_{t-1},\ldots,s_0,a_0) = p(s_{t+1}|s_t,a_t),$$
$$p(r_{t+1}|s_t,a_t,s_{t-1},a_{t-1},\ldots,s_0,a_0) = p(r_{t+1}|s_t,a_t), \tag{1.4}$$

其中 t 表示当前时刻，$t+1$ 表示下一个时刻。式(1.4)表示下一个状态和奖励仅依赖于当前时刻的状态和动作，而与之前时刻的状态和动作无关。

在马尔可夫决策过程中，$p(s'|s,a)$ 和 $p(r|s,a)$ 被称为模型（model）或者动态（dynamics）。模型可以是平稳的（stationary）或非平稳的（nonstationary）：平稳模型不会随时间变化，而非平稳模型会随时间变化。例如，在网格世界例子中，如果一个禁区时而出现时而消失，那么所对应的状态转移或者奖励就会随时间变化，此时系统是非平稳的。本书只考虑平稳的情况。

读者可能还听说过马尔可夫过程（Markov process，MP）。那么"马尔可夫过程"与"马尔可夫决策过程"有什么区别与联系呢？答案很简单：一旦在马尔可夫决策过程中的策略确定下来了，马尔可夫决策过程就退化成了一个马尔可夫过程。例如，图1.7中网格世界的策略已经给定，此时整个系统可以被抽象为一个马尔可夫过程。最后，本书主要考虑有限的马尔可夫决策过程，即状态和动作的数量都是有限的。初学者应该首先透彻地理解这一最简单的情况，再学习更加复杂的情况。

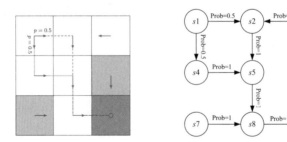

图 1.7　将一个网格世界的例子抽象成马尔可夫过程。右图中的圆圈代表状态，箭头代表状态转移。

强化学习的过程涉及智能体与环境的交互，智能体之外的一切都被视为环境（environment）。第一，智能体是一个感知者，例如具有眼睛能够感知并理解当前的状态；第二，智能体是一个决策者，例如具有大脑能够做出决策，知道在什么状态应该采取什么行动；第三，智能体是一个执行者，例如具有操作机构来执行策略所指示的动作，从而改变状态并得到奖励。

1.8　总结

本章介绍了强化学习中的基本概念，这些概念将在本书后面广为使用。我们首先使用网格世界的例子来直观地介绍这些概念，进而在马尔可夫决策过程的框架中对它们进行了正式的介绍。关于马尔可夫决策过程的更多信息，读者可以参考文献 [1, 2]。

1.9　问答

◇　提问：奖励为正数一定代表鼓励，奖励为负数一定代表惩罚吗？

回答：本章提到正奖励会鼓励智能体采取相应动作，而负奖励会鼓励智能体不要采取相应动作。知道这一点对于初学者已经足够了。不过，这种说法并不严谨。

严格来说，是奖励的相对值而不是绝对值决定了鼓励或惩罚。例如，这一章设定了 $r_{\text{boundary}} = -1$，$r_{\text{forbidden}} = -1$，$r_{\text{target}} = +1$，$r_{\text{other}} = 0$。我们也可以在这些值加上一个常数而不改变最终的最优策略，例如给所有奖励加上 -2 从而得到 $r_{\text{boundary}} = -3$，$r_{\text{forbidden}} = -3$，$r_{\text{target}} = -1$，$r_{\text{other}} = -2$。虽然此时的奖励都是负数，但最终的最优策略仍然不变。从直观上来说，由于 $r_{\text{target}} = -1$ 相比 $r_{\text{forbidden}} = -3$ 惩罚得更少，因此 $r_{\text{target}} = -1$ 已经算是鼓励了。这里就不展开介绍细节了，更多信息可以参见第3.5节中的定理3.6。

◇　提问：奖励是下一个状态的函数吗？

回答：本章提到了奖励 r 是状态 s 和动作 a 的函数，但是并没有提及 r 是下一个状态 s' 的函数。从直观上来说，下一个状态是与奖励息息相关的。例如，当下一个状态是目标区域时，通常设置奖励为正数；当下一个状态是禁止区域时，通常设置奖励为负数。那么一个自然的问题是：奖励是否是下一个状态的函数？这个问题的数学描述是：我们是否应该使用 $p(r|s, a, s')$（其中 s' 代表下一个状态）而不是 $p(r|s, a)$？这个问题的答案是：r 实际上依赖于 s、a、s' 这三者。然而，因为 s' 也依赖于 s 和 a，所以我们可以等效地将 r 写为 s 和 a 的函数：$p(r|s, a) = \sum_{s'} p(r|s, a, s') p(s'|s, a)$。通过这种方式，我们在第2章中可以轻易地建立起贝尔曼方程。

第2章

状态值与贝尔曼方程

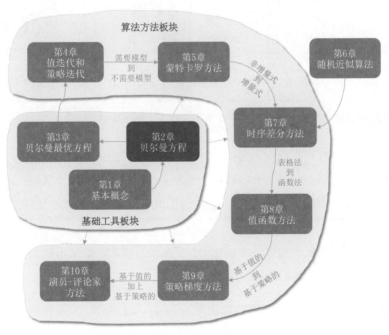

图 2.1　本章在全书中的位置。

本章介绍一个核心概念和一个核心工具。抓住这两个核心就能很好地掌握本章的内容。这个核心概念是状态值，它很重要是因为它可以作为评价一个策略好坏的指标。既然状态值这么重要，那么我们怎么分析它呢？答案就是使用一个核心工具：贝尔曼方程。贝尔曼方程描述了所有状态值之间的关系：通过求解贝尔曼方程，我们就可以得到状态值，进而评价一个策略的好坏。

2.1 启发示例1：为什么回报很重要？

回报这个概念已经在第1章介绍过了，它在强化学习中扮演着重要的角色，这是因为它可以用来评价一个策略的好坏。我们通过下面的例子来说明这一点。图2.2给出了三个策略：这三个策略在状态 s_1 是不同的，在其他状态是相同的。那么这三个策略哪一个是最好的、哪一个是最差的呢？

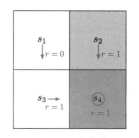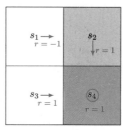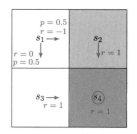

图 2.2　用于说明回报重要性的三个例子。这三个例子中的策略在 s_1 中是不同的。

这三个策略的好坏在直观上是很容易判断的：最左边的策略是最好的，因为从 s_1 出发会避开禁止区域；中间的策略最差，因为从 s_1 出发会进入禁止区域；最右边的策略相比前面两个既不好也不坏，因为它有 0.5 的概率避开禁止区域，也有 0.5 的概率进入禁止区域。

上面的直观判断能否用数学来描述呢？答案是可以的，这就依赖于"回报"这个概念。具体来说，假设智能体的初始状态是 s_1。

◇　如果按照最左边的策略，得到的轨迹是 $s_1 \to s_3 \to s_4 \to s_4 \cdots$，相应的折扣回报是

$$\text{return}_1 = 0 + \gamma 1 + \gamma^2 1 + \ldots$$
$$= \gamma(1 + \gamma + \gamma^2 + \ldots)$$
$$= \frac{\gamma}{1 - \gamma},$$

其中 $\gamma \in (0, 1)$ 是折扣因子。

◇　如果按照中间的策略，得到的轨迹是 $s_1 \to s_2 \to s_4 \to s_4 \cdots$，相应的折扣回报是

$$\text{return}_2 = -1 + \gamma 1 + \gamma^2 1 + \ldots$$
$$= -1 + \gamma(1 + \gamma + \gamma^2 + \ldots)$$
$$= -1 + \frac{\gamma}{1 - \gamma}.$$

◇ 如果按照最右边的策略，可能得到两条轨迹：一条是 $s_1 \to s_3 \to s_4 \to s_4 \cdots$，另一条是 $s_1 \to s_2 \to s_4 \to s_4 \cdots$。这两条轨迹发生的概率都是 0.5。那么从 s_1 开始可以获得的平均回报是

$$\text{return}_3 = 0.5 \left(-1 + \frac{\gamma}{1 - \gamma}\right) + 0.5 \left(\frac{\gamma}{1 - \gamma}\right)$$
$$= -0.5 + \frac{\gamma}{1 - \gamma}.$$

通过比较上面计算出来的三个策略的回报，我们知道

$$\text{return}_1 > \text{return}_3 > \text{return}_2 \tag{2.1}$$

这个不等式表明：第一个策略是最好的，因为它的回报最大；第二个策略是最差的，因为它的回报最小。这个数学结论与前面的直观判断是一致的：第一个策略是最好的，因为它可以避免进入禁止区域；而第二个策略是最差的，因为它会进入禁止区域。

上面的例子说明了一个重要结论：回报可以用来评价策略的好坏。不过值得注意的是，这里的 return$_3$ 并没有严格遵守回报的定义：回报的定义只是针对一条轨迹，而 return$_3$ 是两条轨迹回报的平均值。稍后我们就会知道 return$_3$ 实际上就是本章要介绍的状态值。

2.2 启发示例2：如何计算回报？

上一节展示了回报的重要性。既然回报这么重要，那么如何计算回报呢？有的读者可能会疑惑：回报可以基于它的定义来计算，为什么还要问这个问题？实际上，有两种计算回报的方法。

◇ 第一种计算回报的方法就是根据其定义：回报等于沿轨迹收集的所有奖励的折扣总和。这种方法我们已经比较熟悉了。下面以图2.3为例再次介绍。令 v_i 表示从 s_i 开始得到的回报，其中 $i = 1, 2, 3, 4$。那么从这些状态出发得到的回报是

$$\begin{aligned}
v_1 &= r_1 + \gamma r_2 + \gamma^2 r_3 + \ldots, \\
v_2 &= r_2 + \gamma r_3 + \gamma^2 r_4 + \ldots, \\
v_3 &= r_3 + \gamma r_4 + \gamma^2 r_1 + \ldots, \\
v_4 &= r_4 + \gamma r_1 + \gamma^2 r_2 + \ldots.
\end{aligned} \tag{2.2}$$

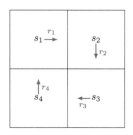

图 2.3 用于说明如何计算回报的例子。简单起见，这个例子不含目标区域和禁止区域。

◇ 第二种方法是本节重点关注的*自举法*（bootstrapping）。具体来说，通过观察方程(2.2)中回报的表达式，可以将它们重写为

$$v_1 = r_1 + \gamma(r_2 + \gamma r_3 + \dots) = r_1 + \gamma v_2,$$
$$v_2 = r_2 + \gamma(r_3 + \gamma r_4 + \dots) = r_2 + \gamma v_3,$$
$$v_3 = r_3 + \gamma(r_4 + \gamma r_1 + \dots) = r_3 + \gamma v_4,$$ (2.3)
$$v_4 = r_4 + \gamma(r_1 + \gamma r_2 + \dots) = r_4 + \gamma v_1.$$

方程(2.3)展示了一个有趣的现象：从不同状态出发的回报值是彼此依赖的。具体来说，v_1 依赖于 v_2，v_2 依赖于 v_3，v_3 依赖于 v_4，而 v_4 又依赖于 v_1。这反映了自举的思想：v_1, v_2, v_3, v_4 可以从其自身 v_2, v_3, v_4, v_1 得到。

乍一看，自举是一个无解的循环，这是因为一个未知量的计算依赖于另一个未知量。但是如果从数学的角度来看，自举则非常容易理解。具体来说，方程(2.3)可以被重新整理成一个矩阵-向量形式的线性方程：

$$\underbrace{\begin{bmatrix} v_1 \\ v_2 \\ v_3 \\ v_4 \end{bmatrix}}_{v \in \mathbb{R}^4} = \begin{bmatrix} r_1 \\ r_2 \\ r_3 \\ r_4 \end{bmatrix} + \begin{bmatrix} \gamma v_2 \\ \gamma v_3 \\ \gamma v_4 \\ \gamma v_1 \end{bmatrix} = \underbrace{\begin{bmatrix} r_1 \\ r_2 \\ r_3 \\ r_4 \end{bmatrix}}_{r \in \mathbb{R}^4} + \gamma \underbrace{\begin{bmatrix} 0 & 1 & 0 & 0 \\ 0 & 0 & 1 & 0 \\ 0 & 0 & 0 & 1 \\ 1 & 0 & 0 & 0 \end{bmatrix}}_{P \in \mathbb{R}^{4 \times 4}} \underbrace{\begin{bmatrix} v_1 \\ v_2 \\ v_3 \\ v_4 \end{bmatrix}}_{v \in \mathbb{R}^4},$$ (2.4)

上式可以简化为

$$v = r + \gamma P v.$$

如果大家学过线性代数，相信不难求解出上面方程的解：$v = (I - \gamma P)^{-1} r$，其中 $I \in \mathbb{R}^{4 \times 4}$ 是单位矩阵。有的读者可能会问 $(I - \gamma P)$ 一定是可逆的吗？答案是肯定的，具体证明会在第2.7.1节中给出。

事实上，方程(2.3)就是这个简单例子对应的贝尔曼方程，而方程(2.4)是这个贝尔曼方程的矩阵-向量形式。尽管很简单，但方程(2.3)展示了贝尔曼方程的核心思想：从一个状态出发获得的回报依赖于从其他状态出发时获得的回报。这个思想对于理解后

面介绍的贝尔曼方程至关重要。

2.3　状态值

虽然前面提到了回报可以用来评价策略，但是回报并不适用于一般化的随机情况，因为从一个状态出发可能会得到不同的轨迹和回报。为此，我们需要引入状态值的概念。

首先，我们需要引入一些符号。在时刻 $t = 0, 1, 2, \ldots$，智能体处于状态 S_t，按照策略 π 采取动作 A_t，转移到的下一个状态是 S_{t+1}，获得的即时奖励是 R_{t+1}。这个过程可以简洁地表达为

$$S_t \xrightarrow{A_t} S_{t+1}, R_{t+1}.$$

这里 $S_t, S_{t+1} \in \mathcal{S}$，$A_t \in \mathcal{A}(S_t)$，$R_{t+1} \in \mathcal{R}(S_t, A_t)$。请注意，这里 $S_t, S_{t+1}, A_t, R_{t+1}$ 都是随机变量（random variables）。本书一般用大写字母表示随机变量。

从时刻 t 开始，我们可以得到一条包含一系列 "状态-动作-奖励" 的轨迹：

$$S_t \xrightarrow{A_t} S_{t+1}, R_{t+1} \xrightarrow{A_{t+1}} S_{t+2}, R_{t+2} \xrightarrow{A_{t+2}} S_{t+3}, R_{t+3}, \ldots$$

根据定义，沿这个轨迹得到的折扣回报是

$$G_t \doteq R_{t+1} + \gamma R_{t+2} + \gamma^2 R_{t+3} + \ldots,$$

其中 $\gamma \in (0, 1)$ 是折扣因子。请注意，G_t 也是一个随机变量，因为它是 $R_{t+1}, R_{t+2}, \ldots$ 这些随机变量组合得到的。

由于 G_t 是一个随机变量，因此我们可以计算它的期望值（expectation 或 expected value）为

$$v_\pi(s) \doteq \mathbb{E}[G_t | S_t = s]. \tag{2.5}$$

这里 $v_\pi(s)$ 称为状态值函数（state-value function）。一般简称为状态值或状态价值（state value）。下面是对状态值的一些说明。

◇ 第一，$v_\pi(s)$ 的值依赖于 s，即不同状态的状态值一般是不同的。这是因为 $v_\pi(s)$ 在 (2.5) 中的定义是一个条件期望，而其中的条件是 $S_t = s$。关于条件期望的介绍可以参见附录 A。

◇ 第二，$v_\pi(s)$ 的值依赖于 π，即不同策略对应的状态值一般是不同的。这是因为轨迹是根据策略 π 得到的，不同的策略可能导致不同的轨迹。

◇ 第三，$v_\pi(s)$ 并不依赖于 t。虽然 $v_\pi(s)$ 在 (2.5) 中的定义涉及时刻 t，但是不论 t 选取

什么值得到的结果都是相同的，这本质上是因为系统是平稳的，不会随着时间变化。

"状态值"与"回报"是什么关系呢？当策略和系统模型都是确定性时，从一个状态出发始终会得到相同的轨迹。此时，从一个状态出发得到的回报就等于状态值。相反，当策略或系统模型是随机的时，从一个状态出发可能产生不同的轨迹。此时，不同轨迹的回报是不同的，而状态值就是这些回报的期望值。因此，状态值比回报更加一般化，能够同时处理确定性和随机性的情况。因此，虽然我们在第2.1节提到回报可以用来评价策略，但是更一般化地应该用状态值来评价策略：能产生更高状态值的策略更好。

正因为状态值能够用于评价策略，所以它是强化学习中的一个核心概念。既然状态值这么重要，那么该如何计算状态值呢？这个问题将在下一节回答。

2.4 贝尔曼方程

本节将介绍大名鼎鼎的贝尔曼方程（Bellman equation），它是用于分析状态值的核心工具。用一句话概述：贝尔曼方程描述了所有状态值之间的关系。

下面我们详细推导贝尔曼方程。首先，G_t 可以重写为

$$G_t = R_{t+1} + \gamma R_{t+2} + \gamma^2 R_{t+3} + \ldots$$
$$= R_{t+1} + \gamma(R_{t+2} + \gamma R_{t+3} + \ldots)$$
$$= R_{t+1} + \gamma G_{t+1},$$

其中 $G_{t+1} = R_{t+2} + \gamma R_{t+3} + \ldots$。该方程建立了 G_t 和 G_{t+1} 之间的关系。因此，状态值可以写成

$$v_\pi(s) = \mathbb{E}[G_t|S_t = s]$$
$$= \mathbb{E}[R_{t+1} + \gamma G_{t+1}|S_t = s]$$
$$= \mathbb{E}[R_{t+1}|S_t = s] + \gamma\mathbb{E}[G_{t+1}|S_t = s]. \tag{2.6}$$

下面我们分别分析式(2.6)中的两项。

◇ 第一项 $\mathbb{E}[R_{t+1}|S_t = s]$ 是即时奖励的期望值。基于全期望（total expectation）的性质（参见附录A），这一项可以化为

$$\mathbb{E}[R_{t+1}|S_t = s] = \sum_{a \in \mathcal{A}} \pi(a|s)\mathbb{E}[R_{t+1}|S_t = s, A_t = a]$$
$$= \sum_{a \in \mathcal{A}} \pi(a|s) \sum_{r \in \mathcal{R}} p(r|s,a)r. \tag{2.7}$$

这里 $\mathcal{A}$ 和 $\mathcal{R}$ 分别是可能的动作和可能的奖励的集合。对于不同的状态，$\mathcal{A}$ 可能是不同的；此时 $\mathcal{A}$ 可以表示为 $\mathcal{A}(s)$。类似地，$\mathcal{R}$ 也可能依赖于 (s, a)。

◇ 第二项 $\mathbb{E}[G_{t+1}|S_t = s]$ 是未来奖励的期望值。它可以计算为

$$
\begin{aligned}
\mathbb{E}[G_{t+1}|S_t = s] &= \sum_{s' \in \mathcal{S}} \mathbb{E}[G_{t+1}|S_t = s, S_{t+1} = s']p(s'|s) \\
&= \sum_{s' \in \mathcal{S}} \mathbb{E}[G_{t+1}|S_{t+1} = s']p(s'|s) \quad \text{（由于马尔可夫性质）} \\
&= \sum_{s' \in \mathcal{S}} v_\pi(s')p(s'|s) \\
&= \sum_{s' \in \mathcal{S}} v_\pi(s') \sum_{a \in \mathcal{A}} p(s'|s, a)\pi(a|s).
\end{aligned} \tag{2.8}
$$

上述推导过程中使用了 $\mathbb{E}[G_{t+1}|S_t = s, S_{t+1} = s'] = \mathbb{E}[G_{t+1}|S_{t+1} = s']$ 的结果，该结果成立是由于马尔可夫性质，即未来的奖励仅依赖于当前状态，而与先前的状态无关。

将式(2.7)~(2.8)代入式(2.6)可得

$$
\begin{aligned}
v_\pi(s) &= \mathbb{E}[R_{t+1}|S_t = s] + \gamma\mathbb{E}[G_{t+1}|S_t = s] \\
&= \underbrace{\sum_{a \in \mathcal{A}} \pi(a|s) \sum_{r \in \mathcal{R}} p(r|s, a)r}_{\text{即时奖励的期望}} + \gamma \underbrace{\sum_{a \in \mathcal{A}} \pi(a|s) \sum_{s' \in \mathcal{S}} p(s'|s, a)v_\pi(s')}_{\text{未来奖励的期望}} \\
&= \sum_{a \in \mathcal{A}} \pi(a|s) \left[\sum_{r \in \mathcal{R}} p(r|s, a)r + \gamma \sum_{s' \in \mathcal{S}} p(s'|s, a)v_\pi(s') \right], \quad s \in \mathcal{S}.
\end{aligned} \tag{2.9}
$$

上式就是大名鼎鼎的贝尔曼方程，它描述了不同状态值之间的关系，是设计和分析强化学习算法的基本工具。

贝尔曼方程乍一看似乎很复杂，但实际上它的结构非常清晰。下面是对该方程的解释说明。

◇ $v_\pi(s)$ 和 $v_\pi(s')$ 是需要计算的状态值，是未知量。如果单独看式(2.9)，因为状态值存在于等式的两边，读者可能难以理解如何求解。必须要注意的是，每一个状态 $s \in \mathcal{S}$ 都对应了式(2.9)，所以我们有一组这样的式子。如果我们将这些式子联立，如何计算所有状态值就变得很清晰了。详细内容将在第2.7节中给出。

◇ $\pi(a|s)$ 是一个给定的策略，是已知量。贝尔曼方程一定是对应了一个特定的策略。求解贝尔曼方程从而得到状态值是一个策略评价（policy evaluation）的过程，这是许多强化学习算法中的核心步骤。

◇ $p(r|s, a)$ 和 $p(s'|s, a)$ 代表系统模型，这是已知量还是未知量呢？在本书中，我们将

首先研究模型已知的情况，例如在第2.7节给出模型已知情况下如何计算状态值。在本书后面的章节中，我们会慢慢推广到不需要模型的情况。

除了式(2.9)中的表达式外，读者在文献中还可能见到过贝尔曼方程的其他表达形式。接下来我们介绍三种常见的等价形式。

◇ 第一个等价形式是

$$v_\pi(s) = \sum_{a \in \mathcal{A}} \pi(a|s) \sum_{s' \in \mathcal{S}} \sum_{r \in \mathcal{R}} p(s', r|s, a) \left[r + \gamma v_\pi(s') \right].$$

这实际上是文献 [3] 使用的表达式。这个式子可以通过将下面的全概率公式（参见附录 A）代入式(2.9)得到：

$$p(s'|s, a) = \sum_{r \in \mathcal{R}} p(s', r|s, a),$$
$$p(r|s, a) = \sum_{s' \in \mathcal{S}} p(s', r|s, a).$$

◇ 第二个常见的等价形式是贝尔曼期望方程（Bellman expectation equation）：

$$v_\pi(s) = \mathbb{E}\left[R_{t+1} + \gamma v_\pi(S_{t+1}) | S_t = s \right], \quad s \in \mathcal{S}.$$

这是因为 $\mathbb{E}[G_{t+1}|S_t = s] = \sum_a \pi(a|s) \sum_{s'} p(s'|s, a) v_\pi(s') = \mathbb{E}[v_\pi(S_{t+1})|S_t = s]$，将其代入(2.6)即可得到贝尔曼期望方程。

◇ 第三，奖励 r 在某些问题中可能仅依赖于下一个状态 s'，即奖励可以写成 $r(s')$。此时我们有 $p(r(s')|s, a) = p(s'|s, a)$，将其代入(2.9)可得另外一个表达式

$$v_\pi(s) = \sum_{a \in \mathcal{A}} \pi(a|s) \sum_{s' \in \mathcal{S}} p(s'|s, a) \left[r(s') + \gamma v_\pi(s') \right].$$

2.5 示例

本节将使用两个例子来演示如何得到贝尔曼方程进而求解状态值。建议读者仔细阅读这些例子，它们能很好地帮助大家理解贝尔曼方程。

◇ 例子1：图2.4给出了一个确定性的策略。我们下面一步一步地写出贝尔曼方程，然后求解状态值。

首先，考虑状态 s_1，其对应的策略是 $\pi(a = a_3|s_1) = 1$ 和 $\pi(a \neq a_3|s_1) = 0$；对应的状态转移概率为 $p(s' = s_3|s_1, a_3) = 1$ 和 $p(s' \neq s_3|s_1, a_3) = 0$；对应的奖励概率为

$p(r = 0|s_1, a_3) = 1$ 和 $p(r \neq 0|s_1, a_3) = 0$。将这些概率代入(2.9)可以得到

$$v_\pi(s_1) = 0 + \gamma v_\pi(s_3). \tag{2.10}$$

有趣的是，虽然(2.9)中贝尔曼方程的表达式看起来很复杂，但是(2.10)却非常简单。式(2.9)之所以那么复杂是为了能够描述所有一般情况。

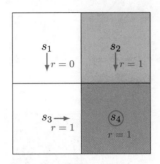

图 2.4　用于演示贝尔曼方程的例子。这个例子中的策略是确定性的。

由于这个例子非常简单，我们也可以直接根据贝尔曼方程的基本思想快速写出(2.10)，而不用使用复杂的(2.9)。具体来说，从 s_1 出发的回报（这里是 $v_\pi(s_1)$）等于即时奖励（这里是0）加上从下一个状态出发的回报（这里是 $v_\pi(s_3)$），这样可以直接写出来(2.10)。

　　类似的，对其他状态可以得到

$$v_\pi(s_2) = 1 + \gamma v_\pi(s_4),$$
$$v_\pi(s_3) = 1 + \gamma v_\pi(s_4),$$
$$v_\pi(s_4) = 1 + \gamma v_\pi(s_4).$$

下一步我们可以从这些方程中解出状态值。由于这些方程非常简单，因此我们可以手动求解。更复杂的方程可以通过第2.7节中介绍的算法来求解。为简单起见，我们直接给出结果：

$$v_\pi(s_4) = \frac{1}{1-\gamma},$$
$$v_\pi(s_3) = \frac{1}{1-\gamma},$$
$$v_\pi(s_2) = \frac{1}{1-\gamma},$$
$$v_\pi(s_1) = \frac{\gamma}{1-\gamma}.$$

进一步将 $\gamma = 0.9$ 代入上式可得

$$v_\pi(s_4) = \frac{1}{1 - 0.9} = 10,$$

$$v_\pi(s_3) = \frac{1}{1 - 0.9} = 10,$$

$$v_\pi(s_2) = \frac{1}{1 - 0.9} = 10,$$

$$v_\pi(s_1) = \frac{0.9}{1 - 0.9} = 9.$$

◇ 例子2：图2.5中的策略稍微复杂了一些，因为它是随机的。接下来，我们写出贝尔曼方程，然后从中求解状态值。

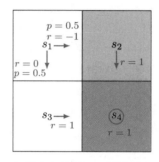

图 2.5　用于演示贝尔曼方程的例子。这个例子中的策略是随机的。

首先，在状态 s_1，策略向右或向下移动的概率都是 0.5，即 $\pi(a = a_2|s_1) = 0.5$ 和 $\pi(a = a_3|s_1) = 0.5$；状态转移概率是 $p(s' = s_3|s_1, a_3) = 1$ 和 $p(s' = s_2|s_1, a_2) = 1$；奖励的概率是 $p(r = 0|s_1, a_3) = 1$ 和 $p(r = -1|s_1, a_2) = 1$。将这些概率值代入(2.9)可得

$$v_\pi(s_1) = 0.5[0 + \gamma v_\pi(s_3)] + 0.5[-1 + \gamma v_\pi(s_2)].$$

类似地，对其他状态可得

$$v_\pi(s_2) = 1 + \gamma v_\pi(s_4),$$

$$v_\pi(s_3) = 1 + \gamma v_\pi(s_4),$$

$$v_\pi(s_4) = 1 + \gamma v_\pi(s_4).$$

状态值可以从上述方程中求解得到：

$$v_\pi(s_4) = \frac{1}{1 - \gamma},$$

$$v_\pi(s_3) = \frac{1}{1 - \gamma},$$

$$v_\pi(s_2) = \frac{1}{1 - \gamma},$$

$$v_\pi(s_1) = 0.5[0 + \gamma v_\pi(s_3)] + 0.5[-1 + \gamma v_\pi(s_2)],$$
$$= -0.5 + \frac{\gamma}{1-\gamma}.$$

进一步将 $\gamma = 0.9$ 代入上式可得

$$v_\pi(s_4) = 10,$$
$$v_\pi(s_3) = 10,$$
$$v_\pi(s_2) = 10,$$
$$v_\pi(s_1) = -0.5 + 9 = 8.5.$$

最后，如果我们比较上述例子中两个策略的状态值，可以看出

$$v_{\pi_1}(s_i) \geqslant v_{\pi_2}(s_i), \quad i = 1, 2, 3, 4.$$

这说明图2.4中的策略更好，因为它具有更高的状态值。这个数学结论与直觉是一致的：直觉上第一种策略也是更好的，因为当智能体从 s_1 出发时，它会避开禁止区域。因此，上述两个例子也说明了状态值可以用来评价策略的好坏。

2.6 矩阵向量形式

由于每一个状态都对应了式(2.9)中的方程，因此我们可以联立所有这些方程进而得到简洁的矩阵-向量形式（matrix-vector form），该形式对理解和分析贝尔曼方程有重要作用。

为了推导出矩阵-向量形式，首先将式(2.9)中的贝尔曼方程重写为

$$v_\pi(s) = r_\pi(s) + \gamma \sum_{s' \in \mathcal{S}} p_\pi(s'|s) v_\pi(s'), \tag{2.11}$$

其中

$$r_\pi(s) \doteq \sum_{a \in \mathcal{A}} \pi(a|s) \sum_{r \in \mathcal{R}} p(r|s,a) r,$$
$$p_\pi(s'|s) \doteq \sum_{a \in \mathcal{A}} \pi(a|s) p(s'|s,a).$$

这里 $r_\pi(s)$ 表示即时奖励的期望值，而 $p_\pi(s'|s)$ 代表在策略 π 下从状态 s 经过一步转移到状态 s' 的概率。

为了写成矩阵-向量形式，需要对状态进行编号。如果有 $n = |\mathcal{S}|$ 个状态，那么给这个 n 个状态编号为 $\{s_1, s_2, \ldots, s_n\}$。对于状态 s_i，(2.11)可以写成

$$v_\pi(s_i) = r_\pi(s_i) + \gamma \sum_{s_j \in \mathcal{S}} p_\pi(s_j|s_i) v_\pi(s_j). \tag{2.12}$$

定义 $v_\pi = [v_\pi(s_1), \ldots, v_\pi(s_n)]^{\mathrm{T}} \in \mathbb{R}^n$，$r_\pi = [r_\pi(s_1), \ldots, r_\pi(s_n)]^{\mathrm{T}} \in \mathbb{R}^n$，以及 $P_\pi \in \mathbb{R}^{n \times n}$，其中 P_π 满足 $[P_\pi]_{ij} = p_\pi(s_j|s_i)$。此时 (2.12) 可以用下列矩阵-向量形式来表示：

$$v_\pi = r_\pi + \gamma P_\pi v_\pi, \tag{2.13}$$

这里 v_π 是待解的未知量，而 γ、r_π、P_π 是已知量。

矩阵 P_π 有一些有趣的性质。第一，它是一个非负矩阵（non-negative matrix），即它所有元素都大于或等于 0。这个性质可以表示为 $P_\pi \geqslant 0$，其中 0 表示具有适当维度的零矩阵。在本书中，"$\geqslant$" 或 "$\leqslant$" 代表两个矩阵或者向量元素间的比较。第二，P_π 是一个随机矩阵（stochastic matrix），即每一行所有元素之和等于 1。这个性质的数学表示为 $P_\pi \mathbf{1} = \mathbf{1}$，其中 $\mathbf{1} = [1, \ldots, 1]^{\mathrm{T}}$ 是一个具有合适维度的所有元素都是 1 的向量。

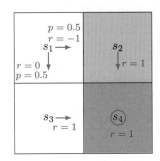

图 2.6 用于说明贝尔曼方程矩阵-向量形式的例子。

下面考虑图 2.6 中给出的具体例子，其贝尔曼方程的矩阵-向量形式如下：

$$\underbrace{\begin{bmatrix} v_\pi(s_1) \\ v_\pi(s_2) \\ v_\pi(s_3) \\ v_\pi(s_4) \end{bmatrix}}_{v_\pi} = \underbrace{\begin{bmatrix} r_\pi(s_1) \\ r_\pi(s_2) \\ r_\pi(s_3) \\ r_\pi(s_4) \end{bmatrix}}_{r_\pi} + \gamma \underbrace{\begin{bmatrix} p_\pi(s_1|s_1) & p_\pi(s_2|s_1) & p_\pi(s_3|s_1) & p_\pi(s_4|s_1) \\ p_\pi(s_1|s_2) & p_\pi(s_2|s_2) & p_\pi(s_3|s_2) & p_\pi(s_4|s_2) \\ p_\pi(s_1|s_3) & p_\pi(s_2|s_3) & p_\pi(s_3|s_3) & p_\pi(s_4|s_3) \\ p_\pi(s_1|s_4) & p_\pi(s_2|s_4) & p_\pi(s_3|s_4) & p_\pi(s_4|s_4) \end{bmatrix}}_{P_\pi} \underbrace{\begin{bmatrix} v_\pi(s_1) \\ v_\pi(s_2) \\ v_\pi(s_3) \\ v_\pi(s_4) \end{bmatrix}}_{v_\pi}.$$

将具体值代入上述方程式可得

$$\begin{bmatrix} v_\pi(s_1) \\ v_\pi(s_2) \\ v_\pi(s_3) \\ v_\pi(s_4) \end{bmatrix} = \begin{bmatrix} 0.5(0) + 0.5(-1) \\ 1 \\ 1 \\ 1 \end{bmatrix} + \gamma \begin{bmatrix} 0 & 0.5 & 0.5 & 0 \\ 0 & 0 & 0 & 1 \\ 0 & 0 & 0 & 1 \\ 0 & 0 & 0 & 1 \end{bmatrix} \begin{bmatrix} v_\pi(s_1) \\ v_\pi(s_2) \\ v_\pi(s_3) \\ v_\pi(s_4) \end{bmatrix}.$$

可以看出，P_π 满足 $P_\pi \mathbf{1} = \mathbf{1}$。

2.7 求解状态值

给定一个策略，在得到其对应的贝尔曼方程后，我们可以从中求解出所有状态值。求解一个策略对应的状态值是强化学习中的一个基本问题，这个问题通常被称为策略评价。本节将给出两种求解贝尔曼方程的方法。

2.7.1 方法1：解析解

由于 $v_\pi = r_\pi + \gamma P_\pi v_\pi$ 是一个简单的线性方程，我们不难得到其解析解：

$$v_\pi = (I - \gamma P_\pi)^{-1} r_\pi.$$

下面给出矩阵 $(I - \gamma P_\pi)^{-1}$ 的几个性质。

◇ 第一，$I - \gamma P_\pi$ 是可逆的。证明如下。根据圆盘定理（Gershgorin circle theorem）[4]，$I - \gamma P_\pi$ 的每个特征值都至少位于一个 Gershgorin 圆盘内。具体来说，第 i 个 Gershgorin 圆盘的中心位于 $[I - \gamma P_\pi]_{ii} = 1 - \gamma p_\pi(s_i|s_i)$，半径等于 $\sum_{j \neq i} [I - \gamma P_\pi]_{ij} = -\sum_{j \neq i} \gamma p_\pi(s_j|s_i)$。因为 $\gamma < 1$，所以其半径小于该圆中心距离原点的距离：

$\sum_{j \neq i} \gamma p_\pi(s_j|s_i) < 1 - \gamma p_\pi(s_i|s_i)$。因此，所有 Gershgorin 圆盘都不包含原点，进而可知 $I - \gamma P_\pi$ 没有等于 0 的特征值。

◇ 第二，$(I - \gamma P_\pi)^{-1} \geqslant I$，即矩阵 $(I - \gamma P_\pi)^{-1}$ 的每个元素都是大于或等于 0 的，并且进一步来说是大于或等于单位矩阵 I 中的相应元素。这是因为 P_π 的元素是非负的，考虑矩阵逆的级数展开可得 $(I - \gamma P_\pi)^{-1} = I + \gamma P_\pi + \gamma^2 P_\pi^2 + \cdots \geqslant I \geqslant 0$。

◇ 第三，对于任何向量 $r \geqslant 0$，有 $(I - \gamma P_\pi)^{-1} r \geqslant r \geqslant 0$。这个性质可由第二个性质推论得出，因为 $[(I - \gamma P_\pi)^{-1} - I] r \geqslant 0$。类似的，如果 $r_1 \geqslant r_2$，则有 $(I - \gamma P_\pi)^{-1} r_1 \geqslant (I - \gamma P_\pi)^{-1} r_2$。

2.7.2 方法2：数值解

虽然解析解对于理论分析非常有用，但是因为它涉及矩阵逆运算，因此仍然需要复杂的数值算法来计算。实际上，我们可以直接使用如下数值迭代算法从贝尔曼方程中求解出状态值：

$$v_{k+1} = r_\pi + \gamma P_\pi v_k, \quad k = 0, 1, 2, \ldots \tag{2.14}$$

从一个初始猜测 $v_0 \in \mathbb{R}^n$ 出发，该算法会给出一个序列 $\{v_0, v_1, v_2, \ldots\}$，并且该序列会逐渐收敛到真实的状态值，即

$$v_k \to v_\pi = (I - \gamma P_\pi)^{-1} r_\pi, \quad \text{随着} k \to \infty. \tag{2.15}$$

式(2.15)的证明在方框2.1中给出。

方框2.1: 证明 (2.15)

定义误差为 $\delta_k = v_k - v_\pi$。我们只需要证明 $\delta_k \to 0$。将 $v_{k+1} = \delta_{k+1} + v_\pi$ 和 $v_k = \delta_k + v_\pi$ 代入 $v_{k+1} = r_\pi + \gamma P_\pi v_k$ 可得

$$\delta_{k+1} + v_\pi = r_\pi + \gamma P_\pi(\delta_k + v_\pi).$$

上式可以变换为

$$\delta_{k+1} = -v_\pi + r_\pi + \gamma P_\pi \delta_k + \gamma P_\pi v_\pi,$$
$$= \gamma P_\pi \delta_k - v_\pi + (r_\pi + \gamma P_\pi v_\pi),$$
$$= \gamma P_\pi \delta_k.$$

由上式进一步可得

$$\delta_{k+1} = \gamma P_\pi \delta_k = \gamma^2 P_\pi^2 \delta_{k-1} = \cdots = \gamma^{k+1} P_\pi^{k+1} \delta_0.$$

由于 P_π 的每个元素都大于或等于 0 并且小于或等于 1,我们有 $0 \leqslant P_\pi^k \leqslant 1$ 对任何 k 都成立。另一方面,因为 $\gamma < 1$,所以当 $k \to \infty$ 时有 $\gamma^k \to 0$。因此,当 $k \to \infty$ 时有 $\delta_{k+1} = \gamma^{k+1} P_\pi^{k+1} \delta_0 \to 0$。

2.7.3 示例

下面我们用前两个小节介绍的算法来求解一些例子的状态值。具体求解过程不再展示,这里重点关注求解得到的状态值具有什么样的规律。

图2.7中橙色的单元格表示禁止区域,蓝色的单元格代表目标区域。奖励设置为 $r_{\text{boundary}} = r_{\text{forbidden}} = -1$,$r_{\text{target}} = 1$。折扣因子选取为 $\gamma = 0.9$。

图2.7(a) 给出了两个"好"的策略及其对应的状态值。虽然这两个策略有相同的状态值,但是在第四列的前两个状态的策略是不同。因此,我们知道不同的策略可能拥有相同的状态值。

图2.7(b) 展示了两个"不好"的策略及其对应的状态值。这两个策略之所以不好,是因为许多状态对应的策略从直觉上就是不合理的。而这种直觉与我们计算得到的状

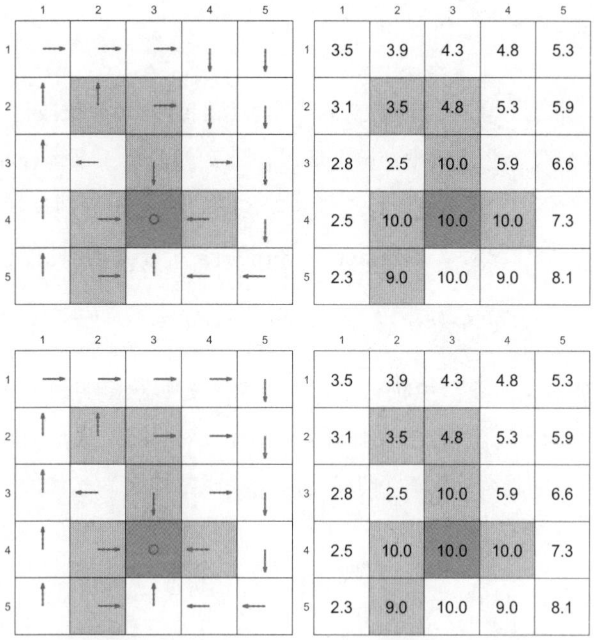

(a) 两个"好"的策略及其对应的状态值。这两个策略的状态值相同,但是它们在第四列的前两个状态是不同的。

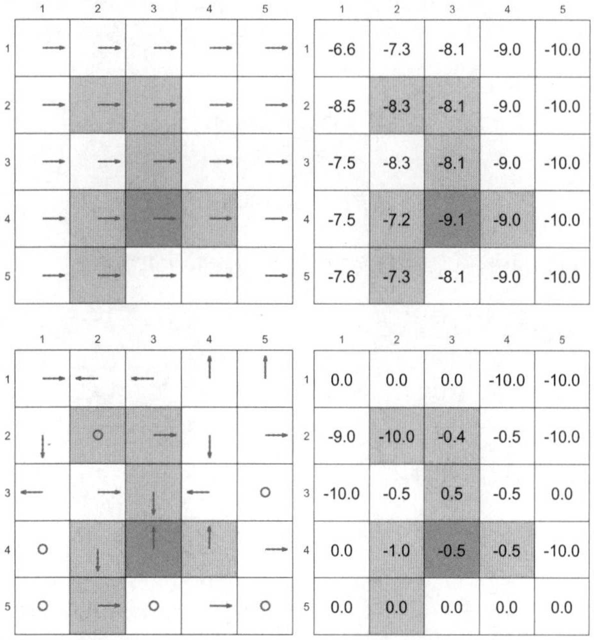

(b) 两个"不好"的策略及其对应的状态值。这两个策略的状态值比上面两个"好"策略的状态值要小。

图 2.7 策略及其对应的状态值的示例。

态值是一致的,例如这两个策略的状态值都是负的,比图2.7(a) 中"好"策略的状态值都要小。

2.8 动作值

到目前为止，本章一直在讨论状态值。下面我们转向动作值或称动作价值（action value）。动作值这个概念非常重要，但之所以在本章的最后一节才介绍它，是因为它依赖于状态值的概念：我们要首先很好地理解状态值，才能很好地理解动作值。

针对一个状态-动作配对（state-action pair）(s, a)，其动作值定义为

$$q_\pi(s, a) \doteq \mathbb{E}[G_t | S_t = s, A_t = a].$$

上式表明动作值被定义为在一个状态采取一个动作之后获得的回报的期望值。值得指出的是，$q_\pi(s, a)$ 依赖于一个状态-动作配对 (s, a)，而不仅仅是一个动作。因此，或许称这个值为状态-动作值会更严谨，但简便起见，通常称之为动作值。

动作值与状态值有什么关系呢？

◇ 首先，根据条件期望的性质可得

$$\underbrace{\mathbb{E}[G_t | S_t = s]}_{v_\pi(s)} = \sum_{a \in \mathcal{A}} \underbrace{\mathbb{E}[G_t | S_t = s, A_t = a]}_{q_\pi(s,a)} \pi(a|s).$$

上式可简化为

$$v_\pi(s) = \sum_{a \in \mathcal{A}} \pi(a|s) q_\pi(s, a)$$
$$= \mathbb{E}_{A_t \sim \pi(s)} \big[q_\pi(s, A_t) \big]. \tag{2.16}$$

由上式可以看出，状态值是该状态对应的动作值的期望值。

◇ 第二，因为状态值具有如下表达式

$$v_\pi(s) = \sum_{a \in \mathcal{A}} \pi(a|s) \Big[\sum_{r \in \mathcal{R}} p(r|s,a) r + \gamma \sum_{s' \in \mathcal{S}} p(s'|s,a) v_\pi(s') \Big].$$

将其与(2.16)进行比较，可得

$$q_\pi(s, a) = \sum_{r \in \mathcal{R}} p(r|s,a) r + \gamma \sum_{s' \in \mathcal{S}} p(s'|s,a) v_\pi(s')$$
$$= \mathbb{E} \big[R_{t+1} + \gamma v_\pi(S_{t+1}) | S_t = s, A_t = a \big]. \tag{2.17}$$

由上式可以看出，动作值是一个包含状态值的变量的期望值。

式(2.16)和式(2.17)是"一个硬币的两个面"：式(2.16)展示了如何从动作值获得状态值，而式(2.17)展示了如何从状态值获得动作值。

2.8.1 示例

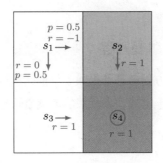

图 2.8 用于展示动作值的示例。

接下来，我们通过一个例子展示如何计算动作值，并特别指出一个初学者常犯的错误。

考虑图2.8中的随机策略。我们下面仅考察状态 s_1 对应的动作值，其他状态是类似的。策略在 s_1 可能会采取两个动作 a_2 或者 a_3。首先，(s_1, a_2) 的动作值为

$$q_\pi(s_1, a_2) = -1 + \gamma v_\pi(s_2),$$

其中 s_2 是下一个状态。类似地，(s_1, a_3) 的动作值是

$$q_\pi(s_1, a_3) = 0 + \gamma v_\pi(s_3).$$

关于动作值，初学者常犯的一个错误是：因为图2.8中的策略在 s_1 会选择 a_2 或者 a_3，而并不会选择 a_1, a_4, a_5，所以我们不需要计算 a_1, a_4, a_5 的动作值，或者它们的动作值是0。这是错误的！

◇ 首先，即使一个动作不会被策略选择，它依然具有动作值。在这个例子中，尽管策略 π 在 s_1 不会选取 a_1，我们仍然可以计算"假如"采取这一动作后将获得的回报。具体来说，在 s_1 选取 a_1 后，智能体会被弹回 s_1（因此立即奖励是 -1），然后从 s_1 开始按照 π 移动（因此未来奖励是 $\gamma v_\pi(s_1)$）。综上，(s_1, a_1) 的动作值为

$$q_\pi(s_1, a_1) = -1 + \gamma v_\pi(s_1).$$

类似地，对于 a_4 和 a_5 有

$$q_\pi(s_1, a_4) = -1 + \gamma v_\pi(s_1),$$
$$q_\pi(s_1, a_5) = 0 + \gamma v_\pi(s_1).$$

◇ 第二，为什么我们要关心策略不会选择的动作？尽管有些动作可能不会被策略选择，这并不意味着这些动作就不好。相反，这个动作可能是最好的动作，只是因当

前的策略不够好而没有选择这个动作罢了。强化学习的目的是寻找最优策略，因此我们必须探索所有动作，从而找到每个状态下的最优动作。

2.8.2　基于动作值的贝尔曼方程

我们之前介绍的贝尔曼方程都是基于状态值的。实际上，贝尔曼方程也可以用动作值来表达，只是该形式并不常见。不感兴趣的读者可以跳过本节，这并不影响后续的学习。

具体来说，将式(2.16)代入式(2.17)可以得到

$$q_\pi(s,a) = \sum_{r \in \mathcal{R}} p(r|s,a)r + \gamma \sum_{s' \in \mathcal{S}} p(s'|s,a) \sum_{a' \in \mathcal{A}(s')} \pi(a'|s')q_\pi(s',a').$$

这也是一个贝尔曼方程，只不过它只包含动作值而没有状态值。这个方程对每一个状态-动作配对都是成立的。如果我们将所有这些方程都放在一起，则可以得到它们的矩阵-向量形式：

$$q_\pi = \tilde{r} + \gamma P \Pi q_\pi, \tag{2.18}$$

其中 q_π 是一个动作值向量，它对应 (s,a) 的元素是 $[q_\pi]_{(s,a)} = q_\pi(s,a)$；$\tilde{r}$ 是由 (s,a) 索引的即时奖励向量 $[\tilde{r}]_{(s,a)} = \sum_{r \in \mathcal{R}} p(r|s,a)r$；矩阵 P 是概率转移矩阵，其每一行对应一个状态-动作配对，每一列对应一个状态 $[P]_{(s,a),s'} = p(s'|s,a)$；$\Pi$ 是一个块对角矩阵（block diagonal matrix），其中每个块是一个 $1 \times |\mathcal{A}|$ 维的向量：$\Pi_{s',(s',a')} = \pi(a'|s')$，而 Π 的其他元素都为0。

相比基于状态值的贝尔曼方程，基于动作值的贝尔曼方程具有一些独特的性质。例如，$\tilde{r}$ 和 P 不依赖于策略，仅由系统模型确定，而策略仅被包含在 Π 中。更多性质可以参见文献 [5]。

2.9　总结

本章介绍的最重要的概念是状态值。数学上，状态值是智能体从一个状态出发所能获得的回报的期望值。

不同状态的值是彼此相关的。例如，状态 s 的值依赖于一些其他状态的值，而其他这些状态的值可能又依赖于更多其他状态或者状态 s 的值。这种关系可能是对初学者来说最困惑的一点，它涉及一个自举的重要概念。"自举"的英文翻译是 bootstrapping，它在不同历史时期有不同的含义。从字面上来讲，它指的是鞋后边能够帮助更好地穿鞋的带子，后来它用于讽刺那些异想天开的想法，如自己想通过双手拉着自己鞋上的

两个带子让自己的双脚离地；它的现代引申意义指的是自迭代算法，即从一个初始值出发不断迭代计算。

虽然从直觉上来看自举是比较令人困惑的，但是从数学上来看，贝尔曼方程清晰地描述了不同状态值之间的关系，以及如何通过迭代的方式求解状态值。此外，由于状态值可用于评价策略的优劣，因此根据贝尔曼方程求解某一策略的状态值的过程称为策略评价。正如本书后面介绍的，策略评价是强化学习算法中的重要步骤。

本章介绍的另一个重要概念是动作值，它可以描述在某个状态采取某个动作的价值。正如本书后面会介绍的，当我们尝试寻找最优策略时，动作值相比状态值将发挥更直接的作用。

最后，贝尔曼方程并不局限于强化学习领域，它在许多领域如控制理论和运筹学中都有广泛应用。在不同领域，贝尔曼方程可能有不同的表达形式。本书是在离散马尔可夫决策过程的框架下介绍贝尔曼方程的，更多的信息可以参见文献 [2]。

2.10　问答

◇　提问：状态值和回报之间的关系是什么？

回答：一个状态的状态值是智能体从该状态出发可以获得的回报的期望值。

◇　提问：我们为什么要关心状态值？它为什么重要？

回答：状态值可以用来评价策略的好坏。在下一章我们将看到，最优策略就是基于状态值来定义的。

◇　提问：我们为什么要关心贝尔曼方程？它为什么重要？

回答：贝尔曼方程描述了所有状态值之间的关系，它是分析和求解状态值的核心工具。

◇　提问：为什么求解贝尔曼方程的过程被称为策略评价？

回答：求解贝尔曼方程得到的是状态值，由于状态值可以用来评价策略，因此求解贝尔曼方程的过程可以被理解为评价相应的策略。

◇　提问：我们为什么需要研究贝尔曼方程的矩阵-向量形式？

回答：贝尔曼方程是为所有状态建立的一组线性方程。为了求解所有状态值，我们有必要联立这些方程，而其矩阵-向量形式则是这些方程联立之后的简洁表达式。

◇　提问：状态值与动作值之间的关系是什么？

回答：它们的关系可以通过式(2.16)和式(2.17)清晰地阐述，它们相互依赖，可以相互转换。

◇ 提问：我们为什么关心一个给定策略不会选择的动作的价值？

回答：尽管一个给定的策略可能不会选择某些动作，但是这并不意味着这些动作是不好的。相反，有可能是因给定的策略不够好而错过了最好的动作。因此，为了寻找更好的策略，我们要探索所有动作，即使其中一些可能不会被当前给定策略选择，这一点在后面介绍基于蒙特卡罗的强化学习算法时会更加明显，读者现在只需要有一个大概的理解即可。

第 3 章

最优状态值与贝尔曼最优方程

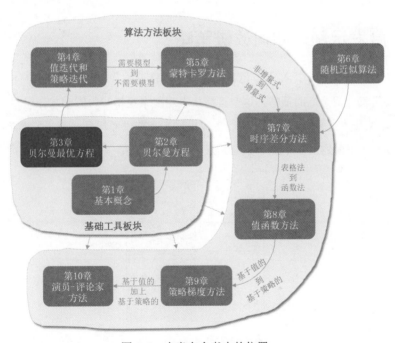

图 3.1　本章在全书中的位置。

强化学习的终极目标究竟是什么？在线下的授课中，我告诉我的学生：如果你听到了这个问题，你一定要能够非常快速地回答出来，强化学习的终极目标是寻找最优策略。因此，最优策略是强化学习中非常基础且重要的概念。

本章将介绍一个核心概念和一个核心工具：这个核心概念是最优状态值，基于此，我们可以定义最优策略；这个核心工具是贝尔曼最优方程，基于此，我们可以求解最优状态值和最优策略。

本章与前后两章关系密切：第2章介绍了贝尔曼方程；本章将介绍的贝尔曼最优方程是一个特殊的贝尔曼方程；第3章将介绍的"值迭代"算法就用于求解本章介绍的贝尔曼最优方程。因此，本章起到了承上启下的关键作用。

本章的数学内容相比之前两章会稍微多一些，因此读者可能需要耐心地学习。即使多花一些时间也是非常值得的，因为这些数学内容能够非常清晰地解答许多基本问题，这对于透彻理解后面章节的内容至关重要。此外，这些数学内容以合理的方式呈现了出来，相信大家只要耐心学习，就不会觉得特别困难。

3.1 启发示例：如何改进策略？

考虑图3.2中的例子，其中橙色和蓝色的单元格分别代表禁止区域和目标区域。图中的箭头代表一个给定的策略。这个策略从直观上来说不好，因为它在状态 s_1 选择 a_2（向右）会进入禁止区域。那么我们能否改进这个策略进而得到一个更好的策略呢？答案是可以的。下面通过一个例子来介绍改进策略的思路。

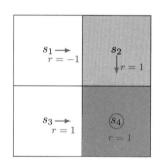

图 3.2　用于说明如何改进策略的一个例子。

◇ 第一，直觉。直觉告诉我们：如果在 s_1 选择 a_3（向下）而不是 a_2（向右），那么策略会更好，这是因为向下移动能够避免进入禁止区域。

◇ 第二，数学。上面的直觉可以基于状态值和动作值的计算来得到验证。

首先，计算给定策略的状态值。根据第2章的内容，不难写出这一策略对应的贝尔

曼方程为

$$v_\pi(s_1) = -1 + \gamma v_\pi(s_2),$$
$$v_\pi(s_2) = +1 + \gamma v_\pi(s_4),$$
$$v_\pi(s_3) = +1 + \gamma v_\pi(s_4),$$
$$v_\pi(s_4) = +1 + \gamma v_\pi(s_4).$$

如果设 $\gamma = 0.9$，可以求出

$$v_\pi(s_1) = 8, \qquad v_\pi(s_2) = v_\pi(s_3) = v_\pi(s_4) = 10.$$

然后，计算给定策略的动作值。针对状态 s_1，其对应的动作值是

$$q_\pi(s_1, a_1) = -1 + \gamma v_\pi(s_1) = 6.2,$$
$$q_\pi(s_1, a_2) = -1 + \gamma v_\pi(s_2) = 8,$$
$$q_\pi(s_1, a_3) = 0 + \gamma v_\pi(s_3) = 9,$$
$$q_\pi(s_1, a_4) = -1 + \gamma v_\pi(s_1) = 6.2,$$
$$q_\pi(s_1, a_5) = 0 + \gamma v_\pi(s_1) = 7.2.$$

上式表明动作 a_3 具有最大的动作值，即

$$q_\pi(s_1, a_3) \geqslant q_\pi(s_1, a_i), \quad 对所有 i \neq 3.$$

因此，为了得到最大的回报，新的策略应该在 s_1 选择 a_3（向下移动），这个数学结论与前面的直觉是一致的。

上面这个例子说明了：如果我们更新策略从而使之选择具有最大动作值的动作，就有望得到一个更好的策略。

这个例子非常简单，因为给定的策略只是在 s_1 不好，而在其他状态已经很好了。如果策略在其他状态也不好，此时在 s_1 选择最大动作值还能否得到更好的策略呢？这个问题看似简单，其实想回答清楚并不容易。此外还有很多问题，例如是否总是存在最优策略、最优策略看起来是什么样子等。我们将在本章回答这些问题。

3.2　最优状态值和最优策略

首先，我们需要定义什么是最优策略（optimal policy）。

考虑两个给定的策略 π_1 和 π_2。如果对于任意状态 $s \in \mathcal{S}$，π_1 的状态值都大于或等

于 π_2 的状态值，即

$$v_{\pi_1}(s) \geqslant v_{\pi_2}(s), \quad \text{对任意} s \in \mathcal{S},$$

那么我们说 π_1 比 π_2 更好。而如果一个策略比所有其他策略都更好，那么这个策略就是最优策略，其正式定义如下所述。

定义 3.1 (最优策略与最优状态值)。考虑策略 π^*，如果对任意的状态 $s \in \mathcal{S}$ 和其他任意策略 π，都有 $v_{\pi^*}(s) \geqslant v_{\pi}(s)$，那么 π^* 是一个最优策略，并且 π^* 对应的状态值是最优状态值。

上述定义表明：一个最优策略在每一个状态都有比所有其他策略更高的状态值。这个定义可能也引出了读者的许多问题。

◇ 存在性：这样的最优策略存在吗？

◇ 唯一性：这样的最优策略唯一吗？

◇ 随机性：最优策略是随机性的还是确定性的？

◇ 算法：有什么算法能够让我们得到最优策略和最优状态值？

这几个问题非常基础和重要。例如，关于最优策略的存在性，如果最优策略根本不存在，那么我们就不需要费尽心机去设计算法来寻找它们了。本章将逐一解答这些问题。

3.3 贝尔曼最优方程

为了分析和求解最优策略，下面介绍大名鼎鼎的贝尔曼最优方程（Bellman optimality equation，BOE）。首先直接给出其表达式，然后详细分析它的性质。

对于每个 $s \in \mathcal{S}$，贝尔曼最优方程的表达式如下所示：

$$
\begin{aligned}
v(s) &= \max_{\pi(s) \in \Pi(s)} \sum_{a \in \mathcal{A}} \pi(a|s) \left(\sum_{r \in \mathcal{R}} p(r|s,a)r + \gamma \sum_{s' \in \mathcal{S}} p(s'|s,a)v(s') \right) \\
&= \max_{\pi(s) \in \Pi(s)} \sum_{a \in \mathcal{A}} \pi(a|s)q(s,a),
\end{aligned}
\tag{3.1}
$$

其中

$$q(s,a) \doteq \sum_{r \in \mathcal{R}} p(r|s,a)r + \gamma \sum_{s' \in \mathcal{S}} p(s'|s,a)v(s').$$

这里 $v(s), v(s')$ 是待求解的未知量；$\pi(s)$ 表示状态 s 的策略；$\Pi(s)$ 是在状态 s 所有可能策略的集合。

贝尔曼最优方程是一个优美且强大的工具，它能清晰地解释许多基础且重要的问题。不过，初学者乍一看到这个式子会有很多疑问。例如，这个方程有两类未知量：一类是值 v，另一类是策略 π。如何从一个方程中同时求解两类未知量呢？此外，下面这些问题也需要回答。

◇ 存在性：这个贝尔曼最优方程有解吗？

◇ 唯一性：贝尔曼最优方程的解是唯一的吗？

◇ 算法：如何求解贝尔曼最优方程？

◇ 最优性：贝尔曼最优方程的解与最优策略有何关系？

最后，贝尔曼最优方程与贝尔曼方程是什么关系？为什么说它是一个特殊的贝尔曼方程？

这些问题都是非常基础且重要的。如果能回答这些问题，我们就能清楚地理解最优状态值和最优策略；反之，如果这些问题回答得不清楚，我们的理解一定是一知半解或者云里雾里。然而，想回答这些问题不能一蹴而就。下面带领大家一步步地学习，只要能静下心来稳扎稳打，相信大家能一劳永逸地透彻掌握。

3.3.1 方程右侧的优化问题

贝尔曼最优方程(3.1)的右侧嵌套了一个优化问题，这可能是让初学者最感到迷惑的一点。我们通过下面的例子来解释其求解思路。

例子 3.1 假设两个未知变量 $x, y \in \mathbb{R}$ 满足如下方程：

$$x = \max_{y \in \mathbb{R}}(2x - 1 - y^2).$$

这个方程乍一看比较奇怪：它包含两个未知数，并且右侧嵌套了一个优化问题。实际上这个方程的求解并不困难，可以通过两步求解。第一步是求解方程右侧的优化问题 $\max_{y \in \mathbb{R}}(2x - 1 - y^2)$。具体来说，不管 x 的值是什么，在 $y = 0$ 时 $(2x - 1 - y^2)$ 达到最大值，此时 $\max_y(2x - 1 - y^2) = 2x - 1$。第二步是求解 x，如果把 $y = 0$ 代入方程，那么方程变为 $x = 2x - 1$，此时很容易求解出 $x = 1$。因此，$y = 0$ 和 $x = 1$ 是该方程的解。 □

明白了上面这个例子，再来看贝尔曼最优方程就会简单很多：式(3.1)可以简写为

$$v(s) = \max_{\pi(s) \in \Pi(s)} \sum_{a \in \mathcal{A}} \pi(a|s) q(s, a), \quad s \in \mathcal{S}.$$

受到示例3.1的启发，我们首先要解决方程右边的优化问题。怎么做呢？我们再来看一个简单的例子。

例子 3.2 给定 $q_1, q_2, q_3 \in \mathbb{R}$，我们希望找到 c_1, c_2, c_3 的最优值，从而求解下面的优化问题：

$$\max_{c_1, c_2, c_3} \sum_{i=1}^{3} c_i q_i = \max_{c_1, c_2, c_3} (c_1 q_1 + c_2 q_2 + c_3 q_3),$$

其中要求 $c_1 + c_2 + c_3 = 1$ 且 $c_1, c_2, c_3 \geqslant 0$。

求解这个问题的思路如下。首先，q_1, q_2, q_3 中一定存在一个最大值。不失一般性，假设 $q_3 \geqslant q_1, q_2$。那么，最优解是 $c_3^* = 1, c_1^* = c_2^* = 0$。为什么呢？这是因为

$$q_3 = (c_1 + c_2 + c_3)q_3 = c_1 q_3 + c_2 q_3 + c_3 q_3 \geqslant c_1 q_1 + c_2 q_2 + c_3 q_3$$

对任何 c_1, c_2, c_3 都成立。 □

受到上述示例的启发，由于 $\sum_a \pi(a|s) = 1$，我们有

$$\sum_{a \in \mathcal{A}} \pi(a|s)q(s,a) \leqslant \sum_{a \in \mathcal{A}} \pi(a|s) \max_{a \in \mathcal{A}} q(s,a) = \max_{a \in \mathcal{A}} q(s,a),$$

即 $\sum_{a \in \mathcal{A}} \pi(a|s)q(s,a)$ 的最大值是 $\max_{a \in \mathcal{A}} q(s,a)$，而且等于最大值的条件是

$$\pi(a|s) = \begin{cases} 1, & a = a^*, \\ 0, & a \neq a^*. \end{cases}$$

其中 $a^* = \arg\max_a q(s,a)$。因此，最优策略 $\pi(s)$ 应该选择具有最大 $q(s,a)$ 的动作。在解决了右侧的优化问题之后，式(3.1)就变成了 $v(s) = \max_{a \in \mathcal{A}(s)} q(s,a)$。

3.3.2 矩阵-向量形式

方程(3.1)是对任意状态都成立的，将所有状态对应的这些方程联立，可以获得一个简洁的矩阵-向量形式。该形式在本章中将被广泛使用，对于分析贝尔曼最优方程将发挥重要作用。

具体来说，假设有 n 个状态 $\{s_1, s_2, \ldots, s_n\}$。类似于第 2 章推导贝尔曼方程的矩阵-向量形式，我们可以得到贝尔曼最优方程的矩阵-向量形式为

$$v = \max_{\pi \in \Pi}(r_\pi + \gamma P_\pi v), \tag{3.2}$$

其中 $v = [v(s_1), v(s_2), \ldots, v(s_n)]^{\mathrm{T}} \in \mathbb{R}^n$ 是待求解的未知量。上式中的 $\max_\pi$ 是以逐元素的方式执行的。例如，对于一个向量 $[*, *]$，其中的元素用"$*$"表示，那么有 $\max_\pi[*, *] = [\max_\pi *, \max_\pi *]$。此外，上式中 r_π 和 P_π 与贝尔曼方程的矩阵-向量形式中的相同：

$$[r_\pi]_s \doteq \sum_{a \in \mathcal{A}} \pi(a|s) \sum_{r \in \mathcal{R}} p(r|s,a)r, \qquad [P_\pi]_{s,s'} = p(s'|s) \doteq \sum_{a \in \mathcal{A}} \pi(a|s)p(s'|s,a).$$

这里我们不再赘述将式(3.1)转换为式(3.2)的详细过程，这个过程与第 2 章中将贝尔曼

方程转换成矩阵向量形式的过程是类似的。

由于 π 的最优值由 v 决定，(3.2)的右侧实际上是 v 的函数，因此可以用一个函数 $f(v)$ 表示为

$$f(v) \doteq \max_{\pi \in \Pi}(r_\pi + \gamma P_\pi v).$$

然后，贝尔曼最优方程(3.2)可以简洁地表达为

$$v = f(v). \tag{3.3}$$

在本节的剩余部分，我们将介绍如何求解方程(3.3)。

3.3.3　压缩映射定理

为了分析 $v = f(v)$，本小节将首先介绍压缩映射定理（contraction mapping theorem）[6]。压缩映射定理是分析非线性方程的强大工具，它也被称为不动点定理。如果读者已经了解这个定理，则可以跳过这一小节；否则，建议读者仔细学习该定理，因为它是分析贝尔曼最优方程的关键工具。

考虑一个函数 $f(x)$，其中 $x \in \mathbb{R}^d$ 且 $f : \mathbb{R}^d \to \mathbb{R}^d$。如果一个点 x^* 满足

$$f(x^*) = x^*,$$

那么称之为不动点（fixed point）。之所以称之为"不动点"，是因为 x^* 的映射还是其自身。

如果存在 $\gamma \in (0, 1)$ 使得

$$\|f(x_1) - f(x_2)\| \leqslant \gamma \|x_1 - x_2\|$$

对于任意的 $x_1, x_2 \in \mathbb{R}^d$ 都成立，那么函数 f 被称为压缩映射（contraction mapping）。上面不等式中的 $\|\cdot\|$ 表示向量或矩阵的范数。

下面通过三个简单的例子来解释不动点和压缩映射。

例子 3.3　三个简单例子。

◇　例1: $x = f(x) = 0.5x$, $x \in \mathbb{R}$。

首先，很容易验证 $x = 0$ 是一个不动点，因为 $0 = 0.5 \cdot 0$。其次，$f(x) = 0.5x$ 是一个压缩映射，因为 $\|0.5x_1 - 0.5x_2\| = 0.5\|x_1 - x_2\| \leqslant \gamma\|x_1 - x_2\|$ 对任何 $\gamma \in [0.5, 1)$ 都成立。

◇　例2: $x = f(x) = Ax$，其中 $x \in \mathbb{R}^n, A \in \mathbb{R}^{n \times n}$ 且 $\|A\| \leqslant \gamma < 1$。

首先，很容易验证 $x = 0$ 是一个不动点，因为 $0 = A0$。其次，$f(x) = Ax$ 是一个压缩映射，因为 $\|Ax_1 - Ax_2\| = \|A(x_1 - x_2)\| \leqslant \|A\| \|x_1 - x_2\| \leqslant \gamma \|x_1 - x_2\|$。

◇ 例 3：$x = f(x) = 0.5 \sin x$，$x \in \mathbb{R}$。

首先，很容易验证 $x = 0$ 是一个不动点，因为 $0 = 0.5 \sin 0$。其次，根据中值定理 [7, 8] 可知

$$\left| \frac{0.5 \sin x_1 - 0.5 \sin x_2}{x_1 - x_2} \right| = |0.5 \cos x_3| \leqslant 0.5, \quad x_3 \in [x_1, x_2].$$

上式可以等价为 $|0.5 \sin x_1 - 0.5 \sin x_2| \leqslant 0.5 |x_1 - x_2|$，因此 $f(x) = 0.5 \sin x$ 是一个压缩映射。 □

有了上面的准备，下面给出经典的压缩映射定理。

定理 3.1 (压缩映射定理)。对于方程 $x = f(x)$，其中 x 和 $f(x)$ 是实数向量。如果 f 是一个压缩映射，则下面所有性质都成立。

◇ 存在性：一定存在一个不动点 x^* 满足 $f(x^*) = x^*$。

◇ 唯一性：不动点 x^* 是唯一的。

◇ 算法：考虑迭代算法

$$x_{k+1} = f(x_k),$$

其中 $k = 0, 1, 2, \ldots$。给定任意一个初始值 x_0，当 $k \to \infty$ 时，$x_k \to x^*$，且收敛过程具有指数收敛速度。

压缩映射定理之所以强大，是因为它不仅能告诉我们该方程的解是否存在、是否唯一，还能给出一个数值求解算法。该定理的证明见方框3.1。本书中凡是放到灰色方框中的内容都是选学内容，感兴趣的读者可以阅读，不感兴趣的读者可以跳过，并不会对整体学习造成影响。

下面的示例展示了如何使用压缩映射定理给出的迭代算法来求解方程。

例子 3.4 再次考虑前面提到过的三个简单例子：$x = 0.5x$，$x = Ax$，$x = 0.5 \sin x$。前面我们已经提到 $x^* = 0$ 是一个不动点，并且方程右边的函数都是压缩映射。现在根据压缩映射定理，我们知道这个不动点 $x^* = 0$ 是唯一的解。因为这三个方程很简单，所以可以用很多方式求解得到 $x^* = 0$。这里假设我们不知道如何求解，那么根据压缩映射定理，其解可以通过以下迭代算法得到：

$$x_{k+1} = 0.5x_k,$$

$$x_{k+1} = Ax_k,$$

$$x_{k+1} = 0.5 \sin x_k,$$

其中初始值 x_0 可以是任意值。例如，考虑算法 $x_{k+1} = 0.5x_k$，如果初始值是 $x_0 = 10$，那么可得 $x_1 = 5, x_2 = 2.5, x_3 = 1.25, x_4 = 0.625, \ldots$。可以看到，$x_k$ 会逐渐接近真实解 $x^* = 0$。 □

方框 3.1：压缩映射定理的证明

第 1 步：证明序列 $\{x_k = f(x_{k-1})\}_{k=1}^{\infty}$ 是收敛的。

该证明依赖于柯西序列（Cauchy sequence）。如果一个序列 $x_1, x_2, \cdots \in \mathbb{R}$ 满足如下条件就被称为柯西序列：对于任何小的 $\varepsilon > 0$，存在 N 使得所有的 $m, n > N$ 都有 $\|x_m - x_n\| < \varepsilon$。该条件的直观解释是存在一个有限整数 N，使得 N 之后的所有元素彼此足够接近。柯西序列很重要，因为它保证了序列会收敛到一个极限，它的收敛性将被用来证明压缩映射定理。值得注意的是，$\|x_m - x_n\| < \varepsilon$ 必须对所有 $m, n > N$ 都成立。如果仅有 $\|x_{n+1} - x_n\| < \varepsilon$，那么不足以说明该序列是一个柯西序列。例如，对于 $x_n = \sqrt{n}$，虽然有 $x_{n+1} - x_n \to 0$，但显然 $x_n = \sqrt{n}$ 并不收敛。

下面证明 $\{x_k = f(x_{k-1})\}_{k=1}^{\infty}$ 是一个柯西序列。首先，由于 f 是一个压缩映射，有

$$\|x_{k+1} - x_k\| = \|f(x_k) - f(x_{k-1})\| \leqslant \gamma \|x_k - x_{k-1}\|.$$

由上式可得

$$\|x_{k+1} - x_k\| \leqslant \gamma \|x_k - x_{k-1}\|$$
$$\leqslant \gamma^2 \|x_{k-1} - x_{k-2}\|$$
$$\vdots$$
$$\leqslant \gamma^k \|x_1 - x_0\|.$$

由于 $\gamma < 1$，对任意的 x_1, x_0，我们都有 $\|x_{k+1} - x_k\|$ 会随着 $k \to \infty$ 以指数速度收敛到 0。值得注意的是，$\{\|x_{k+1} - x_k\|\}$ 的收敛不足以证明 $\{x_k\}$ 的收敛。因此，我们需要进一步考虑 $\|x_m - x_n\|$（其中 $m > n$）：

$$\|x_m - x_n\| = \|x_m - x_{m-1} + x_{m-1} - \cdots - x_{n+1} + x_{n+1} - x_n\|$$
$$\leqslant \|x_m - x_{m-1}\| + \cdots + \|x_{n+1} - x_n\|$$

$$\leqslant \gamma^{m-1}\|x_1 - x_0\| + \cdots + \gamma^n\|x_1 - x_0\|$$
$$= \gamma^n(\gamma^{m-1-n} + \cdots + 1)\|x_1 - x_0\|$$
$$\leqslant \gamma^n(1 + \cdots + \gamma^{m-1-n} + \gamma^{m-n} + \ldots)\|x_1 - x_0\|$$
$$= \frac{\gamma^n}{1-\gamma}\|x_1 - x_0\|. \tag{3.4}$$

上式表明，对任意的 ε，我们总是可以找到 N 使得对所有 $m, n > N$ 都有 $\|x_m - x_n\| < \varepsilon$。

因此，$\{x_k = f(x_{k-1})\}_{k=1}^{\infty}$ 是一个柯西序列。根据柯西序列的性质，它会收敛到一个极限值，记作 $x^* = \lim_{k\to\infty} x_k$。

第 2 步：证明极限 $x^* = \lim_{k\to\infty} x_k$ 是一个不动点。

由于

$$\|f(x_k) - x_k\| = \|x_{k+1} - x_k\| \leqslant \gamma^k\|x_1 - x_0\|,$$

我们知道 $\|f(x_k) - x_k\|$ 以指数速度趋近于 0。因此，在极限情况下有 $f(x^*) = x^*$。

第 3 步：证明该不动点是唯一的。

假设存在另一个不动点 x' 满足 $f(x') = x'$。那么，

$$\|x' - x^*\| = \|f(x') - f(x^*)\| \leqslant \gamma\|x' - x^*\|.$$

由于 $\gamma < 1$，这个不等式成立当且仅当 $\|x' - x^*\| = 0$。因此，$x' = x^*$。

第 4 步：证明 x_k 以指数速度收敛到 x^*。

根据式(3.4)，我们有 $\|x_m - x_n\| \leqslant \frac{\gamma^n}{1-\gamma}\|x_1 - x_0\|$。由于 m 可以是任意大的，我们可以选取 $m = \infty$，此时 $x_\infty = x^*$。因此，

$$\|x^* - x_n\| = \lim_{m\to\infty} \|x_m - x_n\| \leqslant \frac{\gamma^n}{1-\gamma}\|x_1 - x_0\|.$$

由于 $\gamma < 1$，随着 $n \to \infty$，误差以指数速度收敛到 0。

3.3.4 方程右侧函数的压缩性质

下面证明贝尔曼最优方程(3.3)右侧的函数 $f(v)$ 是一个压缩映射，之后就可以利用前一小节介绍的压缩映射定理来分析该方程。

定理 3.2 ($f(v)$ 的压缩性质)。贝尔曼最优方程(3.3)右侧的函数 $f(v)$ 是一个压缩映射，

即对于任意的 $v_1, v_2 \in \mathbb{R}^{|\mathcal{S}|}$，有

$$\|f(v_1) - f(v_2)\|_\infty \leqslant \gamma \|v_1 - v_2\|_\infty,$$

其中 $\gamma \in (0, 1)$ 是折扣率，$\|\cdot\|_\infty$ 是最大值范数，即向量中所有元素的最大绝对值。

　　这个定理很重要，因为它可以帮助我们很透彻地分析贝尔曼最优方程。该定理的证明见方框3.2，感兴趣的读者可以阅读。

方框 3.2：定理3.2的证明

　　考虑任意两个向量 $v_1, v_2 \in \mathbb{R}^{|\mathcal{S}|}$，假设 $\pi_1^* \doteq \arg\max_\pi(r_\pi + \gamma P_\pi v_1)$ 和 $\pi_2^* \doteq \arg\max_\pi(r_\pi + \gamma P_\pi v_2)$。那么，

$$f(v_1) = \max_\pi(r_\pi + \gamma P_\pi v_1) = r_{\pi_1^*} + \gamma P_{\pi_1^*} v_1 \geqslant r_{\pi_2^*} + \gamma P_{\pi_2^*} v_1,$$

$$f(v_2) = \max_\pi(r_\pi + \gamma P_\pi v_2) = r_{\pi_2^*} + \gamma P_{\pi_2^*} v_2 \geqslant r_{\pi_1^*} + \gamma P_{\pi_1^*} v_2,$$

其中 "$\geqslant$" 是逐元素比较。因此，

$$\begin{aligned}
f(v_1) - f(v_2) &= r_{\pi_1^*} + \gamma P_{\pi_1^*} v_1 - (r_{\pi_2^*} + \gamma P_{\pi_2^*} v_2) \\
&\leqslant r_{\pi_1^*} + \gamma P_{\pi_1^*} v_1 - (r_{\pi_1^*} + \gamma P_{\pi_1^*} v_2) \\
&= \gamma P_{\pi_1^*}(v_1 - v_2).
\end{aligned}$$

类似地，可以证明 $f(v_2) - f(v_1) \leqslant \gamma P_{\pi_2^*}(v_2 - v_1)$。因此，

$$\gamma P_{\pi_2^*}(v_1 - v_2) \leqslant f(v_1) - f(v_2) \leqslant \gamma P_{\pi_1^*}(v_1 - v_2).$$

定义

$$z \doteq \max\left\{|\gamma P_{\pi_2^*}(v_1 - v_2)|, |\gamma P_{\pi_1^*}(v_1 - v_2)|\right\} \in \mathbb{R}^{|\mathcal{S}|},$$

其中 $\max(\cdot)$ 和 $|\cdot|$ 也是逐元素操作。根据定义，$z \geqslant 0$。一方面，由上面两式可以得到

$$-z \leqslant \gamma P_{\pi_2^*}(v_1 - v_2) \leqslant f(v_1) - f(v_2) \leqslant \gamma P_{\pi_1^*}(v_1 - v_2) \leqslant z,$$

这意味着

$$|f(v_1) - f(v_2)| \leqslant z.$$

进而可以推出

$$\|f(v_1) - f(v_2)\|_\infty \leqslant \|z\|_\infty, \tag{3.5}$$

另一方面，假设 z_i 是 z 的第 i 个元素，p_i^T 和 q_i^T 分别代表 $P_{\pi_1^*}$ 和 $P_{\pi_2^*}$ 的第 i 行，那么有

$$z_i = \max\{\gamma|p_i^T(v_1 - v_2)|, \gamma|q_i^T(v_1 - v_2)|\}.$$

由于 p_i 中所有元素都大于或等于 0 且所有元素之和等于 1，因此可以得到

$$|p_i^T(v_1 - v_2)| \leqslant p_i^T|v_1 - v_2| \leqslant \|v_1 - v_2\|_\infty.$$

同理可得 $|q_i^T(v_1 - v_2)| \leqslant \|v_1 - v_2\|_\infty$。因此，我们有 $z_i \leqslant \gamma\|v_1 - v_2\|_\infty$，进而可得

$$\|z\|_\infty = \max_i |z_i| \leqslant \gamma\|v_1 - v_2\|_\infty.$$

将此不等式代入式(3.5)可得

$$\|f(v_1) - f(v_2)\|_\infty \leqslant \gamma\|v_1 - v_2\|_\infty.$$

至此就完成了对 $f(v)$ 的压缩性质的证明。

3.4　从贝尔曼最优方程得到最优策略

有了前面的充分准备，下面求解贝尔曼最优方程，从而得到最优状态值 v^* 和最优策略 π^*。

◇　求解最优状态值 v^*：如果 v^* 是贝尔曼最优方程的解，那么它满足

$$v^* = f(v^*) = \max_{\pi \in \Pi}(r_\pi + \gamma P_\pi v^*).$$

显然，v^* 是一个不动点。根据压缩映射定理，有如下重要结论。

定理 3.3 (存在性、唯一性、算法)．贝尔曼最优方程 $v = f(v) = \max_{\pi \in \Pi}(r_\pi + \gamma P_\pi v)$ 始终存在唯一解 v^*，该解可以通过如下迭代算法求解：

$$v_{k+1} = f(v_k) = \max_{\pi \in \Pi}(r_\pi + \gamma P_\pi v_k), \quad k = 0, 1, 2, \ldots$$

对任意给定的 v_0，当 $k \to \infty$ 时，v_k 以指数速度收敛至 v^*。

因为 $f(v)$ 是一个压缩映射，所以上面的定理可以直接由压缩映射定理得到。上面的定理很重要，因为它能回答一系列重要的基础问题。

- 存在性：贝尔曼最优方程的解总是存在的。

- 唯一性：贝尔曼最优方程的解总是唯一的。

- 算法：贝尔曼最优方程可以通过定理3.3中的迭代算法求解。此迭代算法有一个名字——值迭代。该算法的具体实施步骤将在第4章详细介绍，本章主要关注贝尔曼最优方程的基本性质。

◇ 求解最优策略 π^*：一旦得到了 v^* 的值，就可以通过下式求解得到一个最优策略：

$$\pi^* = \arg\max_{\pi \in \Pi}(r_\pi + \gamma P_\pi v^*). \tag{3.6}$$

π^* 的具体形式将在定理3.5中给出。现在将式(3.6)代入贝尔曼最优方程中可得

$$v^* = r_{\pi^*} + \gamma P_{\pi^*} v^*.$$

因此，$v^* = v_{\pi^*}$ 是策略 π^* 的状态值。从上式可以看出，贝尔曼最优方程是一个特殊的贝尔曼方程，其对应的策略是 π^*。

虽然上面提到了 v^* 是最优值、π^* 是最优策略，但是仍然没有证明它们的最优性，只是说明了 v^* 和 π^* 是贝尔曼最优方程的解而已。下面的定理证明了贝尔曼最优方程的解的最优性。

定理 3.4 (v^* 和 π^* 的最优性)。如果 v^* 和 π^* 是贝尔曼最优方程的解，那么 v^* 是最优状态值，而 π^* 是最优策略，即对于任意策略 π 都有

$$v^* = v_{\pi^*} \geqslant v_\pi,$$

其中 v_π 是策略 π 的状态值，"$\geqslant$" 是逐元素比较。

上面这个定理很重要。正因为贝尔曼最优方程的解具有最优性，所以才需要学习它。该定理的证明在方框3.3中给出，感兴趣的读者可以阅读。

方框 3.3: 定理3.4的证明

假设 π 是任意一个策略，其贝尔曼方程为

$$v_\pi = r_\pi + \gamma P_\pi v_\pi.$$

由于

$$v^* = \max_\pi(r_\pi + \gamma P_\pi v^*) = r_{\pi^*} + \gamma P_{\pi^*} v^* \geqslant r_\pi + \gamma P_\pi v^*,$$

因此有

$$v^* - v_\pi \geqslant (r_\pi + \gamma P_\pi v^*) - (r_\pi + \gamma P_\pi v_\pi)$$
$$= \gamma P_\pi (v^* - v_\pi).$$

反复应用上述不等式可得

$$v^* - v_\pi \geqslant \gamma P_\pi (v^* - v_\pi) \geqslant \gamma^2 P_\pi^2 (v^* - v_\pi) \geqslant \cdots \geqslant \gamma^n P_\pi^n (v^* - v_\pi).$$

由此可以推出

$$v^* - v_\pi \geqslant \lim_{n \to \infty} \gamma^n P_\pi^n (v^* - v_\pi) = 0.$$

上式右侧等于0是因为$\gamma < 1$且P_π^n所有元素都大于或等于0且小于或等于1。最后，因为$v^* \geqslant v_\pi$对于任何策略π都成立，所以π^*是最优策略且v^*是最优状态值。

虽然上面反复提到了最优策略π^*，但是它长什么样子呢？它是确定性策略还是随机性策略呢？下面的定理将回答这些问题。

定理 3.5 (贪婪最优策略)。假设v^*是贝尔曼最优方程的最优状态值解，那么下面的确定性贪婪策略是一个最优策略：

$$\pi^*(a|s) = \begin{cases} 1, & a = a^*(s), \\ 0, & a \neq a^*(s), \end{cases} \quad s \in \mathcal{S}, \tag{3.7}$$

其中

$$a^*(s) = \arg\max_a q^*(a, s),$$

且

$$q^*(s, a) \doteq \sum_{r \in \mathcal{R}} p(r|s, a) r + \gamma \sum_{s' \in \mathcal{S}} p(s'|s, a) v^*(s').$$

方框3.4：定理3.5的证明

最优策略的矩阵-向量形式是$\pi^* = \arg\max_\pi (r_\pi + \gamma P_\pi v^*)$，其按元素展开的形式为

$$\pi^*(s) = \arg\max_{\pi \in \Pi} \sum_{a \in \mathcal{A}} \pi(a|s) \underbrace{\left(\sum_{r \in \mathcal{R}} p(r|s, a) r + \gamma \sum_{s' \in \mathcal{S}} p(s'|s, a) v^*(s') \right)}_{q^*(s, a)}, \quad s \in \mathcal{S}.$$

为了最大化$\sum_{a \in \mathcal{A}} \pi(a|s) q^*(s, a)$，策略$\pi(s)$应该选择对应最大$q^*(s, a)$的动作，这

是因为

$$\sum_{a \in \mathcal{A}} \pi(a|s) q^*(s,a) \leqslant \sum_{a \in \mathcal{A}} \pi(a|s) \max_{a \in \mathcal{A}} q^*(s,a) = \max_{a \in \mathcal{A}} q^*(s,a).$$

定理3.5指出总是存在一个确定性的贪婪策略是最优的。式(3.7)中的策略之所以被称为贪婪（greedy），是因为它选择了具有最大 $q^*(s,a)$ 值的动作。

最后，我们再强调最优策略 π^* 的两个重要属性。

◇ 最优策略的唯一性：尽管 v^* 的值是唯一的，但对应于 v^* 的最优策略可能并不唯一，这可以通过反例验证。例如，图3.3中的两个策略都是最优的。

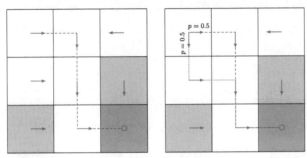

图 3.3 上面两个策略都是最优的，因此最优策略可能不是唯一的，而且可能是确定性的，也可能是随机性的。

◇ 最优策略的随机性：最优策略可以是随机的或确定的，如图3.3所示。然而，根据定理3.5，可以肯定地说，总是存在一个确定性的最优策略。

3.5 影响最优策略的因素

一个系统中有哪些因素会影响其最优策略呢？这个问题乍一看似乎不着边际，不知从何说起，但是有了贝尔曼最优方程这个工具之后，就可以很轻松地回答这个问题。具体来说，贝尔曼最优方程的元素展开形式是

$$v(s) = \max_{\pi(s) \in \Pi(s)} \sum_{a \in \mathcal{A}} \pi(a|s) \left(\sum_{r \in \mathcal{R}} p(r|s,a) r + \gamma \sum_{s' \in \mathcal{S}} p(s'|s,a) v(s') \right), \quad s \in \mathcal{S}.$$

这里的未知量是 v^* 和 π^*，已知量包括即时奖励 r、折扣因子 γ、系统模型 $p(s'|s,a), p(r|s, a)$。显然，这里的未知量（即最优策略和最优状态值）是由这些已知量决定的。如果系统模型是给定的，那么最优策略会受到 r 和 γ 的影响，下面我们讨论当改变 r 和 γ 时最优策略会如何变化。本节给出的所有最优策略都是由定理3.3中的算法得到的，具

体计算过程不再给出，该算法的细节将在第4章给出，这里主要关注最优策略的基本性质。

基准示例

考虑图3.4中的示例。奖励设置为 $r_{\text{boundary}} = r_{\text{forbidden}} = -1, r_{\text{target}} = 1$。另外，智能体每移动一步都会获得 $r_{\text{other}} = 0$ 的奖励。折扣因子选取为 $\gamma = 0.9$。

图3.4(a)给出了在上述参数下的最优策略和最优状态值。有趣的是，此时的最优策略会选择穿过禁区达到目标区域。例如，从 (行 =4, 列 =1) 的状态开始，智能体有两种可能的策略到达目标区域。第一种策略是绕开所有禁区，走较长的路程到达目标区域；第二种策略是穿过禁区，走较短的路程到达目标区域。虽然第二种策略在进入禁区时会获得负奖励，但是其总的折扣回报更高，反而是优于第一种策略的。实际上，这个例子中 γ 的值较大，因此其最优策略是有远见的，智能体会愿意"冒险"。

折扣因子的影响

如果我们将折扣因子从 $\gamma = 0.9$ 变为 $\gamma = 0.5$ 并保持其他参数不变，那么最优策略将变为图3.4(b)中所示的策略。有趣的是，智能体不再敢于冒险：它会避开所有禁区，绕行较长路程到达目标。这是由于 γ 较小，最优策略变得目光短浅。

在极端情况下，当 $\gamma = 0$ 时，相应的最优策略如图3.4(c)所示。此时智能体无法到达目标区域，这是因为每个状态的最优策略都是极其目光短浅的，只选择最大的即时奖励对应的动作。

有的读者可能会问：图3.4(c)中的策略明显是不合理的，它连目标区域都无法达到，为什么还说它是"最优"的呢？这里需要注意数学上的"最优"和直观上的"好"不一定一致。在数学上，最优策略是在给定参数下求解贝尔曼最优方程得到的。如果我们认为得到的策略"不好"，则可以调整折扣因子或者奖励值来得到更符合我们需求的策略，但是在给定参数下求解出来的策略从数学上来说都是最优的。

此外，图3.4中所有最优状态值的空间分布也呈现一个有趣的现象：靠近目标的状态具有更高的状态值，而远离目标的状态具有较低的值。这个现象可以通过折扣因子来解释：如果从某个状态出发需要沿更长的轨迹到达目标，由于折扣因子的原因，其得到的回报会较小。

奖励值的影响

我们可以通过调整奖励值来改变最优策略。例如，如果想让智能体不要进入任何禁区，则可以增加其进入禁区的惩罚。例如，当 $r_{\text{forbidden}}$ 从 -1 变为 -10 时，得到的最优策略可以避开所有禁区（图3.4(d)）。

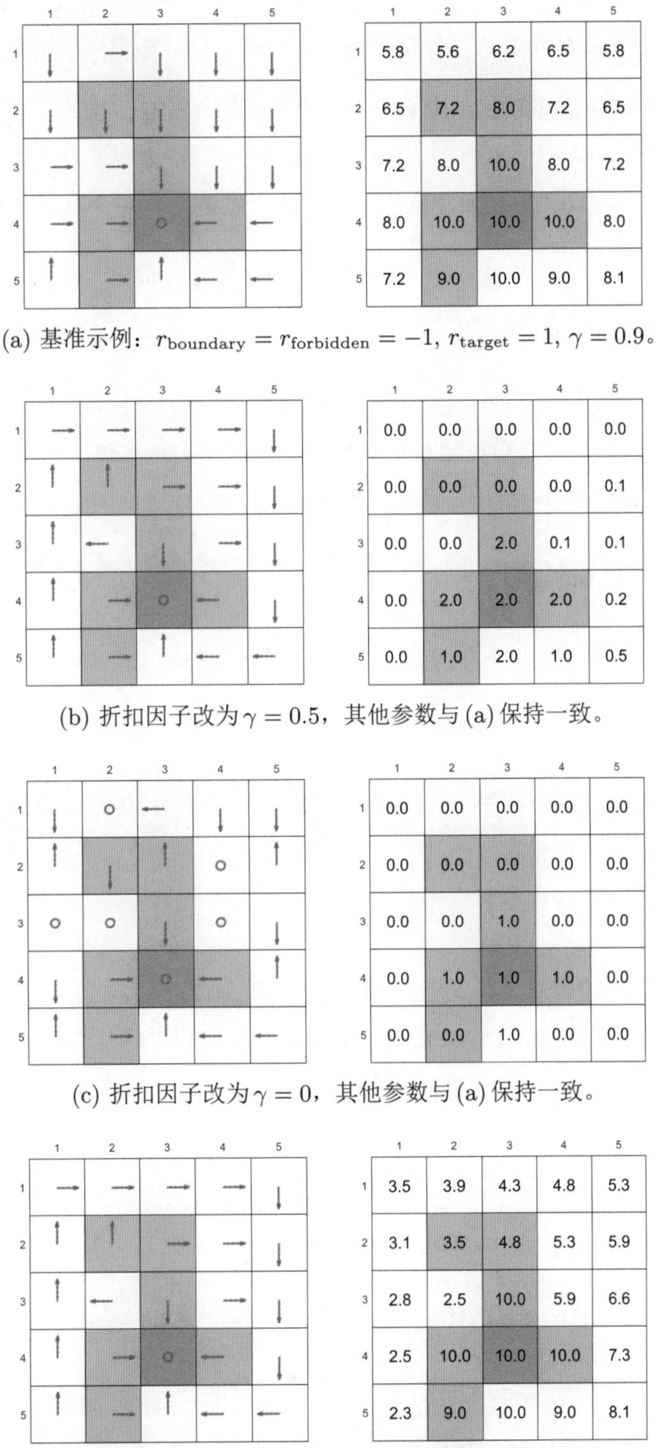

(a) 基准示例: $r_{\text{boundary}} = r_{\text{forbidden}} = -1$, $r_{\text{target}} = 1$, $\gamma = 0.9$。

(b) 折扣因子改为 $\gamma = 0.5$，其他参数与 (a) 保持一致。

(c) 折扣因子改为 $\gamma = 0$，其他参数与 (a) 保持一致。

(d) $r_{\text{forbidden}}$ 从 -1 改为 -10，其他参数与 (a) 保持一致。

图 3.4　不同参数值下的最优策略和最优状态值。

然而，改变奖励并不总会导致不同的最优策略。一个重要的性质是：最优策略对奖励的仿射变换是保持不变的。换句话说，如果我们对所有奖励进行同比例缩放或加减相同的值，那么最优策略仍然保持不变。下面的定理严格刻画了这个性质。

定理 3.6 (最优策略的不变性)。考虑一个马尔可夫决策过程，假设 $v^* \in \mathbb{R}^{|\mathcal{S}|}$ 为最优状态值，即满足 $v^* = \max_{\pi \in \Pi}(r_\pi + \gamma P_\pi v^*)$。如果每个奖励 r 都通过仿射变换变成 $\alpha r + \beta$，其中 $\alpha, \beta \in \mathbb{R}$ 且 $\alpha > 0$，那么相应的最优状态值 v' 也是 v^* 的一个仿射变换：

$$v' = \alpha v^* + \frac{\beta}{1-\gamma}\mathbf{1}, \tag{3.8}$$

这里 $\gamma \in (0,1)$ 是折扣因子；$\mathbf{1} = [1,\ldots,1]^\mathrm{T}$。$v'$ 对应的最优策略与 v^* 对应的最优策略相同。

定理3.6告诉我们：真正决定最优策略的不是奖励的绝对值，而是奖励的相对值。该定理的证明在方框3.5中给出，感兴趣的读者可以阅读。

方框3.5: 定理3.6的证明

对于任意策略 π，定义 $r_\pi = [\ldots, r_\pi(s), \ldots]^\mathrm{T}$，其中

$$r_\pi(s) = \sum_{a \in \mathcal{A}} \pi(a|s) \sum_{r \in \mathcal{R}} p(r|s,a)r, \quad s \in \mathcal{S}.$$

如果 $r \to \alpha r + \beta$，则 $r_\pi(s) \to \alpha r_\pi(s) + \beta$，因此 $r_\pi \to \alpha r_\pi + \beta\mathbf{1}$，这里 $\mathbf{1} = [1,\ldots,1]^\mathrm{T}$。此时贝尔曼最优方程变为

$$v' = \max_{\pi \in \Pi}(\alpha r_\pi + \beta\mathbf{1} + \gamma P_\pi v'). \tag{3.9}$$

下面证明式(3.9)的解是 $v' = \alpha v^* + c\mathbf{1}$，其中 $c = \beta/(1-\gamma)$。

具体来说，把 $v' = \alpha v^* + c\mathbf{1}$ 代入式(3.9)可得

$$\alpha v^* + c\mathbf{1} = \max_{\pi \in \Pi}(\alpha r_\pi + \beta\mathbf{1} + \gamma P_\pi(\alpha v^* + c\mathbf{1})) = \max_{\pi \in \Pi}(\alpha r_\pi + \beta\mathbf{1} + \alpha\gamma P_\pi v^* + c\gamma\mathbf{1}).$$

上式中第二个等号是因为 $P_\pi \mathbf{1} = \mathbf{1}$。上述方程可以重组为

$$\alpha v^* = \max_{\pi \in \Pi}(\alpha r_\pi + \alpha\gamma P_\pi v^*) + \beta\mathbf{1} + c\gamma\mathbf{1} - c\mathbf{1}.$$

由于 $v^* = \max_{\pi \in \Pi}(r_\pi + \gamma P_\pi v^*)$，上式等价于

$$\beta\mathbf{1} + c\gamma\mathbf{1} - c\mathbf{1} = 0.$$

由于 $c = \beta/(1-\gamma)$，上述方程是成立的。因此，$v' = \alpha v^* + c\mathbf{1}$ 是式(3.9)的解。由

于式(3.9)是贝尔曼最优方程，因此 v' 也是其唯一解。

最后，由于 v' 是 v^* 的仿射变换，动作价值之间的相对关系保持不变，因此从 v' 导出的贪婪最优策略与从 v^* 导出的相同，即 $\arg\max_{\pi\in\Pi}(r_\pi+\gamma P_\pi v')$ 与 $\arg\max_\pi(r_\pi+\gamma P_\pi v^*)$ 相同。

关于最优策略的不变性，感兴趣的读者可以进一步参考文献 [9]。

大家可能还记得第 1 章介绍基本概念时提到过："奖励"实际上是人机交互的一个工具，因为我们可以通过调整奖励来得到想要的策略。而本章所介绍的贝尔曼最优方程从数学上对这一点进行了呼应：它可以透彻地解释当我们调解奖励时最优策略会发生怎样改变。

避免无意义的绕路

下面考虑一个有趣但很容易让人迷惑的问题。在网格世界中，我们希望智能体尽可能避免没有意义的绕路，从而尽可能快地到达目标区域。如图3.5所示，当从右上角的状态出发时，我们希望策略如左图所示，而不要像右图所示。

为了实现这个目标，常见的一个想法是为每一步添加一个负奖励来作为惩罚。这么做是否有用呢？经过前面小节的讨论，我们已经知道如果对每一步都增加一个额外的负奖励，这实际上是对奖励做了一个仿射变换，那么最后所对应的最优策略是不变的。所以加或者不加这个负奖励所得到的策略是没有区别的。

那么，如何才能避免智能体没有意义的绕路呢？答案是：最优策略已经会避免绕路了，而不需要我们做额外的设置。例如，图3.5(a)给出的就是最优策略。此时，虽然在白色区域之间移动的奖励为0，但是最优策略并不会进行无意义的绕路。

为什么没有对每一步的惩罚也能避免绕路而尽快到达目标呢？答案在于折扣因子 γ。例如，从右上角的状态出发，图3.5(b)的策略在到达目标区域之前绕了一个远路。如果我们考虑折扣回报，那么绕远路会降低折扣回报。具体来说，此时的折扣回报是

$$\text{return} = 0 + \gamma 0 + \gamma^2 1 + \gamma^3 1 + \cdots = \gamma^2/(1-\gamma) = 8.1.$$

相比之下，如果采用图3.5(a)的策略，则其折扣回报是

$$\text{return} = 1 + \gamma 1 + \gamma^2 1 + \cdots = 1/(1-\gamma) = 10.$$

很明显，达到目标所用的轨迹越长，折扣回报就越小。因此，最优策略会自然地避免选择这样的轨迹。

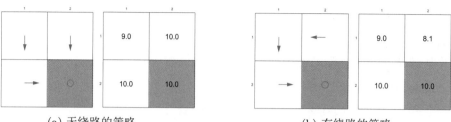

(a) 无绕路的策略。　　　　　　　　　　　(b) 有绕路的策略。

图 3.5　有绕路和无绕路的策略及其对应的状态值。在右上角的状态，这两个策略是不同的。这个例子中，右下角的蓝色单元格代表目标区域。进入目标区域会得到 +1 的奖励，在白色区域之间移动的奖励为 0。

3.6　总结

本章介绍的核心概念包括最优策略和最优状态值，它们是密切相关的：最优状态值是最优策略的状态值；最优策略是可以基于最优状态值得到的。本章介绍的核心工具是贝尔曼最优方程。我们可以利用压缩映射定理来分析这个方程，从而回答一系列关于最优策略的基础问题。

本章的内容对于彻底理解强化学习的许多基本思想非常重要。例如，定理 3.3 提出了一个用于求解贝尔曼最优方程的迭代算法，这个算法正是将在第 4 章详细介绍的值迭代算法。

3.7　问答

◇　提问：最优策略的定义是什么？

回答：如果一个策略对应的状态值大于或等于任何其他策略，那么这个策略就是最优的。

值得注意的是，这个最优性的定义只是针对基于表格的情况。当使用函数来表示值或者策略时，需要使用不同的指标来定义最优策略，具体将在第 8 章和第 9 章介绍。

◇　提问：为什么贝尔曼最优方程很重要？

回答：因为它刻画了最优策略和最优状态值，进而能够帮助我们回答一系列基础问题。详情请见正文，这里不再赘述。

◇　提问：贝尔曼最优方程是贝尔曼方程吗？

回答：是的。贝尔曼最优方程是一个特殊的贝尔曼方程。每一个贝尔曼方程都对应了一个策略。作为一个特殊的贝尔曼方程，贝尔曼最优方程对应的策略是最优策略。

◇ 提问：分析贝尔曼最优方程主要依赖的关键性质是什么？

答：贝尔曼最优方程的右侧函数是一个压缩映射。基于这个关键性质，我们可以用压缩映射定理来分析。

◇ 提问：贝尔曼最优方程的解是唯一的吗？

回答：贝尔曼最优方程有两个未知变量：一个值和一个策略。这个值的解即最优状态值是唯一的。然而，这个策略的解即最优策略可能不是唯一的。

◇ 提问：最优策略存在吗？

回答：存在。根据贝尔曼最优方程的分析，最优策略总是存在的。

◇ 提问：最优策略是唯一的吗？

回答：不是。可能存在多个甚至无穷个最优策略，它们都具有相同的最优状态值。

◇ 提问：最优策略是随机性的还是确定性的？

回答：最优策略可以是确定性的也可以是随机性的，不过总是存在确定性贪婪的最优策略。

◇ 提问：如何获得最优策略？

回答：使用定理3.3建议的迭代算法可以得到最优策略。该迭代算法的详细实现过程将在第4章给出。值得注意的是，所有强化学习算法都旨在获得最优策略，只是它们有不同的思路或者条件。例如第4章介绍的算法需要事先知道系统模型，而之后的章节不再需要知道系统模型。

◇ 提问：如果降低折扣因子的值，对最优策略有什么影响？

回答：当降低折扣因子时，最优策略会变得更加"短视"。例如，智能体不敢冒险得到负的即时奖励，尽管它之后可能会获得更大的回报。

◇ 提问：如果将折扣因子设置为0，会发生什么？

回答：得到的最优策略将变得"极端短视"：智能体只会选择那些即时奖励最大的动作，即使这些动作从长远来看并不好。

◇ 提问：如果将所有的奖励增加相同的数值，最优策略会改变吗？最优状态值会改变吗？

回答：将所有奖励增加相同的数值是对奖励的一个仿射变换，这不会影响最优策略。然而，最优状态值会增加，如式(3.8)所示。

◇ 提问：如果希望最优策略可以避免无意义的绕路从而尽可能快地到达目标，那么是否应该在每一步加入负奖励？

回答：首先，对每一步引入额外的负奖励是对奖励的仿射变换，这不会改变最优策略；其次，折扣因子已经可以鼓励智能体避免绕路而尽可能快地到达目标，这是因为无意义的绕路会增加轨迹长度，从而减少折扣回报。

第4章

值迭代与策略迭代

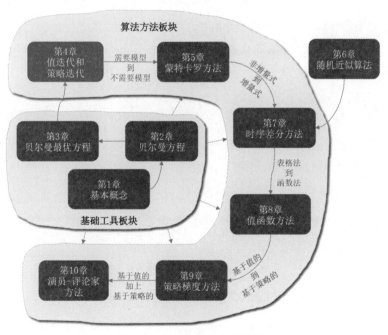

图 4.1　本章在全书中的位置。

本书的前三章都是在介绍基础工具。从本章开始，我们将介绍用于求解最优策略的算法。本章将介绍三个密切相关的方法。第一，值迭代（value iteration）算法。该算法实际上就是第3章中压缩映射定理给出的求解贝尔曼最优方程的算法，其具体细节将在本章给出。第二，策略迭代（policy iteration）算法。该算法的基本思想在强化学习中有广泛应用。第三，截断策略迭代（truncated policy iteration）算法。值迭代和策略迭代是该算法的两个特殊情况，因此截断策略迭代更加一般化。

本章介绍的算法需要事先知道系统模型，这些算法也被称为动态规划（dynamic programming）[10, 11]。从第5章开始，我们将介绍无模型的算法。不过，读者需要先透彻理解需要模型的算法，才能理解无模型的算法。例如，如果读者理解了本章介绍的策略迭代算法，那么就可以很轻松地理解第5章介绍的无需模型的蒙特卡罗方法。

4.1 值迭代算法

下面介绍全书第一个能够求解最优策略的算法——值迭代（value iteration）。该算法实际上是定理3.3中给出的用于求解贝尔曼最优方程的算法。不过，第3章并没有过多介绍该算法，下面介绍其具体的实施细节。

为了方便阅读，我们将该算法再次写出来：

$$v_{k+1} = \max_{\pi \in \Pi}(r_\pi + \gamma P_\pi v_k), \quad k = 0, 1, 2, \ldots$$

定理3.3已经告诉我们，随着 k 趋向无穷大，v_k 和 π_k 分别收敛于最优状态值和最优策略。

该迭代算法的每次迭代包含两个步骤。

◇ 第一步是策略更新（policy update）。在数学上，它旨在找到一个能解决以下优化问题的策略：

$$\pi_{k+1} = \arg\max_\pi(r_\pi + \gamma P_\pi v_k),$$

其中 v_k 是上一次迭代得到的值。

◇ 第二步是值更新（value update）。在数学上，它通过下式来计算新的值 v_{k+1}：

$$v_{k+1} = r_{\pi_{k+1}} + \gamma P_{\pi_{k+1}} v_k, \tag{4.1}$$

其中 v_{k+1} 将用于下一次迭代。

上述算法是以矩阵向量形式呈现的。为了编程实现这个算法，我们需要进一步分析其按元素展开形式（elementwise form）。在此之前，先回答一个问题：式(4.1)中的 v_k 是否是状态值？答案是否定的。尽管当 k 趋于无穷时 v_k 会收敛到最优状态值，但是

当 k 有限时，v_k 可能并不满足任何一个贝尔曼方程，因此也不是某一个策略的状态值。

4.1.1 展开形式和实现细节

在第 k 次迭代中，状态 s 对应的策略更新和值更新的步骤的细节如下所示。

⋄ 策略更新：$\pi_{k+1} = \arg\max_\pi(r_\pi + \gamma P_\pi v_k)$ 的按元素展开形式为

$$\pi_{k+1}(s) = \arg\max_\pi \sum_a \pi(a|s) \underbrace{\left(\sum_r p(r|s,a)r + \gamma \sum_{s'} p(s'|s,a)v_k(s')\right)}_{q_k(s,a)}, \quad s \in \mathcal{S}.$$

上述优化问题的最优解为

$$\pi_{k+1}(a|s) = \begin{cases} 1, & a = a_k^*(s), \\ 0, & a \neq a_k^*(s), \end{cases} \tag{4.2}$$

其中 $a_k^*(s) = \arg\max_a q_k(s,a)$。这个最优解已经在第3.3.1节中有详细分析。此外，如果有多个动作的值都相同并且最大，那么可以选择其中任意一个动作。

⋄ 值更新：$v_{k+1} = r_{\pi_{k+1}} + \gamma P_{\pi_{k+1}} v_k$ 的按元素展开形式是

$$v_{k+1}(s) = \sum_a \pi_{k+1}(a|s) \underbrace{\left(\sum_r p(r|s,a)r + \gamma \sum_{s'} p(s'|s,a)v_k(s')\right)}_{q_k(s,a)}, \quad s \in \mathcal{S}.$$

将式(4.2)代入上式可得

$$v_{k+1}(s) = \max_a q_k(s,a).$$

即新的值等于状态 s 对应的最大 q 值。

上面两个步骤可以概述为如下形式：

$$v_k(s) \rightarrow 计算 q_k(s,a) \rightarrow 计算新策略 \pi_{k+1}(s) \rightarrow 计算新值 v_{k+1}(s) = \max_a q_k(s,a)$$

上述算法的伪代码参见算法4.1。

4.1.2 示例

下面通过一个简单的例子来详细介绍值迭代算法的实现过程。如图4.2所示，这个例子是一个 2×2 的网格世界，其中有一个禁止区域和一个目标区域。参数设置为 $r_{\text{boundary}} = -1, r_{\text{forbidden}} = -1, r_{\text{target}} = 1, \gamma = 0.9$。

> **算法 4.1：值迭代算法**
>
> **初始化：** 已知模型，即任意 (s, a) 对应的 $p(r|s, a)$ 和 $p(s'|s, a)$。初始值 v_0。
>
> **目标：** 求解最优状态值和最优策略。
>
> 当 v_k 尚未收敛时（例如 $\|v_k - v_{k-1}\|$ 大于给定阈值时），进行如下迭代
>
>   对每个状态 $s \in \mathcal{S}$
>
>   对每个动作 $a \in \mathcal{A}(s)$
>
>   计算 q 值：$q_k(s, a) = \sum_r p(r|s, a)r + \gamma \sum_{s'} p(s'|s, a)v_k(s')$
>
>   最大价值动作：$a_k^*(s) = \arg\max_a q_k(s, a)$
>
>   策略更新：$\pi_{k+1}(a|s) = 1$ 如果 $a = a_k^*$；否则 $\pi_{k+1}(a|s) = 0$
>
>   值更新：$v_{k+1}(s) = \max_a q_k(s, a)$

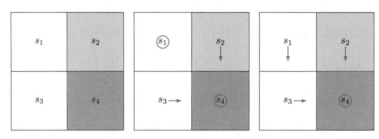

图 4.2   用于展示值迭代算法过程的例子。

首先，我们可以建立一个 q-table，如表4.1所示，其中每一个元素展示了如何从 v 值计算出 q 值。

表 4.1   图4.2所示例子对应的 q-table。

q-table	a_1	a_2	a_3	a_4	a_5
s_1	$-1 + \gamma v(s_1)$	$-1 + \gamma v(s_2)$	$0 + \gamma v(s_3)$	$-1 + \gamma v(s_1)$	$0 + \gamma v(s_1)$
s_2	$-1 + \gamma v(s_2)$	$-1 + \gamma v(s_2)$	$1 + \gamma v(s_4)$	$0 + \gamma v(s_1)$	$-1 + \gamma v(s_2)$
s_3	$0 + \gamma v(s_1)$	$1 + \gamma v(s_4)$	$-1 + \gamma v(s_3)$	$-1 + \gamma v(s_3)$	$0 + \gamma v(s_3)$
s_4	$-1 + \gamma v(s_2)$	$-1 + \gamma v(s_4)$	$-1 + \gamma v(s_4)$	$0 + \gamma v(s_3)$	$1 + \gamma v(s_4)$

下面详细给出每一次迭代的过程。

$\diamond$ $k = 0$:

初始值 v_0 可以任意选择，这里不失一般性地选择 $v_0(s_1) = v_0(s_2) = v_0(s_3) = v_0(s_4) = 0$。

计算 q 值: 将 $v_0(s_i)$ 代入表4.1，得到的 q 值如表4.2所示。

表 4.2　$k = 0$ 时的 q-table。

q-table	a_1	a_2	a_3	a_4	a_5
s_1	−1	−1	0	−1	0
s_2	−1	−1	1	0	−1
s_3	0	1	−1	−1	0
s_4	−1	−1	−1	0	1

策略更新：每个状态的策略应更新为选择具有最大 q 值的动作。基于此，通过表4.2可以看出新的策略为

$$\pi_1(a_5|s_1) = 1, \quad \pi_1(a_3|s_2) = 1, \quad \pi_1(a_2|s_3) = 1, \quad \pi_1(a_5|s_4) = 1.$$

在状态 s_1，由于动作 a_3 和 a_5 的 q 值是相等的，因此可以随机选择其中一个值，这里我们选择的是 a_5。图4.2的中间图展示了上面得到的新策略。

值更新：每个状态的 v 值应更新为其最大 q 值，由此可得如下新值：

$$v_1(s_1) = 0, \quad v_1(s_2) = 1, \quad v_1(s_3) = 1, \quad v_1(s_4) = 1.$$

不难看出，这次迭代得到的策略还不是最优的，因为它在 s_1 时选择保持不动。下面继续迭代。

◇　$k = 1$：

计算 q 值：将 $v_1(s_i)$ 代入表4.1，得到表4.3中的 q 值。

表 4.3　$k = 1$ 时对应的 q-table。

q-table	a_1	a_2	a_3	a_4	a_5
s_1	$-1 + \gamma 0$	$-1 + \gamma 1$	$0 + \gamma 1$	$-1 + \gamma 0$	$0 + \gamma 0$
s_2	$-1 + \gamma 1$	$-1 + \gamma 1$	$1 + \gamma 1$	$0 + \gamma 0$	$-1 + \gamma 1$
s_3	$0 + \gamma 0$	$1 + \gamma 1$	$-1 + \gamma 1$	$-1 + \gamma 1$	$0 + \gamma 1$
s_4	$-1 + \gamma 1$	$-1 + \gamma 1$	$-1 + \gamma 1$	$0 + \gamma 1$	$1 + \gamma 1$

策略更新：每个状态的策略应更新为选择具有最大 q 值的动作。因此，通过表4.3可以看出新的策略为

$$\pi_2(a_3|s_1) = 1, \quad \pi_2(a_3|s_2) = 1, \quad \pi_2(a_2|s_3) = 1, \quad \pi_2(a_5|s_4) = 1.$$

图4.2中的右图展示了上面得到的新策略。

值更新：每个状态的 v 值应更新为其最大 q 值，由此可得如下新值：

$$v_2(s_1) = \gamma 1, \quad v_2(s_2) = 1 + \gamma 1, \quad v_2(s_3) = 1 + \gamma 1, \quad v_2(s_4) = 1 + \gamma 1.$$

如果需要，则可以继续迭代。

◇　$k = 2, 3, 4, \ldots$.

值得注意的是，如图4.2的右图所示，策略 π_2 已经是最优的。因此，在这个简单的例子中，我们只需要两次迭代就能得到最优策略。当然，对于更复杂的例子，我们需要运行更多轮的迭代，直到 v_k 收敛（例如 $\|v_{k+1} - v_k\|$ 小于一个很小的数）。

4.2　策略迭代算法

本节介绍另一个非常重要的算法——策略迭代（policy iteration）。策略迭代与值迭代有着密切的联系，不过它并非像值迭代那样直接求解贝尔曼最优方程，而是在策略评价和策略改进之间来回切换，这种思想在强化学习算法中广泛存在。

4.2.1　算法概述

策略迭代也是一种迭代算法，每次迭代包含两个步骤。具体来说，第 k 次迭代的两个步骤如下所述。

◇　第一步是策略评价（policy evaluation）。顾名思义，这个步骤是用来评估上一次迭代得到的策略 π_k。从数学上来说，该步骤就是求解下面的贝尔曼方程，从而得到 π_k 的状态值：

$$v_{\pi_k} = r_{\pi_k} + \gamma P_{\pi_k} v_{\pi_k}, \tag{4.3}$$

其中 π_k 是上一次迭代中得到的策略，v_{π_k} 是该策略对应的状态值，r_{π_k} 和 P_{π_k} 可以根据系统模型得到。

◇　第二步是策略改进（policy improvement）。顾名思义，这个步骤是用来改进策略从而得到更好的新策略。从数学上来说，在第一步得到 v_{π_k} 之后，此步骤会利用下式得到新的策略 π_{k+1}：

$$\pi_{k+1} = \arg\max_{\pi}(r_{\pi} + \gamma P_{\pi} v_{\pi_k}).$$

为了透彻理解该算法，我们需要回答下面三个问题。

◇　在策略评价步骤中，如何计算状态值 v_{π_k}？

◇　在策略改进步骤中，新策略 π_{k+1} 为什么比 π_k 更好？

◇　为什么这个算法最终能够收敛到最优策略？

下面逐一回答这些问题。

在策略评价步骤中，如何计算状态值 v_{π_k}？

计算状态值 v_{π_k} 的过程就是求解贝尔曼方程。第2章已经介绍了两种求解贝尔曼方程(4.3)的方法，下面简要回顾这两种方法。第一种方法能直接给出解析解：$v_{\pi_k} = (I - \gamma P_{\pi_k})^{-1} r_{\pi_k}$。这个解析解对于理论分析很有用，但在实际应用中计算效率较低，这是因为需要使用其他数值算法来计算逆矩阵。第二种方法是利用如下数值迭代算法：

$$v_{\pi_k}^{(j+1)} = r_{\pi_k} + \gamma P_{\pi_k} v_{\pi_k}^{(j)}, \quad j = 0, 1, 2, \dots. \tag{4.4}$$

其中 $v_{\pi_k}^{(j)}$ 表示对 v_{π_k} 第 j 次的估计值。我们知道，从任意初始值 $v_{\pi_k}^{(0)}$ 开始，随着 j 趋向于无穷大，$v_{\pi_k}^{(j)}$ 会收敛到 v_{π_k}（详情参见第2.7节）。

在策略迭代中，我们会采用上面的第二种方法。此时，策略迭代就成了一个嵌套了另一个迭代算法的迭代算法：即策略迭代本身是一个迭代算法，而每次迭代中的策略评价步骤需要调用另一个迭代算法(4.4)。

在理论上，算法(4.4)需要无限步（即 $j \to \infty$）才能收敛到真实的状态值 v_{π_k}。在实际中，算法不可能执行无限步，而只能执行有限步，例如当 $\|v_{\pi_k}^{(j+1)} - v_{\pi_k}^{(j)}\|$ 小于一个很小的数值或者 j 超过某个预设值时，迭代就会终止。有的读者会问：如果无法执行无限次迭代，那么只能得到 v_{π_k} 的一个近似值，将这个近似值用于后续的策略改进是否会导致无法找到最优策略呢？答案是不会。至于为什么，稍后大家在第4.3节学习截断策略迭代算法的时候就会清楚。

在策略改进步骤中，为什么 π_{k+1} 比 π_k 更好？

下面的引理解释了为什么 π_{k+1} 比 π_k 更好。

引理 4.1（策略改进）。如果 $\pi_{k+1} = \arg\max_\pi (r_\pi + \gamma P_\pi v_{\pi_k})$，那么 $v_{\pi_{k+1}} \geqslant v_{\pi_k}$。

上述引理中，"$\geqslant$"是逐元素的比较，即 $v_{\pi_{k+1}} \geqslant v_{\pi_k}$ 意味着对任意状态 s 有 $v_{\pi_{k+1}}(s) \geqslant v_{\pi_k}(s)$。因此，$\pi_{k+1}$ 优于 π_k。

方框 4.1：证明引理4.1

由于 $v_{\pi_{k+1}}$ 和 v_{π_k} 都是状态值，它们分别满足下面的贝尔曼方程：

$$v_{\pi_{k+1}} = r_{\pi_{k+1}} + \gamma P_{\pi_{k+1}} v_{\pi_{k+1}},$$

$$v_{\pi_k} = r_{\pi_k} + \gamma P_{\pi_k} v_{\pi_k}.$$

由于 $\pi_{k+1} = \arg\max_\pi (r_\pi + \gamma P_\pi v_{\pi_k})$，因此

$$r_{\pi_{k+1}} + \gamma P_{\pi_{k+1}} v_{\pi_k} \geqslant r_{\pi_k} + \gamma P_{\pi_k} v_{\pi_k}.$$

因此

$$v_{\pi_k} - v_{\pi_{k+1}} = (r_{\pi_k} + \gamma P_{\pi_k} v_{\pi_k}) - (r_{\pi_{k+1}} + \gamma P_{\pi_{k+1}} v_{\pi_{k+1}})$$
$$\leqslant (r_{\pi_{k+1}} + \gamma P_{\pi_{k+1}} v_{\pi_k}) - (r_{\pi_{k+1}} + \gamma P_{\pi_{k+1}} v_{\pi_{k+1}})$$
$$\leqslant \gamma P_{\pi_{k+1}} (v_{\pi_k} - v_{\pi_{k+1}}).$$

反复调用上式可得

$$v_{\pi_k} - v_{\pi_{k+1}} \leqslant \gamma^2 P_{\pi_{k+1}}^2 (v_{\pi_k} - v_{\pi_{k+1}}) \leqslant \ldots \leqslant \gamma^n P_{\pi_{k+1}}^n (v_{\pi_k} - v_{\pi_{k+1}})$$
$$\leqslant \lim_{n \to \infty} \gamma^n P_{\pi_{k+1}}^n (v_{\pi_k} - v_{\pi_{k+1}}) = 0.$$

上式最右端极限等于 0 是因为 $\gamma^n \to 0$ 且 $P_{\pi_{k+1}}^n$ 的每一个元素都在 $[0,1]$ 区间。因此，$v_{\pi_k} - v_{\pi_{k+1}} \leqslant 0$ 说明了 π_{k+1} 比 π_k 更优。

为什么策略迭代算法能收敛到最优策略？

策略迭代算法会生成两个序列。第一个是策略序列 $\{\pi_0, \pi_1, \ldots, \pi_k, \ldots\}$，第二个是状态值序列 $\{v_{\pi_0}, v_{\pi_1}, \ldots, v_{\pi_k}, \ldots\}$。假设 v^* 是最优状态值，那么对于所有 k 都有 $v_{\pi_k} \leqslant v^*$。根据引理4.1，我们知道策略会越来越好，因此有

$$v_{\pi_0} \leqslant v_{\pi_1} \leqslant v_{\pi_2} \leqslant \cdots \leqslant v_{\pi_k} \leqslant \cdots \leqslant v^*.$$

由于 v_{π_k} 单调递增并且有上界 v^*，根据单调收敛定理（参见附录C和文献 [12]），当 k 趋于无穷大时，v_{π_k} 会收敛到一个常数，记为 v_∞。那么，收敛值 v_∞ 是否等于最优值 v^* 呢？下面的定理回答了这个问题。

定理 4.1 (策略迭代的收敛性)。由策略迭代算法生成的状态值序列 $\{v_{\pi_k}\}_{k=0}^\infty$ 收敛于最优状态值 v^*。因此，策略序列 $\{\pi_k\}_{k=0}^\infty$ 收敛于一个最优策略。

本定理的证明见方框4.2。该证明不仅展示了策略迭代算法的收敛性，还揭示了策略迭代算法与值迭代算法之间的关系：值迭代的收敛性可以推出策略迭代的收敛性，换句话说，策略迭代比值迭代的收敛性更强。

方框4.2: 证明定理4.1

为了证明 $\{v_{\pi_k}\}_{k=0}^{\infty}$ 的收敛性，我们引入另一个序列 $\{v_k\}_{k=0}^{\infty}$，该序列由下面的迭代算法产生：

$$v_{k+1} = f(v_k) = \max_{\pi}(r_{\pi} + \gamma P_{\pi} v_k).$$

这个迭代算法实际上就是值迭代算法。我们已经知道，给定任意的初始值 v_0，v_k 会收敛到 v^*。

对任意的 π_0，总是能找到 v_0 使得 $v_0 \leqslant v_{\pi_0}$。下面用递归法证明 $v_k \leqslant v_{\pi_k} \leqslant v^*$ 对任意 $k \geqslant 1$ 都成立。

假设 $v_{\pi_k} \geqslant v_k$ 对某一个 k 成立，那么对于 $k+1$ 可得

$$
\begin{aligned}
v_{\pi_{k+1}} - v_{k+1} &= (r_{\pi_{k+1}} + \gamma P_{\pi_{k+1}} v_{\pi_{k+1}}) - \max_{\pi}(r_{\pi} + \gamma P_{\pi} v_k) \\
&\geqslant (r_{\pi_{k+1}} + \gamma P_{\pi_{k+1}} v_{\pi_k}) - \max_{\pi}(r_{\pi} + \gamma P_{\pi} v_k) \\
&\qquad (\text{因为 } v_{\pi_{k+1}} \geqslant v_{\pi_k} \text{ 并且 } P_{\pi_{k+1}} \geqslant 0) \\
&= (r_{\pi_{k+1}} + \gamma P_{\pi_{k+1}} v_{\pi_k}) - (r_{\pi'_k} + \gamma P_{\pi'_k} v_k) \\
&\qquad (\text{令 } \pi'_k = \arg\max_{\pi}(r_{\pi} + \gamma P_{\pi} v_k)) \\
&\geqslant (r_{\pi'_k} + \gamma P_{\pi'_k} v_{\pi_k}) - (r_{\pi'_k} + \gamma P_{\pi'_k} v_k) \\
&\qquad (\text{因为 } \pi_{k+1} = \arg\max_{\pi}(r_{\pi} + \gamma P_{\pi} v_{\pi_k})) \\
&= \gamma P_{\pi'_k}(v_{\pi_k} - v_k).
\end{aligned}
$$

由于 $v_{\pi_k} - v_k \geqslant 0$ 并且 $P_{\pi'_k}$ 非负，我们有 $P_{\pi'_k}(v_{\pi_k} - v_k) \geqslant 0$，因此 $v_{\pi_{k+1}} - v_{k+1} \geqslant 0$。

由于 $v_{\pi_k} \geqslant v_k$ 对于 $k = 0$ 成立，那么通过递归可知 $v_{\pi_k} \geqslant v_k$ 对任意 $k \geqslant 0$ 成立。最后，因为 v_k 能收敛到 v^*，所以 v_{π_k} 也必定能收敛到 v^*。

4.2.2 算法的展开形式

为了编程实现策略迭代算法，我们需要学习其按元素展开的形式。

◇ 第一，策略评价步骤利用迭代算法(4.4)来求解贝尔曼公式从而得到 v_{π_k}。算法(4.4) 的元素展开形式为

$$v_{\pi_k}^{(j+1)}(s) = \sum_a \pi_k(a|s)\left(\sum_r p(r|s,a)r + \gamma \sum_{s'} p(s'|s,a)v_{\pi_k}^{(j)}(s')\right), \quad s \in \mathcal{S},$$

其中 $j = 0, 1, 2, \ldots$.

◇ 第二，策略改进步骤是求解 $\pi_{k+1} = \arg\max_\pi(r_\pi + \gamma P_\pi v_{\pi_k})$，该式的元素展开形式为

$$\pi_{k+1}(s) = \arg\max_\pi \sum_a \pi(a|s) \underbrace{\left(\sum_r p(r|s,a)r + \gamma \sum_{s'} p(s'|s,a)v_{\pi_k}(s') \right)}_{q_{\pi_k}(s,a)}, \quad s \in \mathcal{S}.$$

其中 $q_{\pi_k}(s,a)$ 是策略 π_k 对应的动作值。令 $a_k^*(s) = \arg\max_a q_{\pi_k}(s,a)$ 为最大值动作，那么上述优化问题的解是

$$\pi_{k+1}(a|s) = \begin{cases} 1, & a = a_k^*(s), \\ 0, & a \neq a_k^*(s). \end{cases}$$

上述算法的伪代码参见算法4.2。

算法 4.2: 策略迭代算法

初始化： 已知模型，即任意 (s,a) 对应的 $p(r|s,a)$ 和 $p(s'|s,a)$，初始策略 π_0。

目标： 寻找最优状态值和最优策略。

当 v_{π_k} 未收敛时，进行第 k 次迭代

    策略评价：

    选择初始值 $v_{\pi_k}^{(0)}$

    当 $v_{\pi_k}^{(j)}$ 未收敛时，进行第 j 次迭代

        对每一个状态 $s \in \mathcal{S}$

        $v_{\pi_k}^{(j+1)}(s) = \sum_a \pi_k(a|s) \left[\sum_r p(r|s,a)r + \gamma \sum_{s'} p(s'|s,a)v_{\pi_k}^{(j)}(s') \right]$

    策略改进：

    对每一个状态 $s \in \mathcal{S}$

        对每一个动作 $a \in \mathcal{A}$

        $q_{\pi_k}(s,a) = \sum_r p(r|s,a)r + \gamma \sum_{s'} p(s'|s,a)v_{\pi_k}(s')$

        $a_k^*(s) = \arg\max_a q_{\pi_k}(s,a)$

        $\pi_{k+1}(a|s) = 1$ 如果 $a = a_k^*$；否则 $\pi_{k+1}(a|s) = 0$

4.2.3 示例

一个简单例子

考虑图4.3中的例子，其中有两个状态，每个状态有三个可能的动作：$\mathcal{A} = \{a_\ell, a_0, a_r\}$，这三个动作分别代表向左移动、保持不动、向右移动。参数设置为 $r_{\text{boundary}} =$

$-1, r_{\text{target}} = 1, \gamma = 0.9$。

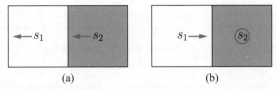

图 4.3 用于展示策略迭代算法的例子。(a) 为初始策略，(b) 为迭代一次后得到的策略。

当 $k = 0$ 时，初始策略如图4.3(a)所示，很显然这个策略并不好。下面演示如何使用策略迭代算法来得到最优策略。

◇ 第一，策略评价步骤是求解贝尔曼方程。该例子对应的贝尔曼方程为

$$v_{\pi_0}(s_1) = -1 + \gamma v_{\pi_0}(s_1),$$
$$v_{\pi_0}(s_2) = 0 + \gamma v_{\pi_0}(s_1).$$

由于该方程比较简单，因此可以直接手工求解得到

$$v_{\pi_0}(s_1) = -10, \quad v_{\pi_0}(s_2) = -9.$$

我们也可以使用迭代算法(4.4)来求解。例如，选择初始值为 $v_{\pi_0}^{(0)}(s_1) = v_{\pi_0}^{(0)}(s_2) = 0$，根据算法(4.4)可得

$$\begin{cases} v_{\pi_0}^{(1)}(s_1) = -1 + \gamma v_{\pi_0}^{(0)}(s_1) = -1, \\ v_{\pi_0}^{(1)}(s_2) = 0 + \gamma v_{\pi_0}^{(0)}(s_1) = 0, \end{cases}$$

$$\begin{cases} v_{\pi_0}^{(2)}(s_1) = -1 + \gamma v_{\pi_0}^{(1)}(s_1) = -1.9, \\ v_{\pi_0}^{(2)}(s_2) = 0 + \gamma v_{\pi_0}^{(1)}(s_1) = -0.9, \end{cases}$$

$$\begin{cases} v_{\pi_0}^{(3)}(s_1) = -1 + \gamma v_{\pi_0}^{(2)}(s_1) = -2.71, \\ v_{\pi_0}^{(3)}(s_2) = 0 + \gamma v_{\pi_0}^{(2)}(s_1) = -1.71, \end{cases}$$

$$\vdots$$

最后可以得到 $v_{\pi_0}^{(j)}(s_1) \to v_{\pi_0}(s_1) = -10$ 且 $v_{\pi_0}^{(j)}(s_2) \to v_{\pi_0}(s_2) = -9$。

◇ 第二，策略改进步骤的关键在于计算每个状态-动作配对的 q 值。表4.4中的 q-table 可以用来辅助完成这一过程。

表 4.4　图4.3中的例子对应的 q-table。

$q_{\pi_k}(s,a)$	a_ℓ	a_0	a_r
s_1	$-1 + \gamma v_{\pi_k}(s_1)$	$0 + \gamma v_{\pi_k}(s_1)$	$1 + \gamma v_{\pi_k}(s_2)$
s_2	$0 + \gamma v_{\pi_k}(s_1)$	$1 + \gamma v_{\pi_k}(s_2)$	$-1 + \gamma v_{\pi_k}(s_2)$

将上一步得到的值函数 $v_{\pi_0}(s_1) = -10, v_{\pi_0}(s_2) = -9$ 代入表4.4可得表4.5。

表 4.5 $k = 0$ 时的 q-table。

$q_{\pi_0}(s, a)$	a_ℓ	a_0	a_r
s_1	-10	-9	-7.1
s_2	-9	-7.1	-9.1

在每一个状态，新的策略应该选择最大价值动作，由此可得新策略 π_1：

$$\pi_1(a_r|s_1) = 1, \quad \pi_1(a_0|s_2) = 1.$$

这个策略在图4.3(b)中展示出来了，直观上可以看出这个策略是最优的。

由于上面的例子很简单，因此一次迭代就足以找到最优策略。更复杂的情况往往需要更多次的迭代。

一个更复杂的例子

下面通过一个更复杂的例子（图4.4）来展示策略迭代算法给出的策略的演化过程。参数设置为 $r_{\text{boundary}} = -1, r_{\text{forbidden}} = -10, r_{\text{target}} = 1, \gamma = 0.9$。

从初始策略（图4.4(a)）开始，策略迭代算法能够逐渐收敛到最优策略（图4.4(h)）。如果我们观察策略的演变，会发现两个有趣的现象。

◇ 第一，接近目标区域的状态能更早地找到最优策略。实际上，要想从远离目标的状态出发到达目标，必须要求接近目标的状态先找到正确的策略。

◇ 第二，接近目标区域的状态的状态值更高。这是因为如果从较远的状态出发到达目标，所得到的回报会被打很大的折扣，因此状态值较小。

4.3 截断策略迭代算法

本节介绍一个更一般化的算法——截断策略迭代（truncated policy iteration）。我们将看到，前面介绍的值迭代和策略迭代是截断策略迭代的两个特例。

4.3.1 对比值迭代与策略迭代

下面再次回顾值迭代和策略迭代算法，进而明确这两个算法的区别与联系。

◇ 策略迭代算法：选择任意的初始策略 π_0。在第 k 次迭代中，执行以下两个步骤。

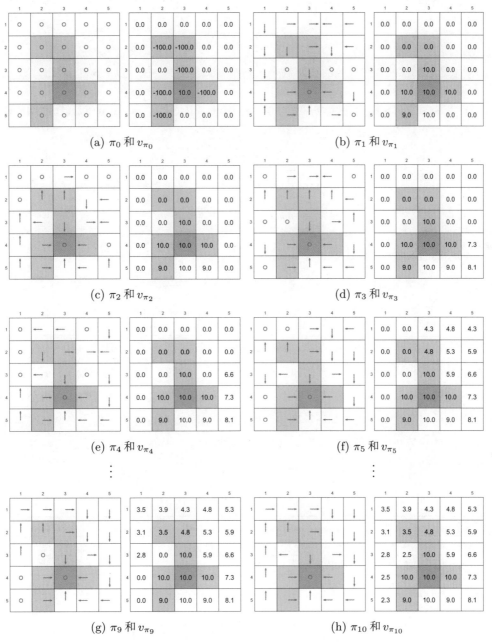

图 4.4 策略迭代算法在不同次迭代中得到的策略。

- 第一步：策略评价（policy evaluation，PE）。根据策略 π_k，求解下面的贝尔曼方程从而得到 v_{π_k}：

$$v_{\pi_k} = r_{\pi_k} + \gamma P_{\pi_k} v_{\pi_k}.$$

- 第二步：策略改进（policy improvement，PI）。根据上一步得到的 v_{π_k}，求解下

面的优化问题从而得到新策略 π_{k+1}：

$$\pi_{k+1} = \arg\max_{\pi}(r_\pi + \gamma P_\pi v_{\pi_k}).$$

◇ 值迭代算法：选择任意的初始值 v_0。在第 k 次迭代中，执行以下两个步骤。

- 第一步：策略更新（policy update，PU）。根据 v_k，求解下面的优化问题从而得到新策略 π_{k+1}：

$$\pi_{k+1} = \arg\max_{\pi}(r_\pi + \gamma P_\pi v_k).$$

- 第二步：值更新（value update，VU）。根据 π_{k+1}，利用下式计算出新的值 v_{k+1}：

$$v_{k+1} = r_{\pi_{k+1}} + \gamma P_{\pi_{k+1}} v_k.$$

上面介绍的两个算法的步骤可以直观地展示如下：

$$\text{策略迭代算法：} \quad \pi_0 \xrightarrow{PE} v_{\pi_0} \xrightarrow{PI} \pi_1 \xrightarrow{PE} v_{\pi_1} \xrightarrow{PI} \pi_2 \xrightarrow{PE} v_{\pi_2} \xrightarrow{PI} \dots$$

$$\text{值迭代算法：} \quad v_0 \xrightarrow{PU} \pi_1' \xrightarrow{VU} v_1 \xrightarrow{PU} \pi_2' \xrightarrow{VU} v_2 \xrightarrow{PU} \dots$$

乍一看这两个算法几乎一样，下面介绍它们的重要区别。为了比较这两个算法，我们让它们从相同的初始条件开始，即选择 $v_0 = v_{\pi_0}$（如果不从相同的初始条件开始，则无法定量比较）。这两个算法的后续步骤如表4.6所示。在前三个步骤中，这两个算法产生的结果是完全相同的。从第四步开始，它们开始表现出不同。具体来说，在第四步，值迭代算法计算了 $v_1 = r_{\pi_1} + \gamma P_{\pi_1} v_0$，这是仅需一步的计算；相比之下，策略迭代算法则需要求解方程 $v_{\pi_1} = r_{\pi_1} + \gamma P_{\pi_1} v_{\pi_1}$，而这是需要多次迭代的计算。

表 4.6 策略迭代和值迭代算法的步骤对比。

	策略迭代算法	值迭代算法	补充说明
策略	π_0	无	
值	$v_{\pi_0} = r_{\pi_0} + \gamma P_{\pi_0} v_{\pi_0}$	$v_0 \doteq v_{\pi_0}$	
策略	$\pi_1 = \arg\max_{\pi}(r_\pi + \gamma P_\pi v_{\pi_0})$	$\pi_1 = \arg\max_{\pi}(r_\pi + \gamma P_\pi v_0)$	这两个策略是相同的
值	$v_{\pi_1} = r_{\pi_1} + \gamma P_{\pi_1} v_{\pi_1}$	$v_1 = r_{\pi_1} + \gamma P_{\pi_1} v_0$	$v_{\pi_1} \geqslant v_1$ 因为 $v_{\pi_1} \geqslant v_{\pi_0}$
策略	$\pi_2 = \arg\max_{\pi}(r_\pi + \gamma P_\pi v_{\pi_1})$	$\pi_2' = \arg\max_{\pi}(r_\pi + \gamma P_\pi v_1)$	
$\vdots$	$\vdots$	$\vdots$	$\vdots$

针对关键的第四步，下面详细写出策略迭代算法在该步求解 $v_{\pi_1} = r_{\pi_1} + \gamma P_{\pi_1} v_{\pi_1}$ 的过程。这里选取初值为 $v_{\pi_1}^{(0)} = v_0$，后续的迭代过程如下所示：

$$v_{\pi_1}^{(0)} = v_0$$

$$\text{值迭代算法} \leftarrow v_1 \longleftarrow \quad v_{\pi_1}^{(1)} = r_{\pi_1} + \gamma P_{\pi_1} v_{\pi_1}^{(0)}$$

$$v_{\pi_1}^{(2)} = r_{\pi_1} + \gamma P_{\pi_1} v_{\pi_1}^{(1)}$$

$$\vdots$$

$$\text{截断策略迭代算法} \leftarrow \bar{v}_1 \longleftarrow \quad v_{\pi_1}^{(j)} = r_{\pi_1} + \gamma P_{\pi_1} v_{\pi_1}^{(j-1)}$$

$$\vdots$$

$$\text{策略迭代算法} \leftarrow v_{\pi_1} \longleftarrow \quad v_{\pi_1}^{(\infty)} = r_{\pi_1} + \gamma P_{\pi_1} v_{\pi_1}^{(\infty)}$$

从上面的迭代过程可以得到以下结论。

◇ 如果迭代运行一次，那么 $v_{\pi_1}^{(1)}$ 等于 v_1，这与值迭代算法相同。

◇ 如果迭代运行无限次，那么 $v_{\pi_1}^{(\infty)}$ 等于 v_{π_1}，这与策略迭代算法相同。

◇ 如果迭代运行有限次（例如 j_{truncate} 次），那么这种算法被称为截断策略迭代。之所以称为截断，是因为从 j_{truncate} 到 ∞ 的后续迭代被省略了。

由此可知一个重要结论：值迭代和策略迭代算法可以被视为截断策略迭代算法的两个极端情况。如果在 $j_{\text{truncate}} = 1$ 次迭代后停止，截断策略迭代就变成了值迭代；如果在 $j_{\text{truncate}} = \infty$ 次迭代后停止，截断策略迭代就变成了策略迭代。

需要注意的是，尽管上述比较具有启发性，但需要 $v_0 = v_{\pi_0}$ 和 $v_{\pi_1}^{(0)} = v_0$ 这两个条件。如果没有这两个条件，这两个算法是不能直接量化比较的。

4.3.2 截断策略迭代算法

截断策略迭代算法的伪代码参见算法4.3，它与前面介绍的策略迭代算法的唯一区别在于它在策略评价步骤中只运行了有限次迭代。

值得注意的是，算法中的 v_k 或 $v_k^{(j)}$ 并非状态值，这是因为在策略评价步骤中后面的迭代被截断了，所以它们只是对状态值的近似。有的读者可能会问：这种截断是否会影响算法的收敛性？从直观上来说，截断策略迭代是介于值迭代和策略迭代之间的算法（图4.5）。一方面，它比值迭代算法收敛得更快，因为它在策略评价中计算了多次迭代（而非一次）；另一方面，它比策略迭代算法收敛得更慢，因为它只计算了有限次迭代（而非无穷次）。这种直观与下面的数学分析是一致的。

命题 4.1 在截断策略迭代算法中，嵌套在其策略评价步骤中的迭代算法为

$$v_{\pi_k}^{(j+1)} = r_{\pi_k} + \gamma P_{\pi_k} v_{\pi_k}^{(j)}, \quad j = 0, 1, 2, \ldots.$$

如果初始值选为 $v_{\pi_k}^{(0)} = v_{\pi_{k-1}}$，则对于 $j = 0, 1, 2, \ldots$ 有

$$v_{\pi_k}^{(j+1)} \geqslant v_{\pi_k}^{(j)}.$$

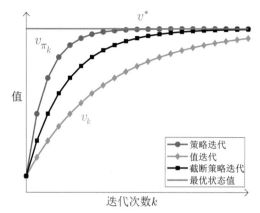

图 4.5 值迭代、策略迭代、截断策略迭代算法收敛速度示意图。

算法 4.3：截断策略迭代算法

初始化： 已知模型，即任意 (s,a) 对应的 $p(r|s,a)$ 和 $p(s'|s,a)$。初始策略 π_0。

目标： 寻找最优状态值和最优策略。

当 v_k 未收敛时，进行第 k 次迭代

　　策略评价：

　　选择初始值为 $v_k^{(0)} = v_{k-1}$。设置最大迭代次数为 j_{truncate}。

　　当 $j < j_{\text{truncate}}$ 时

　　　　对每一个状态 $s \in \mathcal{S}$

　　　　　　$v_k^{(j+1)}(s) = \sum_a \pi_k(a|s) \left[\sum_r p(r|s,a)r + \gamma \sum_{s'} p(s'|s,a)v_k^{(j)}(s') \right]$

　　令 $v_k = v_k^{(j_{\text{truncate}})}$

　　策略改进：

　　对每一个状态 $s \in \mathcal{S}$

　　　　对每一个动作 $a \in \mathcal{A}(s)$

　　　　　　$q_k(s,a) = \sum_r p(r|s,a)r + \gamma \sum_{s'} p(s'|s,a)v_k(s')$

　　　　$a_k^*(s) = \arg\max_a q_k(s,a)$

　　　　$\pi_{k+1}(a|s) = 1$ 如果 $a = a_k^*$；否则 $\pi_{k+1}(a|s) = 0$

命题4.1表明了在策略评价步骤中，进行的迭代次数越多，值被提升得越多。该命题需要条件 $v_{\pi_k}^{(0)} = v_{\pi_{k-1}}$。虽然这一条件在实际中无法满足（因为无法获得 $v_{\pi_{k-1}}$ 而只能得到 v_{k-1}），但是命题4.1仍然对截断策略迭代算法的收敛性提供了启发，更多信息可参见 [2, 第6.5节]。

> **方框 4.3: 证明命题 4.1**
>
> 第一，因为 $v_{\pi_k}^{(j)} = r_{\pi_k} + \gamma P_{\pi_k} v_{\pi_k}^{(j-1)}$ 且 $v_{\pi_k}^{(j+1)} = r_{\pi_k} + \gamma P_{\pi_k} v_{\pi_k}^{(j)}$，所以有
>
> $$v_{\pi_k}^{(j+1)} - v_{\pi_k}^{(j)} = \gamma P_{\pi_k}(v_{\pi_k}^{(j)} - v_{\pi_k}^{(j-1)}) = \cdots = \gamma^j P_{\pi_k}^j (v_{\pi_k}^{(1)} - v_{\pi_k}^{(0)}). \tag{4.5}$$
>
> 第二，因为 $v_{\pi_k}^{(0)} = v_{\pi_{k-1}}$，所以有
>
> $$v_{\pi_k}^{(1)} = r_{\pi_k} + \gamma P_{\pi_k} v_{\pi_k}^{(0)} = r_{\pi_k} + \gamma P_{\pi_k} v_{\pi_{k-1}} \geqslant r_{\pi_{k-1}} + \gamma P_{\pi_{k-1}} v_{\pi_{k-1}} = v_{\pi_{k-1}} = v_{\pi_k}^{(0)},$$
>
> 其中的不等号是因为 $\pi_k = \arg\max_\pi (r_\pi + \gamma P_\pi v_{\pi_{k-1}})$。将 $v_{\pi_k}^{(1)} \geqslant v_{\pi_k}^{(0)}$ 代入 (4.5) 可得 $v_{\pi_k}^{(j+1)} \geqslant v_{\pi_k}^{(j)}$。

到目前为止，截断策略迭代算法的优势已经明确。与策略迭代算法相比，它在策略评价步骤中仅需要有限次迭代（而非无限次），因此计算效率更高。与值迭代算法相比，它在策略评价步骤中运行了多次迭代（而非一次），因此可以得到更好的估计值。

4.4 总结

本章在全书中第一次介绍了可以得到最优策略的三个算法。

◇ 第一，值迭代算法。该算法就是求解贝尔曼最优方程的算法，它的每次迭代包含两个步骤：值更新和策略更新。

◇ 第二，策略迭代算法。该算法每次迭代也包含两个步骤：策略评价和策略改进。

◇ 第三，截断策略迭代算法。值迭代和策略迭代算法可以被视为截断策略迭代的两个极端情况。

这三种算法的共同特点是每一轮迭代都包含两个步骤：一个是关于值的更新，另一个是关于策略的更新。在值和策略之间不断切换的思想在强化学习算法中非常普遍，这种理念也被称为广义策略迭代（generalized policy iteration）[3]。

最后，本章介绍的算法需要事先知道系统模型。从下一章开始，我们将学习无需模型的强化学习算法，届时我们将看到无模型的算法可以通过对本章介绍的有模型的算法进行简单修改得到，因此本章的内容十分重要。

4.5 问答

◇ 提问：值迭代算法是否能确保得到最优策略？

回答：是的，这是因为值迭代算法正是上一章给出的求解贝尔曼最优方程的算法，该算法的收敛性可以由压缩映射定理保证。

◇ 提问：值迭代算法迭代过程中生成的值是状态值吗？

回答：不是，这些值并不能确保满足任何一个贝尔曼方程。

◇ 提问：策略迭代算法包含哪些步骤？

回答：策略迭代算法的每一次迭代包含两个步骤：策略评价和策略改进。在策略评价步骤中，算法求解贝尔曼方程从而得到策略的状态值。在策略改进步骤中，算法改进策略从而使得新策略选择最大价值动作。

◇ 提问：在策略迭代算法中是否嵌入了另一种迭代算法？

回答：是的。在其策略评价步骤中，需要使用另一个迭代算法来求解当前策略对应的贝尔曼方程。

◇ 提问：策略迭代算法在迭代过程中生成的值是状态值吗？

回答：是的，因为这些值是当前策略对应的贝尔曼方程的解。

◇ 提问：策略迭代算法是否一定能找到最优策略？

回答：是的。本章给出了其收敛性的严格证明。

◇ 提问：截断策略迭代算法与策略迭代算法之间的关系是什么？

回答：顾名思义，截断策略迭代算法在策略评价步骤中仅执行有限次迭代，而策略迭代算法则需要执行无穷步。

◇ 提问：截断策略迭代算法与值迭代算法之间的关系是什么？

回答：值迭代算法可以看作截断策略迭代算法的特殊情况，它在策略评价步骤中只进行一次迭代。

◇ 提问：截断策略迭代算法在迭代过程中生成的值是状态值吗？

回答：不是。在理论上，只有在策略评价步骤中运行无限次迭代，才能得到真正的状态值。如果只运行了有限次迭代，则只能得到真正状态值的近似值。

◇ 提问：当使用截断策略迭代算法时，在策略评价步骤中究竟应该运行多少次迭代？

回答：一般建议运行几次，因为少量迭代可以得到更准确的状态值估计，从而加快整体收敛速度。然而，过多的迭代不会显著提高状态值估计精度，反而会带来更多的计算量。

◇ 提问：什么是广义策略迭代？

回答：广义策略迭代不是一个特定的算法，而是指算法在值和策略之间不断切换的思路，这个思路来源于策略迭代算法。本书介绍的强化学习算法都属于广义策略迭代的范畴。

◇ 提问：什么是基于模型的和无需模型的强化学习？

回答：虽然本章介绍的算法可以得到最优策略，但是由于它们需要系统模型，因此通常被称为动态规划算法。强化学习算法可以分为两类：基于模型的和无需模型的。这里的"基于模型"与本章介绍的"需要模型"略有不同：基于模型的强化学习往往特指利用数据估计系统模型，并在学习过程中使用这个模型。相比之下，无模型强化学习在学习过程中不估计模型。更多关于基于模型的强化学习的信息可以参考 [13–16]。

第5章

蒙特卡罗方法

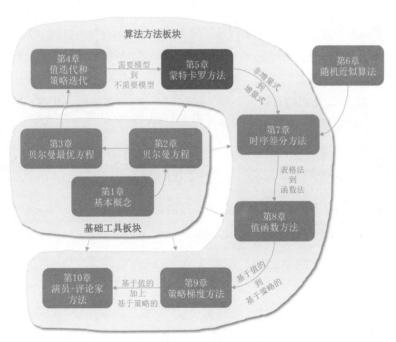

图 5.1　本章在全书中的位置。

上一章介绍了基于系统模型求解最优策略的算法，本章将介绍无需模型（model-free）的强化学习算法。如何在没有模型的情况下找到最优策略？实际上，其思路很简单：如果没有模型，则必须有数据；如果没有数据，则必须要有模型；如果两者都没有，那么就无法找到最优策略。在强化学习中，"数据"通常指的是智能体与环境交互的经验。

在本章中，我们首先介绍一个期望值估计的例子，理解这个例子对于理解"从数据中学习"的基本思想至关重要。接着，我们将介绍基于蒙特卡罗方法的三种强化学习算法。这些算法能够从数据中学习到最优策略。第一个也是最简单的算法被称为MC Basic，该算法可以通过修改上一章介绍的策略迭代算法得到。理解MC Basic算法对于掌握基于蒙特卡罗的强化学习非常重要。通过进一步扩展这个算法，我们可以得到另外两个更复杂但更高效的算法。

5.1 启发示例：期望值估计

接下来我们将通过例子来展示如何利用蒙特卡罗（Monte Carlo，MC）方法来解决一个期望值估计问题。蒙特卡罗方法是使用随机样本解决估计问题的一种通用方法。读者可能会问我们为什么要关心"期望值估计"这个问题，这是因为状态值和动作值的定义都是期望值，所以估计状态值或动作值实际上是期望值估计问题。通过本节，我们将知道如何使用"数据而非模型"来估计期望值。

考虑一个随机变量 X，它可以在一个有限的实数集合内取值，令该集合为 $\mathcal{X}$。我们的目标是计算 X 的期望值 $\mathbb{E}[X]$，有两种计算 $\mathbb{E}[X]$ 的方法。

◇　第一种方法是基于模型的。这里的模型指的是 X 的概率分布。如果模型已知，那么期望值可以根据其定义直接计算得到：

$$\mathbb{E}[X] = \sum_{x \in \mathcal{X}} p(x)x.$$

◇　第二种方法是无模型的。当 X 的概率分布（即模型）未知时，如果我们有一些 X 的样本 $\{x_1, x_2, \ldots, x_n\}$，那么这些样本可以被用于估计期望值：

$$\mathbb{E}[X] \approx \bar{x} = \frac{1}{n} \sum_{j=1}^{n} x_j.$$

当 n 很小时，这种近似可能不够准确。然而，随着 n 的增大，近似会变得越来越准确。当 $n \to \infty$ 时，我们有 $\bar{x} \to \mathbb{E}[X]$。这实际上就是大数定律（Law of large numbers），详情参见方框5.1。

方框 5.1：大数定律

对于一个随机变量 X，假设 $\{x_i\}_{i=1}^n$ 是独立同分布的样本。设 $\bar{x} = \sum_{i=1}^n x_i/n$ 为样本的平均值。那么有

$$\mathbb{E}[\bar{x}] = \mathbb{E}[X],$$

$$\text{var}[\bar{x}] = \frac{1}{n}\text{var}[X].$$

由上面两式可知：$\bar{x}$ 是 $\mathbb{E}[X]$ 的无偏估计，并且随着 n 增加到无穷大，其方差会减小到零，这就是大数定律（Law of large numbers）。为什么上面两式成立？以下是证明。

第一，$\mathbb{E}[\bar{x}] = \mathbb{E}\left[\sum_{i=1}^n x_i/n\right] = \sum_{i=1}^n \mathbb{E}[x_i]/n = \mathbb{E}[X]$，其中最后一个等号成立是因为样本是同分布的，即 $\mathbb{E}[x_i] = \mathbb{E}[X]$。

第二，我们有 $\text{var}(\bar{x}) = \text{var}\left[\sum_{i=1}^n x_i/n\right] = \sum_{i=1}^n \text{var}[x_i]/n^2 = (n\text{var}[X])/n^2 = \text{var}[X]/n$，其中第二个等号成立是因为样本是独立的，第三个等号是因为样本是同分布的，即 $\text{var}[x_i] = \text{var}[X]$。

下面通过投掷硬币的例子来解释上面两种方法。在投掷硬币的游戏中，令随机变量 X 表示硬币最后朝上的那一面。X 有两个可能的值：当正面朝上时，$X = 1$；当反面朝上时，$X = -1$。假设 X 的真实概率分布（即模型）是

$$p(X = 1) = 0.5, \quad p(X = -1) = 0.5.$$

如果这个概率分布是已知的，我们可以直接用定义来计算期望值：

$$\mathbb{E}[X] = 0.5 \cdot 1 + 0.5 \cdot (-1) = 0.$$

如果这个概率分布是未知的，那么我们可以多次投掷硬币并记录采样结果 $\{x_i\}_{i=1}^n$。通过计算这些样本的平均值，可以得到期望值的估计。随着样本数量的增加，估计的期望值将变得越来越准确（参见图 5.2）。

值得指出的是，用于期望值估计的样本必须是独立同分布（independent and identically distributed, i.i.d. 或 iid），否则可能无法正确估计期望值。例如，假设所有样本与第一个样本强相关，一个极端的情况是所有样本与第一个样本完全相同，此时无论我们使用多少样本，样本的平均值总是等于第一个样本值，而无法接近真实的期望值。

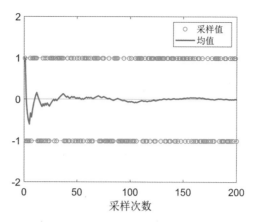

图 5.2　用于展示大数定律的例子。这里样本是从 $\{+1, -1\}$ 中按照均匀分布抽取的。随着样本数量的增加，样本的平均值逐渐收敛于 0，即真实的期望值。

5.2　MC Basic：最简单的基于蒙特卡罗的算法

本节将介绍第一个基于蒙特卡罗的强化学习算法。第一，这个算法很简单，它可以通过修改上一章介绍的策略迭代算法得到，即将其中的基于模型的策略评价模块替换为一个无需模型的策略评价模块；第二，这个算法很重要，它可以很好地帮助我们理解究竟怎么用数据代替模型来实现强化学习，它也是本章后续算法的直接基础。

5.2.1　将策略迭代算法转换为无需模型

蒙特卡罗方法是以策略迭代算法为基础的，后者已经在第 4.2 节有过详细介绍，这里不再赘述。

策略迭代算法的每次迭代有两个步骤。第一步是策略评估，旨在通过求解贝尔曼方程 $v_{\pi_k} = r_{\pi_k} + \gamma P_{\pi_k} v_{\pi_k}$ 以得到 v_{π_k}；第二步是策略改进，旨在计算贪婪策略 $\pi_{k+1} = \arg\max_{\pi}(r_{\pi} + \gamma P_{\pi} v_{\pi_k})$ 以得到一个更好的策略。具体来说，策略改进步骤的元素展开形式是

$$\pi_{k+1}(s) = \arg\max_{\pi} \sum_a \pi(a|s) \left[\sum_r p(r|s,a)r + \gamma \sum_{s'} p(s'|s,a)v_{\pi_k}(s') \right]$$
$$= \arg\max_{\pi} \sum_a \pi(a|s) q_{\pi_k}(s,a), \quad s \in \mathcal{S}.$$

从上式能看出，动作值 $q_{\pi_k}(s,a)$ 是策略迭代算法的核心：第一步策略评估就是在计算状态值进而得到动作值；第二步策略改进就是选取动作值最大的动作作为新策略。

在明白动作值的核心作用之后，让我们重新审视计算动作值的方法，实际上有两种方法。

◇ 第一，基于模型的方法。首先求解贝尔曼方程得到状态值 v_{π_k}，然后基于下式得到动作值 $q_{\pi_k}(s,a)$：

$$q_{\pi_k}(s,a) = \sum_r p(r|s,a)r + \gamma \sum_{s'} p(s'|s,a)v_{\pi_k}(s'). \tag{5.1}$$

这种方法需要知道模型 $\{p(r|s,a), p(s'|s,a)\}$。策略迭代算法采用的就是这种方法。

◇ 第二，无需模型的方法。让我们回忆一下动作价值的原始定义：

$$q_{\pi_k}(s,a) = \mathbb{E}[G_t|S_t = s, A_t = a]$$
$$= \mathbb{E}[R_{t+1} + \gamma R_{t+2} + \gamma^2 R_{t+3} + \cdots |S_t = s, A_t = a],$$

值得注意的是，因为 $q_{\pi_k}(s,a)$ 是一个期望值，所以可以通过蒙特卡罗方法用数据来估计。具体怎么做呢？从 (s,a) 开始，智能体可以执行策略 π_k，进而获得 n 个回合，假设第 i 个回合的回报是 $g_{\pi_k}^{(i)}(s,a)$。那么，这些回合的回报的平均值可以用来近似 $q_{\pi_k}(s,a)$，即

$$q_{\pi_k}(s,a) = \mathbb{E}[G_t|S_t = s, A_t = a] \approx \frac{1}{n}\sum_{i=1}^{n} g_{\pi_k}^{(i)}(s,a). \tag{5.2}$$

根据大数定律，如果 n 足够大，上面的近似将会足够精确。

基于蒙特卡罗的强化学习的基本思想就是使用(5.2)来估计动作值，从而代替策略迭代算法中需要模型的模块。

5.2.2　MC Basic算法

有了上一节的准备，下面介绍 MC Basic 算法。

从初始策略 π_0 开始，该算法在第 k 次迭代（$k = 0, 1, 2, \ldots$）中有两个步骤。

◇ 步骤1：策略评估。这一步用于估算所有 (s,a) 的 $q_{\pi_k}(s,a)$。具体来说，对于每个 (s,a)，收集足够多的回合进而求其回报的平均值（记作 $q_k(s,a)$）来近似 $q_{\pi_k}(s,a)$。

◇ 步骤2：策略改进。这一步通过 $\pi_{k+1}(s) = \arg\max_\pi \sum_a \pi(a|s)q_k(s,a)$ 得到所有 $s \in \mathcal{S}$ 的新策略，即 $\pi_{k+1}(a_k^*|s) = 1$，其中 $a_k^* = \arg\max_a q_k(s,a)$。

MC Basic 算法的伪代码在算法 5.1 中给出，它与策略迭代算法非常相似，唯一的区别在于它是利用经验样本估计动作值的，而策略迭代算法需要用模型先计算状态值再计算动作值。值得指出的是，MC Basic 算法是直接估计动作值，而不是像策略迭代算法一样先估计状态值再估计动作值。否则，如果它先估计状态值，那么仍然需要利用(5.1)将状态值转换到动作值，而(5.1)还是需要模型的。因此，MC Basic 是直接估计动作值。

算法 5.1：MC Basic（策略迭代算法的无模型版本）

初始化: 初始策略 π_0

目标: 寻找最优策略。

对于第 k 次迭代（$k = 0, 1, 2, \ldots$）

    对于每个状态 $s \in \mathcal{S}$

        对于每个动作 $a \in \mathcal{A}(s)$

            执行 π_k 收集从 (s, a) 开始的足够多的回合

            策略评估：

            $q_{\pi_k}(s, a) \approx q_k(s, a) =$ 所有从 (s, a) 开始的回合的回报的平均值

        策略改进：

        $a_k^*(s) = \arg\max_a q_k(s, a)$

        如果 $a = a_k^*$，则 $\pi_{k+1}(a|s) = 1$；否则 $\pi_{k+1}(a|s) = 0$

由于策略迭代是收敛的，因此在给定足够样本的情况下，MC Basic 算法是可以确保收敛的。也就是说，对于每一个 (s, a)，假设从 (s, a) 开始有足够多的回合，那么这些回合的回报的平均值可以准确地近似 (s, a) 的动作价值。实际中，通常无法对每一个 (s, a) 收集足够多的回合，此时动作价值的近似可能不准确，不过该算法还是可以工作的。这与截断策略迭代或者广义策略迭代（generalized policy iteration）的思想类似：每一个动作值不需要非常准确地估计。

最后，读者在其他资料里应该看不到 MC Basic 这个算法，这是因为这是本书特意总结出来的一个算法，以帮助读者理解蒙特卡罗方法的核心思想。本书这么做的原因有两点。第一，MC Basic 算法建立了和上一章策略迭代算法的关系，能够让读者明白为什么要先学习策略迭代算法，以及为什么要先学习基于模型的算法；第二，MC Basic 算法非常"淳朴"，它没有复杂的技巧性的东西，可以直接展示无模型蒙特卡罗方法最核心的思想。不过也正因为如此，它效率是比较低的，不太实用。不过后面我们会看到通过推广 MC Basic 算法可以轻易地得到更复杂也更高效的算法，届时读者就会明白：很多算法最核心的思想其实是很简单的，只是添加了很多技巧性的东西让其看起来很复杂。

5.2.3 示例

一个简单示例：算法细节

下面通过一个例子来演示 MC Basic 算法的细节。该例子中，奖励为 $r_{\text{boundary}} = r_{\text{forbidden}} = -1, r_{\text{target}} = 1$。折扣因子为 $\gamma = 0.9$。初始策略 π_0 如图 5.3 所示，这个初始

策略在 s_1 和 s_3 不是最优的。

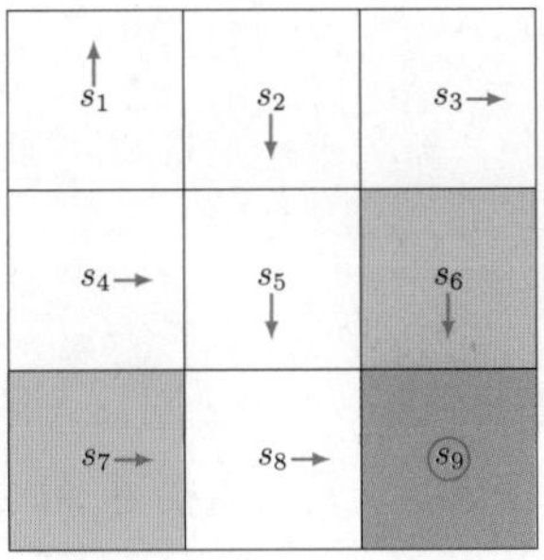

图 5.3　用于演示 MC Basic 算法的例子。

下面只展示如何得到状态 s_1 对应的所有动作值,其他状态是类似的。在 s_1,有五个可能的动作 $a_1, \ldots, a_5$。我们需要分别从 $(s_1, a_1), (s_1, a_2), \ldots, (s_1, a_5)$ 开始执行当前策略 π_0,得到足够多且足够长的回合。不过因为这个示例是确定性的,多次运行将得到相同的回合,因此只需要对每个动作收集一个回合。

◇　从 (s_1, a_1) 开始,得到的回合是 $s_1 \xrightarrow{a_1} s_1 \xrightarrow{a_1} s_1 \xrightarrow{a_1} \ldots$。对应的动作值等于该回合的折扣回报:

$$q_{\pi_0}(s_1, a_1) = -1 + \gamma(-1) + \gamma^2(-1) + \cdots = \frac{-1}{1-\gamma}.$$

◇　从 (s_1, a_2) 开始,得到的回合是 $s_1 \xrightarrow{a_2} s_2 \xrightarrow{a_3} s_5 \xrightarrow{a_3} \ldots$。对应的动作值等于该回合的折扣回报:

$$q_{\pi_0}(s_1, a_2) = 0 + \gamma 0 + \gamma^2 0 + \gamma^3(1) + \gamma^4(1) + \cdots = \frac{\gamma^3}{1-\gamma}.$$

◇　从 (s_1, a_3) 开始,得到的回合是 $s_1 \xrightarrow{a_3} s_4 \xrightarrow{a_2} s_5 \xrightarrow{a_3} \ldots$。对应的动作值等于该回合的折扣回报:

$$q_{\pi_0}(s_1, a_3) = 0 + \gamma 0 + \gamma^2 0 + \gamma^3(1) + \gamma^4(1) + \cdots = \frac{\gamma^3}{1-\gamma}.$$

◇　从 (s_1, a_4) 开始,得到的回合是 $s_1 \xrightarrow{a_4} s_1 \xrightarrow{a_1} s_1 \xrightarrow{a_1} \ldots$。对应的动作值等于该回合的折扣回报:

$$q_{\pi_0}(s_1, a_4) = -1 + \gamma(-1) + \gamma^2(-1) + \cdots = \frac{-1}{1-\gamma}.$$

◇　从 (s_1, a_5) 开始,得到的回合是 $s_1 \xrightarrow{a_5} s_1 \xrightarrow{a_1} s_1 \xrightarrow{a_1} \ldots$。对应的动作值等于该回合的折扣回报:

$$q_{\pi_0}(s_1, a_5) = 0 + \gamma(-1) + \gamma^2(-1) + \cdots = \frac{-\gamma}{1-\gamma}.$$

通过比较上面五个动作值，我们知道

$$q_{\pi_0}(s_1, a_2) = q_{\pi_0}(s_1, a_3) = \frac{\gamma^3}{1 - \gamma}$$

相比其他动作值是最大值。因此，新的策略是选择 a_2 或者 a_3：

$$\pi_1(a_2|s_1) = 1 \quad \text{或} \quad \pi_1(a_3|s_1) = 1.$$

很明显，在 s_1 选择 a_2 或 a_3 是最优策略。因此，对这个简单例子，我们仅使用一次迭代就可以成功得到最优策略。更复杂的场景则需要更多次的迭代。

一个综合示例：回合长度和稀疏奖励

下面考虑一个更复杂的例子。在这个例子中，我们不再关注算法的实施过程，而是讨论 MC Basic 算法得到的结果的有趣性质。该例子是一个 5×5 的网格世界（图5.4）。奖励设置为 $r_{\text{boundary}} = -1, r_{\text{forbidden}} = -10, r_{\text{target}} = 1$。折扣因子为 $\gamma = 0.9$。

首先，回合的长度能极大地影响最优策略。图5.4展示了 MC Basic 算法在使用不同回合长度时得到的最终结果。其中状态值是通过 MC Basic 算法给出的动作值计算得来的。当设置的回合的长度过短时，用 MC Basic 算法得到的策略和价值都不是最优的（图5.4(a)~(d)）。如果考虑当回合长度为1时的极端情况，此时仅与目标相邻的状态有非零值，所有其他状态的值都为0（图5.4(a)）。这是因为每个回合太短而无法到达目标从而获得正奖励。随着回合长度的增加，得到的策略和价值逐渐接近最优（图5.4(h)）。

其次，随着回合长度的增加，出现了一个有趣的现象：靠近目标的状态比远离目标的状态更早地拥有非零值。其原因如下：从一状态出发，智能体必须行走一定的步数才能到达目标状态；如果回合的长度小于所需的最少步数，那么回报肯定是0，估计的状态值也是0。在此例中，回合长度应不少于15，即从左下角状态到达目标状态所需的最小步数，否则得到的状态值估计是0。虽然每个回合必须足够长，但也不需要无限长。如图5.4(g)所示，当长度为30时，该算法已经可以找到最优策略，尽管此时价值估计还不是最优的。

上述分析涉及一个重要的奖励设计问题：*稀疏奖励*。稀疏奖励指的是除非到达目标状态，否则无法获得任何正奖励。稀疏奖励要求回合必须到达目标。当状态空间比较大或者系统随机性比较强时，一个回合到达目标的概率是比较低的。因此，稀疏奖励降低了学习效率。解决这个问题的一个简单方法是设计非*稀疏奖励*或者*稠密奖励*。例如，在上述网格世界中，我们可以重新设计奖励，使得智能体在靠近目标时就可以获得少量的正奖励。通过这种方式，可以在目标周围形成一个"吸引场"，从而更容易地找到目标。感兴趣的读者可以查看更多关于稀疏奖励的文献[17-19]。

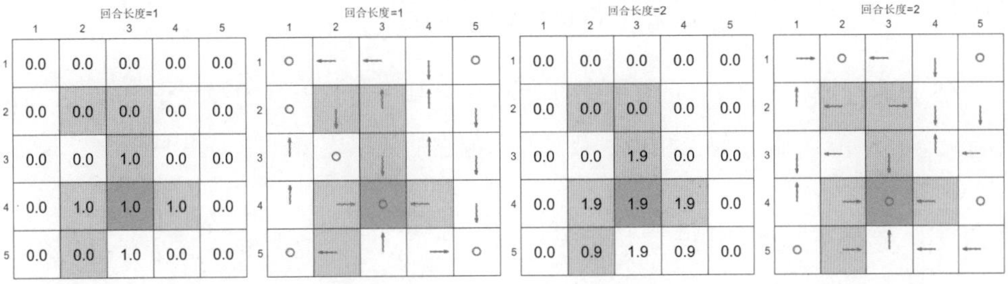

(a) 回合长度为1时得到的价值和策略　　　(b) 回合长度为2时得到的价值和策略

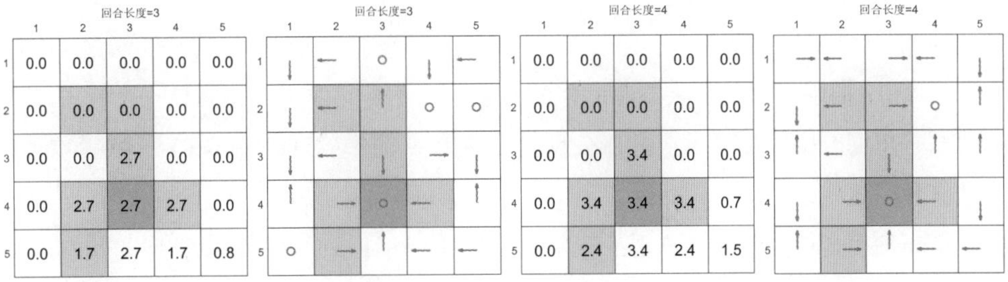

(c) 回合长度为3时得到的价值和策略　　　(d) 回合长度为4时得到的价值和策略

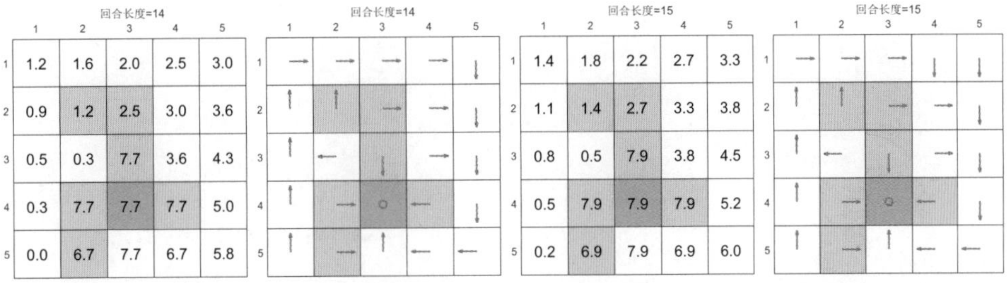

(e) 回合长度为14时得到的价值和策略　　　(f) 回合长度为15时得到的价值和策略

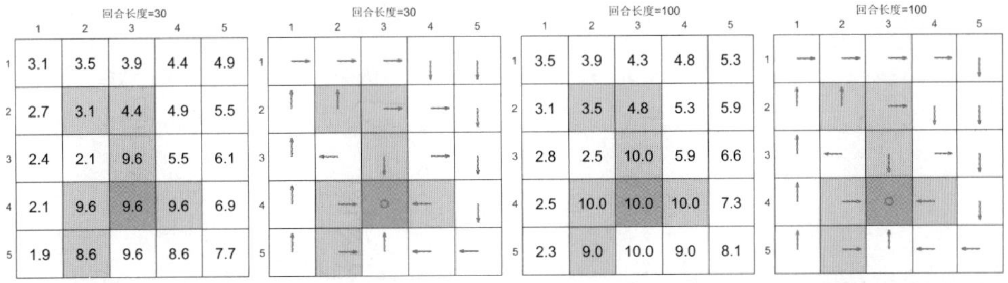

(g) 回合长度为30时得到的价值和策略　　　(h) 回合长度为100时得到的价值和策略

图 5.4　当使用不同回合长度时，MC Basic 算法得到的策略和价值。

5.3 MC Exploring Starts算法

下面通过推广MC Basic算法来介绍另一个基于蒙特卡罗的强化学习算法：MC Exploring Starts。这个算法稍微复杂一些，但它的效率更高。

5.3.1 更高效地利用样本

假设我们通过执行策略 π 获得了一系列样本：

$$s_1 \xrightarrow{a_2} s_2 \xrightarrow{a_4} s_1 \xrightarrow{a_2} s_2 \xrightarrow{a_3} s_5 \xrightarrow{a_1} \ldots \tag{5.3}$$

上式中 s 和 a 的下标指的是状态和动作的索引，而不是时间步数。如果一个状态-动作配对在一个回合中出现了一次，那么我们称该状态-动作被访问（visit）一次。有多种方法来利用这些访问。

第一种也是最简单的方法是：一个回合仅用于估计该回合最开始访问的状态-动作的价值。例如在式(5.3)中，这个回合最开始访问的是 (s_1, a_2)，那么回合只是被用来估计 (s_1, a_2) 的动作价值。前面介绍的MC Basic的算法就是基于这种方法的。

虽然这种方法很简单，但是它没有充分利用样本，因为回合还访问了许多其他的状态-动作，例如 $(s_2, a_4), (s_2, a_3), (s_5, a_1)$。实际上，一个回合也可以被用于估计其他状态-动作的价值。例如，我们可以将式(5.3)中的回合分解成多个子回合：

$$s_1 \xrightarrow{a_2} s_2 \xrightarrow{a_4} s_1 \xrightarrow{a_2} s_2 \xrightarrow{a_3} s_5 \xrightarrow{a_1} \ldots \quad \text{[原始回合]}$$

$$s_2 \xrightarrow{a_4} s_1 \xrightarrow{a_2} s_2 \xrightarrow{a_3} s_5 \xrightarrow{a_1} \ldots \quad \text{[从 } (s_2, a_4) \text{ 开始的子回合]}$$

$$s_1 \xrightarrow{a_2} s_2 \xrightarrow{a_3} s_5 \xrightarrow{a_1} \ldots \quad \text{[从 } (s_1, a_2) \text{ 开始的子回合]}$$

$$s_2 \xrightarrow{a_3} s_5 \xrightarrow{a_1} \ldots \quad \text{[从 } (s_2, a_3) \text{ 开始的子回合]}$$

$$s_5 \xrightarrow{a_1} \ldots \quad \text{[从 } (s_5, a_1) \text{ 开始的子回合]}$$

如上式所示，一个长的回合可以被看成很多个从不同状态-动作出发的子回合，因此可以估计多个不同状态-动作的价值。通过这种方式，一个回合中的样本可以被更有效地利用。

在一个回合中，一个状态-动作可能会被多次访问。例如，在式(5.3)中的回合里，(s_1, a_2) 被访问了两次。如果我们只考虑第一次访问，这种方法被称为首次访问（first visit）。例如，以第一次出现的 (s_1, a_2) 为开始的子回合会被用来估计 (s_1, a_2) 的动作值。如果我们考虑每一次访问，则这种方法被称为每次访问（every visit）[20]。例如，每次出现 (s_1, a_2) 时，以其为开始的子回合会被用来估计其动作值。

在样本使用效率方面，每次访问都利用的方法效率是最高的。如果一个回合足够长，以至于它可以多次访问所有状态-动作，那么这一个回合就足以估计所有的状态-动作价值，此时则需要使用每次访问的方法。然而，通过这种方法获得的回报样本是相关的，因为从第二次访问开始的轨迹只是从第一次访问开始的轨迹的一部分。尽管如此，如果两次访问在轨迹中相隔很远，那么相关性也不会很强。

5.3.2　更高效地更新策略

除了上节介绍的高效利用样本，我们还可以更高效地更新策略。有两种更新策略的方法。

◇　第一种方法：在策略评价步骤中，收集从某一个状态-动作开始的所有回合，然后使用所有回合的平均回报来近似动作值，进而再更新策略。

　　这种方法已经在 MC Basic 算法中被采用。它的一个缺点是智能体必须等到所有回合都被收集完毕后才能估计动作值。

◇　第二种方法：在策略评价步骤中，收集从某一个状态-动作开始的单个回合，然后使用这个单个回合的回报来近似动作值，进而再立即更新策略。这样的好处是不需要等到收集完所有回合，而是可以在得到一个回合后立即更新值和策略。

由于单个回合的回报不能准确地近似相应的动作值，因此读者可能会怀疑第二种方法是否合适。实际上，这种方法的思想属于上一章介绍的广义策略迭代的范畴。也就是说，即使价值估计不够准确，我们仍然可以基于其更新策略。

5.3.3　算法描述

将第5.3.1节和第5.3.2节介绍的技巧融合到 MC Basic 算法中，我们可以得到效率更高的称为 MC Exploring Starts 的新算法。

算法5.2给出了 MC Exploring Starts 的详细流程。该算法利用了回合中的每次访问。其中有另一个提高效率的技巧：在计算从每个状态-动作开始获得的回报时，采用"回溯"的方式，即先从回合最后的状态-动作开始，慢慢推回最初的状态-动作，这样可以使算法更高效，具体细节大家可以自己体会。

MC Exploring Starts 算法有一个条件，即 Exploring Starts 条件：对每一个状态-动作，都要有足够多的回合从它出发（这里"每一个"对应了 Exploring，"出发"对应了 Starts）。只有这样，我们才能准确估计每一个状态-动作的价值，进而成功找到最优策略。否则，如果存在一个状态-动作，所有的回合都没有从它出发，那么我们无法估计出该状态-动作的价值。即使这个动作确实是最优的，但是因为它没有被访问过，所以可能刚好被错过。

算法 5.2：MC Exploring Starts 算法（MC Basic 算法的推广）

初始化：初始策略 $\pi_0(a|s)$，所有 (s,a) 的初始价值 $q(s,a)$。Return$(s,a) = 0$ 和 Number$(s,a) = 0$ 适用于所有 (s,a)。

目标：寻找一个最优策略。

对每个回合

    回合生成：选择一个起始状态-动作 (s_0, a_0)（确保所有状态-动作都可能被选中，这就是 Exploring Starts 条件）。按照当前策略，生成一个长度为 T 的回合：$s_0, a_0, r_1, \ldots, s_{T-1}, a_{T-1}, r_T$。

    每个回合的初始化：$g \leftarrow 0$

    对回合中的每一步 $t = T-1, T-2, \ldots, 0$

        $g \leftarrow \gamma g + r_{t+1}$

        Return$(s_t, a_t) \leftarrow$ Return$(s_t, a_t) + g$

        Number$(s_t, a_t) \leftarrow$ Number$(s_t, a_t) + 1$

        策略评价：

        $q(s_t, a_t) \leftarrow$ Return$(s_t, a_t)/$Number(s_t, a_t)

        策略改进：

        对 $a = \arg\max_a q(s_t, a)$，$\pi(a|s_t) = 1$；对其他 a，$\pi(a|s_t) = 0$

MC Basic 和 MC Exploring Starts 都需要 Exploring Starts 这个条件。然而，这个条件在许多应用中很难满足，因为我们难以确保有足够多的回合从每一个状态-动作出发。实际上，如果只是为了确保每一个状态-动作都被访问到，那么可以用下面介绍的软策略的方法。

5.4 MC ϵ-Greedy 算法

下面进一步推广 MC Exploring Starts，使其不再依赖于 Exploring Starts 这个不合理的条件。为此，我们需要引入软策略（soft policy）。如果一个策略能在任意状态下有非零概率选择任意动作，那么该策略称为软策略。给定一个软策略，即使只有一个回合，只要这个回合足够长，它就会多次访问每个状态-动作。此时，我们不再需要从不同状态-动作出发的很多回合，而 Exploring Starts 这个条件就可以避免了。

5.4.1 ϵ-Greedy 策略

一种常见的软策略是 ϵ-Greedy 策略。具体来说，假设 $\epsilon \in [0,1]$。相应的 ϵ-Greedy 策略具有以下形式：

$$\pi(a|s) = \begin{cases} 1 - \dfrac{\epsilon}{|\mathcal{A}(s)|}(|\mathcal{A}(s)| - 1), & \text{对于最大价值动作} \\[3mm] \dfrac{\epsilon}{|\mathcal{A}(s)|}, & \text{对于其他 } |\mathcal{A}(s)| - 1 \text{个动作} \end{cases}$$

其中 $|\mathcal{A}(s)|$ 表示与 s 相关联的动作数量。从上式可以看出，ϵ-Greedy 是随机性策略，它选择具有最大价值的动作的概率最高，而选择其他所有动作的概率都相同。在上式中，选择最大价值动作的概率始终大于选择其他动作的概率，这是因为

$$1 - \frac{\epsilon}{|\mathcal{A}(s)|}(|\mathcal{A}(s)| - 1) = 1 - \epsilon + \frac{\epsilon}{|\mathcal{A}(s)|} \geqslant \frac{\epsilon}{|\mathcal{A}(s)|}$$

对于任意 $\epsilon \in [0,1]$ 都成立。

当 $\epsilon = 0$ 时，ϵ-Greedy 变为普通的贪婪策略，此时策略的探索性最弱，因为只会选择最大价值动作。当 $\epsilon = 1$ 时，所有动作被选择的概率都等于 $1/|\mathcal{A}(s)|$，此时策略的探索性最强。

由于 ϵ-Greedy 策略是随机性的，那么如何根据这样的策略选择动作呢？我们可以首先按照均匀分布在 $[0,1]$ 生成一个随机数 x。如果 $x \geqslant \epsilon$，那么选择最大价值动作；如果 $x < \epsilon$，那么按照相同的概率 $\frac{1}{|\mathcal{A}(s)|}$ 选择任意一个动作（此时可能再次选择到最大价值动作）。通过这种方式，选择最大价值动作的总概率是 $1 - \epsilon + \frac{\epsilon}{|\mathcal{A}(s)|}$，而选择任何其他动作的概率是 $\frac{\epsilon}{|\mathcal{A}(s)|}$。

5.4.2 算法描述

下面将 ϵ-Greedy 策略融合到 MC Exploring Starts 算法中，可以得到新的 MCϵ-Greedy 算法，该算法已经不再依赖于 Exploring Starts 的条件。

为此，我们需要将 MC Exploring Starts 算法中的 Greedy 策略改为 ϵ-Greedy。具体来说，在 MC Exploring Starts 算法中，策略改进的步骤是选择如下的 Greedy 策略：

$$\pi_{k+1}(s) = \arg\max_{\pi \in \Pi} \sum_a \pi(a|s) q_{\pi_k}(s, a), \tag{5.4}$$

其中 Π 表示所有可能策略的集合。我们知道(5.4)的最优解是一个贪婪策略：

$$\pi_{k+1}(a|s) = \begin{cases} 1, & a = a_k^*, \\ 0, & a \neq a_k^*, \end{cases}$$

其中 $a_k^* = \arg\max_a q_{\pi_k}(s, a)$。

现在，策略改进步骤需要改成

$$\pi_{k+1}(s) = \arg\max_{\pi \in \Pi_\epsilon} \sum_a \pi(a|s)q_{\pi_k}(s,a), \tag{5.5}$$

其中 Π_ϵ 表示所有 ϵ-Greedy 策略的集合，这里 ϵ 值是给定的。通过这种方式，我们强制把策略限制为 ϵ-Greedy。方程(5.5)的解不难得到：

$$\pi_{k+1}(a|s) = \begin{cases} 1 - \frac{|\mathcal{A}(s)|-1}{|\mathcal{A}(s)|}\epsilon, & a = a_k^*, \\ \frac{1}{|\mathcal{A}(s)|}\epsilon, & a \neq a_k^*, \end{cases}$$

其中 $a_k^* = \arg\max_a q_{\pi_k}(s,a)$。

基于上述改变，我们得到了另一种称为 MC ϵ-Greedy 的算法。由于 ϵ-Greedy 策略具有一定的探索性，这样就不需要有多个回合从每一个状态-动作出发了。算法5.3给出了其伪代码。

算法5.3：MC ϵ-Greedy算法（MC Exploring Starts算法的推广）

初始化： 初始策略 $\pi_0(a|s)$，所有 (s,a) 的初始值 $q(s,a)$。$\text{Return}(s,a) = 0$ 和 $\text{Number}(s,a) = 0$ 对于所有 (s,a)。$\epsilon \in (0,1]$

目标： 寻找最优策略。

对每个回合

　　回合生成：选择一个初始状态-动作 (s_0, a_0)（不需要每一个状态-动作都被选到）。执行当前策略，生成长度为 T 的回合：$s_0, a_0, r_1, \ldots, s_{T-1}, a_{T-1}, r_T$。

　　每个回合的初始化：$g \leftarrow 0$

　　对回合的每一步 $t = T-1, T-2, \ldots, 0$

　　　　$g \leftarrow \gamma g + r_{t+1}$

　　　　$\text{Return}(s_t, a_t) \leftarrow \text{Return}(s_t, a_t) + g$

　　　　$\text{Number}(s_t, a_t) \leftarrow \text{Number}(s_t, a_t) + 1$

　　　　策略评估：

　　　　$q(s_t, a_t) \leftarrow \text{Return}(s_t, a_t)/\text{Number}(s_t, a_t)$

　　　　策略改进：

　　　　如果 $a^* = \arg\max_a q(s_t, a)$，那么

$$\pi(a|s_t) = \begin{cases} 1 - \frac{|\mathcal{A}(s_t)|-1}{|\mathcal{A}(s_t)|}\epsilon, & a = a^* \\ \frac{1}{|\mathcal{A}(s_t)|}\epsilon, & a \neq a^* \end{cases}$$

如果在策略改进步骤中将 Greedy 策略限制为 ϵ-Greedy 策略，我们还能保证获得最优策略吗？当有足够多的样本时，算法总是能收敛到在集合 Π_ϵ 中最优的策略。不过，该策略仅在 Π_ϵ 中是最优的，而在 Π 中可能不是最优的（Π_ϵ 是 Π 的一个子集）。所以，

ϵ的引入实际上是增加了策略的探索性，而牺牲了策略的最优性。不过，如果ϵ足够小，那么Π_ϵ中的最优策略与Π中的最优策略是非常接近的。

5.4.3 示例

考虑图5.5所示的网格世界例子。这里的目标是为每个状态找到最优策略。在MC ϵ-Greedy算法的每轮迭代中，生成一个包含一百万步的回合。这里考虑仅有一个回合的极端情况，来展示单个回合也是可以得到最优策略的。设置$r_{\text{boundary}} = r_{\text{forbidden}} = -1, r_{\text{target}} = 1, \gamma = 0.9$。

如图5.5所示，初始策略是一个均匀策略，即选取任何动作的概率都是0.2。$\epsilon = 0.5$的最优ϵ-Greedy策略可以在两轮迭代后获得。尽管每轮迭代仅使用一个回合，但因为所有的状态-动作都在这个回合中访问到了，所以它们的价值可以被准确估计。

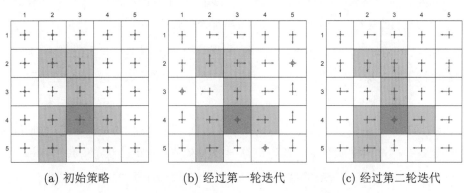

(a) 初始策略   (b) 经过第一轮迭代   (c) 经过第二轮迭代

图 5.5 基于单个回合的 MC ϵ-Greedy 算法给出的策略的演变过程。

5.5 探索与利用：以ϵ-Greedy策略为例

探索（exploration）与利用（exploitation）是强化学习中的一个重要权衡。"探索"意味着策略会尝试尽可能多的动作，从而使得所有动作都能被良好地评估；"利用"意味着策略尽可能选取价值高的动作，从而充分利用当前价值评估的结果。从另一个角度来理解，"探索"是为了更好地评估，防止错过高价值的动作；"利用"是为了更好地利用评估的结果，否则难以得到最优的策略；这里"权衡"的核心在于：当前的价值评估可能是不好的，我们要通过探索更好地评估价值。如果策略具有过多的探索性，则没有很好地利用评估结果，因此也离最优策略比较远；如果策略过多地利用当前的评估结果，则具有较少的探索性，难以全面评估所有动作。

上面的解释可能比较抽象，下面结合ϵ-Greedy策略来解释会更加直观。一方面，ϵ-Greedy策略赋予最大价值动作最高的概率，因此可以充分"利用"当前的价值估计。

另一方面，ϵ-Greedy 策略也赋予其他所有动作非零的概率，因此也可以充分"探索"其他动作。ϵ-Greedy 策略通过设置合适的 ϵ 的值来平衡探索和利用：ϵ 越大，策略的探索性越强，利用性越弱；ϵ 越小，策略的探索性越弱，利用性越强。此外，"利用"与最优性（optimality）相关：如果策略"利用"得越充分，即越"贪婪"，它就越接近最优，这是因为我们已经在 MC Basic 算法中知道贪婪策略是最优的。ϵ-Greedy 策略的基本理念是通过牺牲最优性来增强探索。

下面通过一些有趣的例子来进一步讨论这种权衡。这里的例子是在一个 5×5 的网格世界。奖励设置是 $r_{\text{boundary}} = -1, r_{\text{forbidden}} = -10, r_{\text{target}} = 1, \gamma = 0.9$。

ϵ-Greedy 策略的最优性

接下来展示 ϵ-Greedy 策略的最优性随着 ϵ 的变化。

◇ 图5.6给出了一系列 ϵ-Greedy 策略。这些策略有一个共同点：它们在每一个状态赋予最大概率的动作是相同的。这样的策略称为一致的（consistent）。

从 (a)~(d) 图可以看出，随着 ϵ 的增加，这些 ϵ-Greedy 策略的状态值不断下降，即最优性不断变差。这是因为当 ϵ 较大时，在每一个状态选取不合理动作的概率也变大了，因此收到的奖励变小了。

◇ 图5.7给出了一系列最优的 ϵ-Greedy 策略（这里"最优"指的是在给定 ϵ 的情况下，该策略是在 Π_ϵ 中是最优的，即相比 Π_ϵ 中其他策略有最大的状态值）。当 $\epsilon = 0$ 时，该最优策略是在所有策略的集合 Π 中是最优的。值得注意的是，当 ϵ 比较小，例如等于 0.1 时，最优的 ϵ-Greedy 策略与最优 Greedy 策略是一致的（即最大概率动作相同）。然而，当 ϵ 增加到 0.2 时，求得的最优的 ϵ-Greedy 策略与最优 Greedy 策略不再一致。因此，如果我们想要得到与最优 Greedy 策略一致的 ϵ-Greedy 策略，ϵ 的值应该足够小。

当 ϵ 较大时，为什么最优 ϵ-Greedy 策略与最优 Greedy 策略不一致呢？我们可以以目标状态为例来直观地解释。目标状态的最优策略是保持原地不动从而获得正奖励。然而，当 ϵ 较大时，进入禁止区域进而获得负奖励的概率很大，此时在目标状态最优的策略是逃离，而不是原地不动。

ϵ-Greedy 策略的探索能力

下面讨论 ϵ 的值如何影响 ϵ-Greedy 策略的探索能力。

◇ 考虑一个 $\epsilon = 1$ 的 ϵ-Greedy 策略（图5.5(a)）。该策略在任意状态下采取任意动作的概率为 0.2，具有较强的探索性。图5.8(a)~(c) 给出了从 (s_1, a_1) 开始由该策略生成

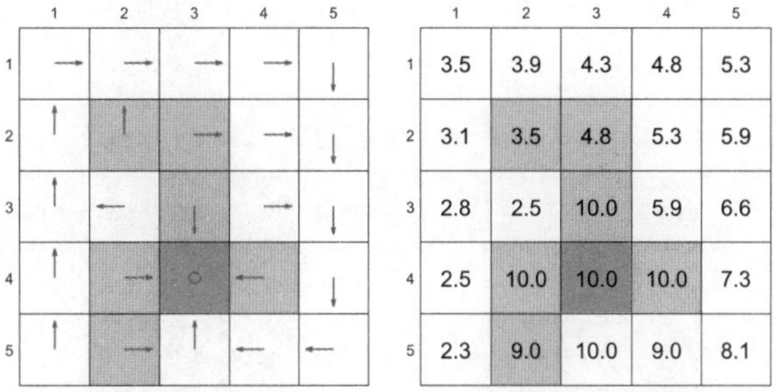

	1	2	3	4	5
1	3.5	3.9	4.3	4.8	5.3
2	3.1	3.5	4.8	5.3	5.9
3	2.8	2.5	10.0	5.9	6.6
4	2.5	10.0	10.0	10.0	7.3
5	2.3	9.0	10.0	9.0	8.1

(a) 一个给定的 ϵ-Greedy 策略及其状态值：$\epsilon = 0$

	1	2	3	4	5
1	0.4	0.5	0.9	1.3	1.4
2	0.1	0.0	0.5	1.3	1.7
3	0.1	-0.4	3.4	1.4	1.9
4	-0.1	3.4	3.3	3.7	2.2
5	-0.3	2.6	3.7	3.1	2.7

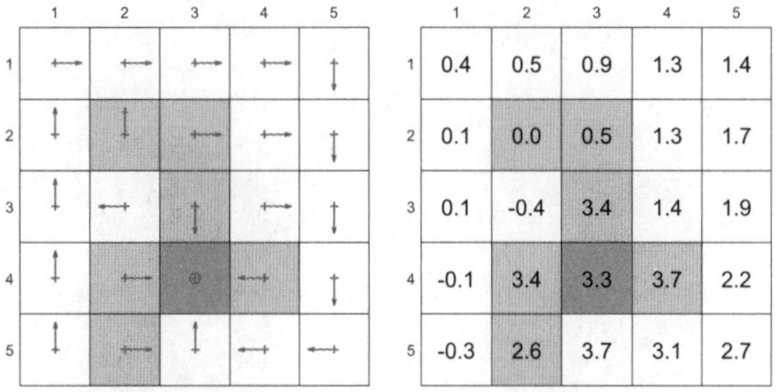

(b) 一个给定的 ϵ-Greedy 策略及其状态值：$\epsilon = 0.1$

	1	2	3	4	5
1	-2.2	-2.4	-2.1	-1.7	-1.8
2	-2.5	-3.0	-3.3	-2.3	-2.0
3	-2.3	-3.3	-2.5	-2.8	-2.2
4	-2.5	-2.5	-2.8	-2.0	-2.4
5	-2.8	-3.2	-2.1	-2.3	-2.2

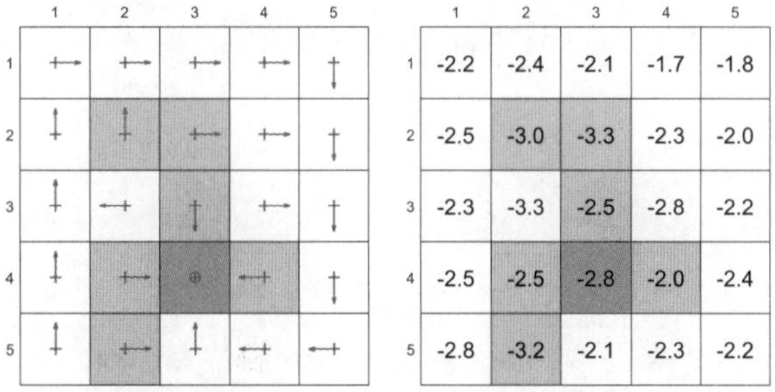

(c) 一个给定的 ϵ-Greedy 策略及其状态值：$\epsilon = 0.2$

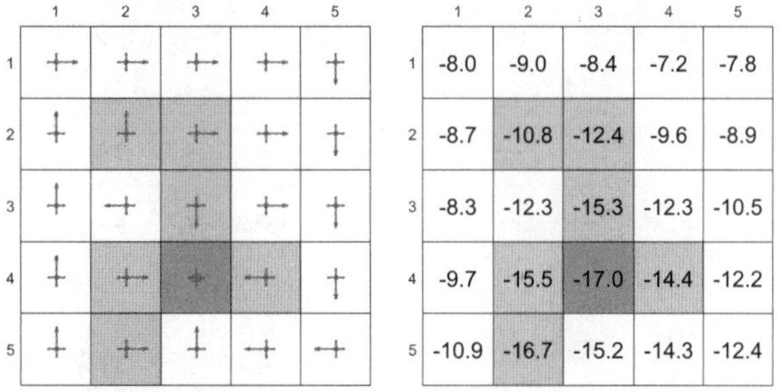

	1	2	3	4	5
1	-8.0	-9.0	-8.4	-7.2	-7.8
2	-8.7	-10.8	-12.4	-9.6	-8.9
3	-8.3	-12.3	-15.3	-12.3	-10.5
4	-9.7	-15.5	-17.0	-14.4	-12.2
5	-10.9	-16.7	-15.2	-14.3	-12.4

(d) 一个给定的 ϵ-Greedy 策略及其状态值：$\epsilon = 0.5$

图 5.6 一些 ϵ-Greedy 策略及其状态值。这些 ϵ-Greedy 策略有一个共同点：它们在每一个状态赋予最大概率的动作都是一致的。从状态值可以看出，当 ϵ 的值增加时，ϵ-Greedy 策略的状态值降低、最优性变差。

的不同长度的轨迹。可以看到，当回合足够长时，这个回合可以多次访问所有的状态-动作，具有很强的探索能力。此外，所有状态-动作被访问的次数也接近均匀（图5.8(d)）。

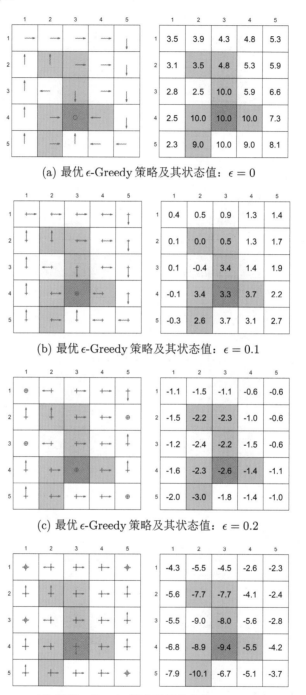

(a) 最优 ϵ-Greedy 策略及其状态值：$\epsilon = 0$

(b) 最优 ϵ-Greedy 策略及其状态值：$\epsilon = 0.1$

(c) 最优 ϵ-Greedy 策略及其状态值：$\epsilon = 0.2$

(d) 最优 ϵ-Greedy 策略及其状态值：$\epsilon = 0.5$

图 5.7 给定不同的 ϵ 值，最优的 ϵ-Greedy 策略及其相应的状态值。可以看到，当 ϵ 值增加时，最优的 ϵ-Greedy 策略不再与 (a) 中的最优策略一致。

◇ 考虑一个 $\epsilon = 0.5$ 的 ϵ-Greedy 策略（图5.6(d)）。该策略的探索能力比 $\epsilon = 1$ 时更弱。

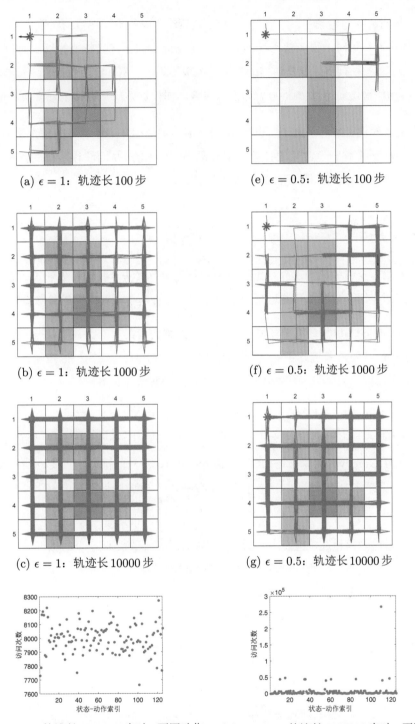

(a) $\epsilon = 1$：轨迹长 100 步

(e) $\epsilon = 0.5$：轨迹长 100 步

(b) $\epsilon = 1$：轨迹长 1000 步

(f) $\epsilon = 0.5$：轨迹长 1000 步

(c) $\epsilon = 1$：轨迹长 10000 步

(g) $\epsilon = 0.5$：轨迹长 10000 步

(d) $\epsilon = 1$：轨迹长 1000000 步时，不同动作
被访问的次数

(h) $\epsilon = 0.5$：轨迹长 1000000 步时，不同动
作被访问的次数

图 5.8　ϵ-Greedy 策略在不同 ϵ 值下的探索能力。

图5.8(e)～(g)给出了从 (s_1,a_1) 开始由该策略生成的不同步数的轨迹。可以看到,当轨迹比较短时,很多状态-动作并没有被访问到。虽然当轨迹足够长时每一个动作都可以被访问到,但是访问的次数可能极不均匀。例如,当轨迹有一百万步时,有些动作被访问超过 250000 次,而大多数动作仅被访问几百甚至几十次(图5.8(h))。

通过对比上述两个例子可以看出,当 ϵ 减少时,ϵ-Greedy 策略的探索能力减弱。使用 ϵ-Greedy 策略一个常见的技巧是,初期选取较大的 ϵ 从而获得较强的探索性,末期选取较小的 ϵ 从而获得较好的最优性 [21–23]。

5.6　总结

本章是全书中第一次介绍无需模型的强化学习算法。我们首先通过一个期望值估计的问题介绍了蒙特卡罗的思想,之后介绍了三种基于蒙特卡罗的算法。

◇　MC Basic:这是最简单的基于蒙特卡罗的强化学习算法。该算法与上一章介绍的策略迭代算法有密切关系:只要把策略迭代算法中需要模型的策略评估模块替换为无需模型的蒙特卡罗估计模块,就能得到 MC Basic 算法。

◇　MC Exploring Starts:此算法是 MC Basic 算法的推广。只要将一些提高样本使用效率和更新策略效率的技巧引入 MC Basic,就能得到 MC Exploring Starts 算法。

◇　MC ϵ-Greedy:此算法是 MC Exploring Starts 算法的推广。只要将 MC Exploring Starts 算法中的策略从 Greedy 改为 ϵ-Greedy,就可以得到 MC ϵ-Greedy 算法。通过这种方式增强了策略的探索能力,因此可以移除 Exploring Starts 的条件。

这三个算法紧密相连,前一个是后一个的基础,后一个是前一个的推广。

在本章的最后,我们讨论了探索与利用这个重要的权衡问题,并且通过 ϵ-Greedy 策略进行了直观的解读。

5.7　问答

◇　提问:什么是蒙特卡罗估计?

回答:蒙特卡罗估计指的是使用随机样本来解决近似问题的一类通用方法。

◇　提问:什么是期望值估计问题?

回答:期望值估计问题指的是使用随机样本来近似随机变量的期望值。

◇　提问:如何解决期望值估计问题?

回答：有两种方法——基于模型的和无需模型的。如果随机变量的概率分布已知，则可以根据期望值的定义直接计算。如果随机变量的概率分布未知，但是有很多样本，则可以用样本的平均值来近似期望值。根据大数定律，样本数量越大，这种近似越准确。

◇ 提问：为什么期望值估计问题对于强化学习很重要？

回答：状态值和动作值的定义都是期望值。因此，对状态或动作价值的估计本质上是期望值估计问题。

◇ 提问：基于蒙特卡罗的无模型强化学习的核心思想是什么？

回答：其核心思想是将策略迭代算法中需要模型的模块替换成不需要模型的模块。这就是我们为什么要先学习需要模型的策略迭代算法，再学习不需要模型的蒙特卡罗算法。否则，读者可能会有很多问题，例如为什么有策略评估和策略改进步骤等问题。

◇ 提问：什么是初始访问、首次访问和每次访问？

回答：它们是利用一个回合中的样本的不同方法。一个回合可能访问许多状态-动作。初始访问方法仅使用整个回合来估计初始状态-动作的价值。相比之下，每次访问和首次访问方法可以更好地利用样本估计回合中出现的很多其他状态-动作的价值。

◇ 提问：什么是 Exploring Starts？

回答：Exploring Starts 要求从每个状态-动作开始生成足够多的回合。该条件的重要性在于，只有当每个动作都被充分访问之后，我们才能准确地评估所有动作价值，进而正确地选择最优的动作。

◇ 提问：避免 Exploring Starts 条件的基本思路是什么？

回答：基本思路是使用软策略。由于软策略是随机性的，其生成的回合理论上可以访问所有状态-动作，这样就不需要从每个状态-动作出发生成大量回合。正如我们通过例子介绍的，即使一个回合也可能充分访问每一个状态-动作。

◇ 提问：如果我们仅考虑 ϵ-Greedy 策略，还能找到最优策略吗？

回答：如果给定足够的样本，MC ϵ-Greedy 算法可以收敛到 Π_ϵ 中的最优策略（即在 Π_ϵ 中具有最大的状态值）。然而，除非 ϵ 等于 0，否则 ϵ-Greedy 策略一般在 Π（即所有策略的集合）中不是最优的。

◇ 提问：是否有可能使用一个回合访问所有状态-动作？

回答：这是可能的，例如使用 ϵ-Greedy 策略生成一个足够长的回合。

◇ 提问：MC Basic、MC Exploring Starts、MC ϵ-Greedy 三个算法之间的关系是什么？

回答：这三个算法紧密相连，前一个是后一个的基础，后一个是前一个的推广。MC Basic 是最简单的基于蒙特卡罗的强化学习算法，它的重要性在于揭示了无模型强化学习的基本思想。MC Exploring Starts 是 MC Basic 的一个推广，具有更高的样本使用效率和策略更新效率。MC ϵ-Greedy 是 Exploring Starts 的一个推广，它通过引入 ϵ-Greedy 策略避免了 Exploring Starts 条件。

第6章

随机近似算法

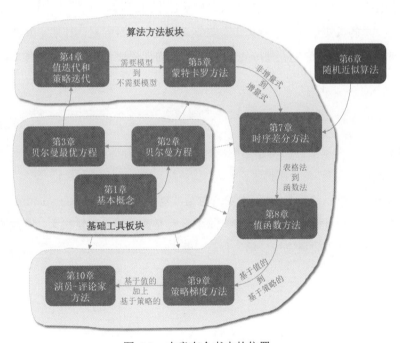

图 6.1   本章在全书中的位置。

上一章介绍了基于蒙特卡罗的无需模型的强化学习算法，下一章（第7章）将介绍另一种无需模型的强化学习算法——时序差分。然而，在开始介绍下一章的内容之前，我们需要按下暂停键，先学习本章关于随机近似算法的内容。为什么要这么做呢？我们到目前为止学习的算法都是非增量式的（non-incremental）。然而，时序差分算法是增量式的（incremental），它与我们之前学习过的算法看起来非常不同。许多读者在第一次看到时序差分算法时会有很多问题，例如这些算法为什么设计成这个样子、它们为什么能有效工作等。为了让大家能更容易地理解时序差分算法，我们在本章先来介绍随机近似算法。时序差分算法可以被视为特殊的随机近似算法；经典的随机梯度下降也是特殊的随机近似算法。

6.1　启发示例：期望值估计

期望值估计问题已经在上一章讨论过一次。下面我们从另一个角度再次研究这个问题，并且介绍如何用"增量式"的方法解决这个问题。

考虑一个随机变量 X，它取值于有限集 $\mathcal{X}$。我们的目标是估计期望值 $\mathbb{E}[X]$。假设有一个独立同分布的样本序列 $\{x_i\}_{i=1}^n$。那么 X 的期望值可以通过这些样本的平均值来近似：

$$\mathbb{E}[X] \approx \bar{x} \doteq \frac{1}{n}\sum_{i=1}^{n} x_i. \tag{6.1}$$

式(6.1)就是蒙特卡罗估计的基本思想，并且大数定律告诉我们，当 $n \to \infty$ 时，$\bar{x} \to \mathbb{E}[X]$。这些已经在第5章介绍过了。

有两种方法可以计算平均值 $\bar{x}$。第一种是非增量式的（non-incremental）：首先收集所有样本，然后计算平均值。这种方法的缺点是如果样本数量很大，可能需要等待很久才能把所有样本收集完毕。第二种是增量式的（incremental）。具体来说，令

$$w_{k+1} \doteq \frac{1}{k}\sum_{i=1}^{k} x_i, \quad k = 1, 2, \ldots$$

类似地

$$w_k = \frac{1}{k-1}\sum_{i=1}^{k-1} x_i, \quad k = 2, 3, \ldots$$

实际上，w_{k+1} 可以用 w_k 表示：

$$w_{k+1} = \frac{1}{k}\sum_{i=1}^{k} x_i = \frac{1}{k}\left(\sum_{i=1}^{k-1} x_i + x_k\right) = \frac{1}{k}((k-1)w_k + x_k) = w_k - \frac{1}{k}(w_k - x_k).$$

因此，我们得到如下增量式算法：

$$w_{k+1} = w_k - \frac{1}{k}(w_k - x_k).$$ (6.2)

该算法可以以增量的方式计算均值 $\bar{x}$。

为了验证该算法，我们可以计算出 $k = 1, 2, \ldots$ 次迭代的结果：

$$
\begin{aligned}
w_1 &= x_1, \\
w_2 &= w_1 - \frac{1}{1}(w_1 - x_1) = x_1, \\
w_3 &= w_2 - \frac{1}{2}(w_2 - x_2) = x_1 - \frac{1}{2}(x_1 - x_2) = \frac{1}{2}(x_1 + x_2), \\
w_4 &= w_3 - \frac{1}{3}(w_3 - x_3) = \frac{1}{3}(x_1 + x_2 + x_3), \\
&\vdots \\
w_{k+1} &= \frac{1}{k} \sum_{i=1}^{k} x_i.
\end{aligned}
$$ (6.3)

可以看出，由这个增量式算法得到的 w_{k+1} 确实是 $\{x_i\}_{i=1}^{k}$ 的平均值。这里 $w_1 = x_1$ 是初始值。

算法(6.2)的优势在于，每次接收到一个样本时，平均值就可以立即计算出来，进而近似 $\mathbb{E}[X]$。由于样本不足，开始时近似可能不够准确，不过这总比没有好。随着获取更多样本，估计的准确度会逐渐提高。此外，我们也可以定义 $w_{k+1} = \frac{1}{1+k} \sum_{i=1}^{k+1} x_i$ 和 $w_k = \frac{1}{k} \sum_{i=1}^{k} x_i$。在这种情况下，相应的迭代算法是 $w_{k+1} = w_k - \frac{1}{1+k}(w_k - x_{k+1})$。

最后，我们可以把(6.2)推广得到一个更一般化的算法：

$$w_{k+1} = w_k - \alpha_k(w_k - x_k).$$ (6.4)

与(6.2)相比，上式将系数 $1/k$ 替换为 $\alpha_k > 0$。由于这里 α_k 的表达式未给出，因此无法像(6.3)中那样给出 w_k 的显式表达式，不过我们仍然可以分析其收敛性，具体将在下一节介绍。

算法(6.4)非常重要，且在本章经常出现。我们在第 7 章将看到时序差分算法与(6.4)非常类似，这也是我们介绍该算法的主要原因，理解该算法将有助于理解时序差分算法。

6.2 罗宾斯-门罗算法

随机近似（stochastic approximation）指的是一大类用于求解方程或者优化问题的随机迭代算法 [24]。罗宾斯-门罗（Robbins-Monro，RM）算法是随机近似领域的开创

性工作 [24–27]。著名的随机梯度下降算法是 RM 算法的一种特殊形式（参见第6.4节）。

下面介绍 RM 算法。假设我们想要求解如下方程：

$$g(w) = 0,$$

其中 $w \in \mathbb{R}$ 是未知变量，$g : \mathbb{R} \to \mathbb{R}$ 是一个函数。许多问题都可以描述为上面的方程求根问题。例如，如果 $J(w)$ 是一个需要优化的目标函数，这个优化问题可以转换为求解方程 $g(w) \doteq \nabla_w J(w) = 0$。另外，如果方程右边有一个常数，例如 $f(w) = c$，此时仍然可以转化为上式的形式，例如 $g(w) \doteq f(w) - c = 0$。

如果 g 表达式是已知的，那么有很多数值算法可以用来求解 $g(w) = 0$。然而，我们面临的问题是函数 g 的表达式是未知的，我们只知道该函数的输入和输出。具体来说，当输入 w 时，我们可以观测其输出值，而且该输出值可能还包含观测噪声：

$$\tilde{g}(w, \eta) = g(w) + \eta,$$

其中 $\eta \in \mathbb{R}$ 是观测噪声，而且可能不是高斯分布的。总而言之，该函数是一个黑盒系统，例如是一个人工神经网络（图6.2）。此时，我们就可以用 RM 算法来求解。

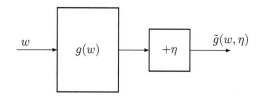

图 6.2　函数 $g(w)$ 的示意图：输入是 w，含噪声的输出是 $\tilde{g}$。

求解 $g(w) = 0$ 的 RM 算法是

$$w_{k+1} = w_k - a_k \tilde{g}(w_k, \eta_k), \qquad k = 1, 2, 3, \ldots \tag{6.5}$$

其中 w_k 是第 k 次方程解的估计值，$\tilde{g}(w_k, \eta_k)$ 是输入 w_k 后输出的观测值，a_k 是一个正系数。可以看到，RM 算法不需要关于函数表达式的任何信息，而仅需要输入和输出。

在分析该算法的理论性质之前，我们先看一个直观的例子以更好地理解 RM 算法。考虑方程 $g(w) = w^3 - 5$，其真实的解是 $w = 5^{1/3} \approx 1.71$。现在我们只能观测输入 w 和输出 $\tilde{g}(w) = g(w) + \eta$，其中假设 η 是独立同分布的，并且服从均值为 0 且标准差为 1 的正态分布。初始值是 $w_1 = 0$，系数是 $a_k = 1/k$。w_k 的演变过程如图6.3所示。尽管观测值受到 η_k 的噪声干扰，但估计的 w_k 仍然可以收敛到真实的解。值得指出的是，如果初始值 w_1 选择的不合适，RM 算法可能会发散，这是由函数 $g(w) = w^3 - 5$ 的一些性质决定的。RM 算法的收敛性将在下一节详细介绍。

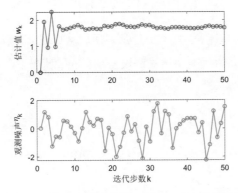

图 6.3　用 RM 算法求解 $g(w) = w^3 - 5$ 的过程。

6.2.1　收敛性质

为什么(6.5)中的 RM 算法能找到 $g(w) = 0$ 的根呢？下面通过一个例子来直观地解释，之后再提供严格的收敛性分析。

在图6.4所示的例子中，$g(w) = \tanh(w - 1)$。因为这个例子很简单，可以知道 $g(w) = 0$ 的真实解是 $w^* = 1$。下面看 RM 算法能否成功得到这个解。选取为 $w_1 = 3$ 和 $a_k = 1/k$。为了更好地说明收敛的原因，我们考虑最简单的没有观测噪声的情况：$\eta_k \equiv 0$，即 $\tilde{g}(w_k, \eta_k) = g(w_k)$。此时，RM 算法变为 $w_{k+1} = w_k - a_k g(w_k)$。图6.4展示了由该算法生成的 $\{w_k\}$。可以看出，w_k 最终成功收敛到 $w^* = 1$。这个简单的例子能从直观上解释为什么 RM 算法会收敛。

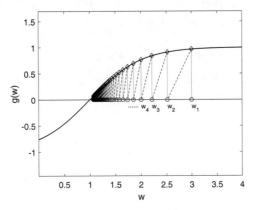

图 6.4　用 RM 算法求解 $g(w) = \tanh(w - 1) = 0$ 的过程。

◇　当 $w_k > w^*$ 时，有 $g(w_k) > 0$。此时 $w_{k+1} = w_k - a_k g(w_k) < w_k$。如果 a_k 足够小，我们有 $w^* < w_{k+1} < w_k$。因此 w_{k+1} 比 w_k 更接近 w^*。

◇　当 $w_k < w^*$ 时，有 $g(w_k) < 0$。此时 $w_{k+1} = w_k - a_k g(w_k) > w_k$。如果 a_k 足够小，

我们有 $w^* > w_{k+1} > w_k$。因此 w_{k+1} 比 w_k 更接近 w^*。

总而言之，因为 w_{k+1} 总是比 w_k 更接近于 w^*，所以从直观上可以知道 w_k 收敛于 w^*。

上面的例子很简单，并没有考虑观测误差。在一般情况下，当有观测误差时，下面的定理给出了严格的收敛性结果。

定理 6.1 (罗宾斯-门罗定理)。在(6.5)的 RM 算法中，如果下面三个条件全部成立：

(a)   存在两个常数 $c_1, c_2 > 0$，使得 $0 < c_1 \leqslant \nabla_w g(w) \leqslant c_2$ 对于所有的 w 成立；

(b) $\sum_{k=1}^{\infty} a_k = \infty$ 且 $\sum_{k=1}^{\infty} a_k^2 < \infty$；

(c) $\mathbb{E}[\eta_k | \mathcal{H}_k] = 0$ 且 $\mathbb{E}[\eta_k^2 | \mathcal{H}_k] < \infty$，其中 $\mathcal{H}_k = \{w_k, w_{k-1}, \dots\}$；

那么 w_k 几乎必然收敛到 $g(w^*) = 0$ 的根 w^*。

罗宾斯-门罗定理（简称 RM 定理）涉及几乎必然（almost surely）收敛的概念，相关概念在附录 B 有详细介绍。这个定理的证明并非一蹴而就，我们将在第 6.3.3 节给出详细证明。下面首先讨论如何理解该定理中的三个条件。

◇   在条件 (a) 中，$0 < c_1 \leqslant \nabla_w g(w)$ 要求 $g(w)$ 是一个单调递增的函数。这个条件确保 $g(w) = 0$ 的根存在并且是唯一的。

如果 $g(w)$ 是一个目标函数 $J(w)$ 的梯度，即 $g(w) \doteq \nabla_w J(w)$，那么 $c_1 \leqslant \nabla_w g(w)$ 等价于 $c_1 \leqslant \nabla_w^2 J(w)$，这意味着 $J(w)$ 是凸的（convex），这是在优化问题中经常采用的假设，也说明该条件是比较宽松的。此外，如果 $g(w)$ 是单调递减的，我们可以简单地将 $-g(w)$ 视为一个新的单调递增的函数。

不等式 $\nabla_w g(w) \leqslant c_2$ 表明 $g(w)$ 的梯度不能趋于无穷。$g(w) = \tanh(w - 1)$ 是满足这个条件的，但是前面提到过的一个例子 $g(w) = w^3 - 5$ 则不满足这个条件。因此，当我们用 RM 算法求解 $g(w) = w^3 - 5 = 0$ 时，需要选取合适的初始值，否则可能发散。

◇   条件 (b) 是关于 a_k 的，我们经常在强化学习算法中看到类似的条件。其中 $\sum_{k=1}^{\infty} a_k^2 < \infty$ 意味着 $\lim_{n \to \infty} \sum_{k=1}^{n} a_k^2$ 是有上界的，这要求 a_k 随着 $k \to \infty$ 收敛到 0。条件 $\sum_{k=1}^{\infty} a_k = \infty$ 意味着 $\lim_{n \to \infty} \sum_{k=1}^{n} a_k$ 是无限大的，这要求 a_k 不能太快地收敛到 0。这些条件很有意思，稍后将做详细分析。

◇   条件 (c) 是关于噪声 η_k 的，它并不要求观测误差 η_k 是高斯分布的。该条件成立的一个重要特例是 $\{\eta_k\}$ 是一个独立同分布的随机序列，因此满足 $\mathbb{E}[\eta_k] = 0$ 且 $\mathbb{E}[\eta_k^2] < \infty$。此时，因为 η_k 与 $\mathcal{H}_k$ 是独立的，所以 $\mathbb{E}[\eta_k | \mathcal{H}_k] = \mathbb{E}[\eta_k] = 0$ 且 $\mathbb{E}[\eta_k^2 | \mathcal{H}_k] = \mathbb{E}[\eta_k^2]$。

下面更加细致地讨论定理6.1中的条件 (b)，即关于 a_k 的条件。

◇ 为什么条件 (b) 对 RM 算法的收敛是必要的？

当然，我们稍后给出的定理的严格证明可以很自然地回答这个问题。不过，我们先简要介绍一下其基本思想。

第一，条件 $\sum_{k=1}^{\infty} a_k^2 < \infty$ 要求随着 $k \to \infty$ 时 $a_k \to 0$。这个条件为什么重要呢？由于

$$w_{k+1} - w_k = -a_k \tilde{g}(w_k, \eta_k),$$

如果 $a_k \to 0$，那么 $a_k \tilde{g}(w_k, \eta_k) \to 0$（假设 $\tilde{g}(w_k, \eta_k)$ 总是有界的）。因此，$w_{k+1} - w_k \to 0$，即当 $k \to \infty$ 时 w_{k+1} 与 w_k 非常接近。反过来说，如果 a_k 不会收敛到 0，那么 w_{k+1} 可能不会与 w_k 很近，因此 w_k 会一直波动而无法收敛。

第二，条件 $\sum_{k=1}^{\infty} a_k = \infty$ 表明 a_k 不能太快收敛到 0。这个条件为什么重要呢？如果我们把 RM 算法的每一步写出来，可得 $w_2 - w_1 = -a_1 \tilde{g}(w_1, \eta_1)$，$w_3 - w_2 = -a_2 \tilde{g}(w_2, \eta_2)$，$w_4 - w_3 = -a_3 \tilde{g}(w_3, \eta_3)$，$\ldots$。把这些式子两边分别相加可以得到

$$w_1 - w_{\infty} = \sum_{k=1}^{\infty} a_k \tilde{g}(w_k, \eta_k).$$

我们用反证法。假设 $\sum_{k=1}^{\infty} a_k < \infty$，进而 $|\sum_{k=1}^{\infty} a_k \tilde{g}(w_k, \eta_k)|$ 也是有上界的，令 b 表示这个上界。因此可以得到

$$|w_1 - w_{\infty}| = \left| \sum_{k=1}^{\infty} a_k \tilde{g}(w_k, \eta_k) \right| \leqslant b. \tag{6.6}$$

此时，如果我们选取的初始值 w_1 离方程的解 w^* 很远，以至于 $|w_1 - w^*| > b$，那么(6.6)告诉我们 $w_{\infty} = w^*$ 是不可能的，所以在这种情况下 RM 算法无法找到 w^*。因此，为了确保选取任意初始值时 RM 算法都能收敛，条件 $\sum_{k=1}^{\infty} a_k = \infty$ 是必需的。

◇ 什么样的序列 $\{a_k\}_{k=1}^{\infty}$ 满足 $\sum_{k=1}^{\infty} a_k = \infty$ 且 $\sum_{k=1}^{\infty} a_k^2 < \infty$ 呢？

一个典型的序列是

$$a_k = \frac{1}{k}.$$

一方面，$\{a_k = 1/k\}$ 满足

$$\lim_{n \to \infty} \left(\sum_{k=1}^{n} \frac{1}{k} - \ln n \right) = \kappa,$$

其中 $\kappa \approx 0.577$ 称为欧拉-马歇罗尼常数（Euler-Mascheroni constant）或欧拉常数（Euler's constant）[28]。上式表明 $\sum_{k=1}^{n} \frac{1}{k}$ 与 $\ln n$ 在 $n \to \infty$ 时的误差是一个很小的

常数。由于当 $n \to \infty$ 时 $\ln n \to \infty$，因此

$$\sum_{k=1}^{\infty} \frac{1}{k} = \infty.$$

实际上，$\sum_{k=1}^{n} \frac{1}{k}$ 在数论中有一个专门的名字：调和数（harmonic number）。更多信息可参见 [29]。

另一方面，$\{a_k = 1/k\}$ 满足

$$\sum_{k=1}^{\infty} \frac{1}{k^2} = \frac{\pi^2}{6} < \infty.$$

为什么上式成立呢？求解 $\sum_{k=1}^{\infty} \frac{1}{k^2}$ 的值的问题被称为巴塞尔问题（Basel problem），更多信息可参见 [30]。

综上所述，序列 $\{a_k = 1/k\}$ 满足定理6.1中的条件 (b)。值得注意的是，对条件 (b) 稍加修改（例如 $a_k = 1/(k+1)$ 或 $a_k = 10/k$）仍然可以满足条件 (b)。

值得一提的是，a_k 在实际中常常会被选择为一个小的正数。此时，条件 $\sum_{k=1}^{\infty} a_k = \infty$ 仍然成立，但是条件 $\sum_{k=1}^{\infty} a_k^2 < \infty$ 不再成立。这样选择 a_k 的原因是它能够很好地利用后面（k 比较大时）得到的样本。否则，如果 a_k 逐渐收敛到 0，那么当 k 较大时，得到的数据对 w_k 的影响已经微乎其微了。实际上，当 a_k 恒等于一个正数时，算法仍然可以在某种意义上收敛，详情参见 [24, 第1.5节]。实际中，我们之所以希望 k 比较大时样本数据仍然有效，其本质原因是这可以应对时变系统（例如函数 $g(w)$ 随时间缓慢变化）。

6.2.2 在期望值估计问题中的应用

第6.1节已经对增量式期望值估计算法有过讨论。我们先简要回忆一下。式(6.4)给出了一个迭代算法：$w_{k+1} = w_k + \alpha_k(x_k - w_k)$。当 $\alpha_k = 1/k$ 时，可以得到 w_{k+1} 的解析表达式为 $w_{k+1} = 1/k \sum_{i=1}^{k} x_i$。然而，当 α_k 取一般值时，我们将无法得到 w_{k+1} 的解析表达式。此时这个算法仍然能求解期望值估计问题吗？

下面展示算法(6.4)实际上是一个特殊的 RM 算法，因此其收敛性也可以得到保证。具体来说，定义如下函数：

$$g(w) \doteq w - \mathbb{E}[X].$$

此时，求解期望值 $\mathbb{E}[X]$ 的问题可以转换成求解方程 $g(w) = 0$ 的问题。由于我们能得到 X 的随机样本 x，对任意给定的 w 值，我们能获得的带噪声的观测值为 $\tilde{g} \doteq w - x$。

$\tilde{g}$可以进一步写成

$$
\begin{aligned}
\tilde{g}(w, \eta) &= w - x \\
&= w - x + \mathbb{E}[X] - \mathbb{E}[X] \\
&= (w - \mathbb{E}[X]) + (\mathbb{E}[X] - x) \doteq g(w) + \eta,
\end{aligned}
$$

其中$\eta \doteq \mathbb{E}[X] - x$。这样我们就把期望值估计的问题转换为一个可以用RM算法求解的问题。相应的RM算法是

$$
w_{k+1} = w_k - \alpha_k \tilde{g}(w_k, \eta_k) = w_k - \alpha_k(w_k - x_k).
$$

上式正是(6.4)中的算法。根据定理6.1，如果$\sum_{k=1}^{\infty} \alpha_k = \infty$且$\sum_{k=1}^{\infty} \alpha_k^2 < \infty$，并且$\{x_k\}$是独立同分布的，那么$w_k$将几乎必然收敛到$\mathbb{E}[X]$。值得一提的是，该收敛性质不依赖于$X$的分布假设。

6.3　Dvoretzky定理

下面证明定理6.1从而证明RM算法的收敛性。为此，我们首先介绍一个重要的结果：Dvoretzky 定理 [31, 32]。这是随机近似领域的一个经典结果，该结果可以用来分析RM算法以及许多强化学习算法的收敛性。

值得提醒大家的是，本节有较多的数学内容。如果大家对随机近似算法的收敛分析感兴趣，推荐阅读本节；否则可以跳过这一节，并不会影响后续章节的学习。

定理 6.2 (Dvoretzky 定理)．考虑如下的随机过程：

$$
\Delta_{k+1} = (1 - \alpha_k)\Delta_k + \beta_k \eta_k,
$$

其中$\{\alpha_k\}_{k=1}^{\infty}, \{\beta_k\}_{k=1}^{\infty}, \{\eta_k\}_{k=1}^{\infty}$是随机序列，且$\alpha_k \geqslant 0, \beta_k \geqslant 0$。如果以下条件成立，那么$\Delta_k$将几乎必然收敛到0：

(a)　$\sum_{k=1}^{\infty} \alpha_k = \infty$，$\sum_{k=1}^{\infty} \alpha_k^2 < \infty$，$\sum_{k=1}^{\infty} \beta_k^2 < \infty$一致几乎必然成立；

(b)　$\mathbb{E}[\eta_k | \mathcal{H}_k] = 0$并且$\mathbb{E}[\eta_k^2 | \mathcal{H}_k] \leqslant C$几乎必然成立。

其中$\mathcal{H}_k = \{\Delta_k, \Delta_{k-1}, \ldots, \eta_{k-1}, \ldots, \alpha_{k-1}, \ldots, \beta_{k-1}, \ldots\}$。

在证明这个定理之前，我们首先解释该定理中的一些条件。

◇　在RM算法中，序列$\{a_k\}$是确定性的。在Dvoretzky定理中，$\{\alpha_k\}$和$\{\beta_k\}$可

以是依赖 $\mathcal{H}_k$ 的随机变量，这更加一般化，可以处理 α_k 和 β_k 是 Δ_k 的函数的情况。

◇ Dvoretzky 定理的第一个条件涉及"一致几乎必然"（uniformly almost surely），这是因为当 α_k 和 β_k 是随机变量时，其极限的定义必须是在随机意义上的。第二个条件也提到了"几乎必然"。这是因为 $\mathcal{H}_k$ 是随机变量，此时条件期望 $\mathbb{E}[\eta_k|\mathcal{H}_k]$ 和 $\mathbb{E}[\eta_k^2|\mathcal{H}_k]$ 也是随机变量，其定义是在"几乎必然"意义上的。详情可参见附录B。

◇ 定理6.2的表述与 [32] 略有不同：其第一个条件不要求 $\sum_{k=1}^{\infty} \beta_k = \infty$，这是因为当 $\sum_{k=1}^{\infty} \beta_k < \infty$，特别是在极端情况下 $\beta_k = 0$ 时，序列仍然可以收敛。

6.3.1 Dvoretzky 定理的证明

Dvoretzky 定理的证明有多种方法，其原始证明在 1956 年给出 [31]。下面给出一种基于准鞅（quasi-martingale）的证明。利用准鞅的收敛性性质，Dvoretzky 定理的证明会更加容易。关于准鞅的更多信息可参见附录C。

证明： [证明 Dvoretzky 定理] 设 $h_k \doteq \Delta_k^2$。那么，

$$
\begin{aligned}
h_{k+1} - h_k &= \Delta_{k+1}^2 - \Delta_k^2 \\
&= (\Delta_{k+1} - \Delta_k)(\Delta_{k+1} + \Delta_k) \\
&= (-\alpha_k \Delta_k + \beta_k \eta_k)[(2 - \alpha_k)\Delta_k + \beta_k \eta_k] \\
&= -\alpha_k(2 - \alpha_k)\Delta_k^2 + \beta_k^2 \eta_k^2 + 2(1 - \alpha_k)\beta_k \eta_k \Delta_k.
\end{aligned}
$$

对上式两边取期望可得

$$
\mathbb{E}[h_{k+1} - h_k|\mathcal{H}_k] = \mathbb{E}[-\alpha_k(2 - \alpha_k)\Delta_k^2|\mathcal{H}_k] + \mathbb{E}[\beta_k^2 \eta_k^2|\mathcal{H}_k] + \mathbb{E}[2(1 - \alpha_k)\beta_k \eta_k \Delta_k|\mathcal{H}_k].
$$
$$(6.7)$$

首先，由于 Δ_k 被包含在 $\mathcal{H}_k$ 中，因此可以从条件期望中提取出来（参见 Lemma B.1 的性质 (e)）。其次，假设 α_k, β_k 可由 $\mathcal{H}_k$ 确定，此假设在 $\{\alpha_k\}$ 和 $\{\beta_k\}$ 是确定性序列或者是 Δ_k 的函数时是成立的。此时，它们也可以从条件期望中提取出来。这样(6.7)就变成了

$$
\mathbb{E}[h_{k+1} - h_k|\mathcal{H}_k] = -\alpha_k(2 - \alpha_k)\Delta_k^2 + \beta_k^2 \mathbb{E}[\eta_k^2|\mathcal{H}_k] + 2(1 - \alpha_k)\beta_k \Delta_k \mathbb{E}[\eta_k|\mathcal{H}_k].
$$
$$(6.8)$$

对于第一项，因为 $\sum_{k=1}^{\infty} \alpha_k^2 < \infty$ 可以推出 $\alpha_k \to 0$ 是几乎必然的，所以存在一个有限的 n 使得几乎必然对所有 $k \geqslant n$ 有 $\alpha_k \leqslant 1$。不失一般性，我们只考虑 $k \geqslant n$ 即 $\alpha_k \leqslant 1$ 的情况。此时，$-\alpha_k(2-\alpha_k)\Delta_k^2 \leqslant 0$。对于第二项，根据定理中的条件，我们有 $\beta_k^2 \mathbb{E}[\eta_k^2|\mathcal{H}_k] \leqslant \beta_k^2 C$。第三项等于 0，这可以由定理中的条件 $\mathbb{E}[\eta_k|\mathcal{H}_k] = 0$ 得到。因此，(6.8)变为

$$\mathbb{E}[h_{k+1} - h_k|\mathcal{H}_k] = -\alpha_k(2-\alpha_k)\Delta_k^2 + \beta_k^2 \mathbb{E}[\eta_k^2|\mathcal{H}_k] \leqslant \beta_k^2 C, \tag{6.9}$$

即

$$\sum_{k=1}^{\infty} \mathbb{E}[h_{k+1} - h_k|\mathcal{H}_k] \leqslant \sum_{k=1}^{\infty} \beta_k^2 C < \infty.$$

上式中的第二个小于号是因为 $\sum_{k=1}^{\infty} \beta_k^2 < \infty$。基于附录C中的准鞅收敛定理，我们得出 h_k 是几乎必然收敛的。

下面确定 Δ_k 会收敛到什么值。根据(6.9)可得

$$\sum_{k=1}^{\infty} \alpha_k(2-\alpha_k)\Delta_k^2 = \sum_{k=1}^{\infty} \beta_k^2 \mathbb{E}[\eta_k^2|\mathcal{H}_k] - \sum_{k=1}^{\infty} \mathbb{E}[h_{k+1} - h_k|\mathcal{H}_k].$$

根据定理中的条件，上式右侧第一项是有界的，第二项也是有界的，这是因为 h_k 是收敛的，从而 $h_{k+1} - h_k$ 是可求和的。因此，等式左边的 $\sum_{k=1}^{\infty} \alpha_k(2-\alpha_k)\Delta_k^2$ 也是有界的。由于我们考虑的是 $\alpha_k \leqslant 1$ 的情况，可得

$$\infty > \sum_{k=1}^{\infty} \alpha_k(2-\alpha_k)\Delta_k^2 \geqslant \sum_{k=1}^{\infty} \alpha_k \Delta_k^2 \geqslant 0.$$

因此 $\sum_{k=1}^{\infty} \alpha_k \Delta_k^2$ 是有界的。由于 $\sum_{k=1}^{\infty} \alpha_k = \infty$，可得 $\Delta_k \to 0$ 是几乎必然的。

6.3.2 应用于分析期望值估计算法

对于期望值估计算法 $w_{k+1} = w_k + \alpha_k(x_k - w_k)$，我们已经在第6.2.2节使用 RM 定理分析了其收敛性。下面展示其收敛性也可以直接通过 Dvoretzky 定理来证明。

证明：设 $w^* = \mathbb{E}[X]$。期望值估计算法 $w_{k+1} = w_k + \alpha_k(x_k - w_k)$ 可以重写为

$$w_{k+1} - w^* = w_k - w^* + \alpha_k(x_k - w^* + w^* - w_k).$$

令 $\Delta \doteq w - w^*$。那么上式可写成

$$\Delta_{k+1} = \Delta_k + \alpha_k(x_k - w^* - \Delta_k)$$
$$= (1 - \alpha_k)\Delta_k + \alpha_k \underbrace{(x_k - w^*)}_{\eta_k}.$$

由于 $\{x_k\}$ 是独立同分布的，我们有 $\mathbb{E}[x_k|\mathcal{H}_k] = \mathbb{E}[x_k] = w^*$。因此，$\mathbb{E}[\eta_k|\mathcal{H}_k] = \mathbb{E}[x_k - w^*|\mathcal{H}_k] = 0$，并且 $\mathbb{E}[\eta_k^2|\mathcal{H}_k] = \mathbb{E}[x_k^2|\mathcal{H}_k] - (w^*)^2 = \mathbb{E}[x_k^2] - (w^*)^2$ 在 x_k 的方差有限的情况下是有界的。根据 Dvoretzky 定理，可知 Δ_k 几乎必然收敛至 0，因此 w_k 几乎必然收敛至 $w^* = \mathbb{E}[X]$。

6.3.3 应用于证明罗宾斯-门罗定理

之前我们在给出罗宾斯-门罗定理（RM 定理）时并没有给出其证明，下面使用 Dvoretzky 定理来证明 RM 定理。

证明: [证明 RM 定理] RM 算法旨在求解 $g(w) = 0$。假设其真实解是 w^*，即 $g(w^*) = 0$。RM 算法的表达式为

$$w_{k+1} = w_k - a_k\tilde{g}(w_k, \eta_k)$$
$$= w_k - a_k[g(w_k) + \eta_k].$$

在上式两边同减去 w^* 可得

$$w_{k+1} - w^* = w_k - w^* - a_k[g(w_k) - g(w^*) + \eta_k].$$

根据中值定理 [7, 8] 可得 $g(w_k) - g(w^*) = \nabla_w g(w_k')(w_k - w^*)$，其中 $w_k' \in [w_k, w^*]$。如果进一步设 $\Delta_k \doteq w_k - w^*$，则上述方程变为

$$\Delta_{k+1} = \Delta_k - a_k[\nabla_w g(w_k')(w_k - w^*) + \eta_k]$$
$$= \Delta_k - a_k\nabla_w g(w_k')\Delta_k + a_k(-\eta_k)$$
$$= [1 - \underbrace{a_k\nabla_w g(w_k')}_{\alpha_k}]\Delta_k + a_k(-\eta_k).$$

首先，RM 定理中的条件 $c_1 \leqslant \nabla_w g(w) \leqslant c_2$ 表明 $\nabla_w g(w)$ 是有界的。此外，由定理中的条件 $\sum_{k=1}^{\infty} a_k = \infty$ 和 $\sum_{k=1}^{\infty} a_k^2 < \infty$，可得 $\sum_{k=1}^{\infty} \alpha_k = \infty$ 和 $\sum_{k=1}^{\infty} \alpha_k^2 < \infty$。因此，Dvoretzky 定理中的条件都是满足的，进而可知 Δ_k 几乎必然收敛到 0。

通过证明 RM 定理，我们知道了 Dvoretzky 定理是一个更加一般化的定理。例

如，虽然上述证明中的 α_k 是一个依赖于 w_k 的随机序列，而并不是一个确定性序列，但是 Dvoretzky 定理仍然适用。

6.3.4 Dvoretzky 定理的推广

下面我们进一步推广 Dvoretzky 定理，从而得到一个能够处理多变量的更加一般化的定理，可用于分析诸如 Q-learning 等随机迭代算法的收敛性。

定理 6.3。 给定一个有限实数集合 $\mathcal{S}$。对 $s \in \mathcal{S}$ 有如下随机过程：

$$\Delta_{k+1}(s) = (1 - \alpha_k(s))\Delta_k(s) + \beta_k(s)\eta_k(s).$$

如果对于所有 $s \in \mathcal{S}$ 下面的条件都成立，那么 $\Delta_k(s)$ 几乎必然收敛到 0：

(a) $\sum_k \alpha_k(s) = \infty$，$\sum_k \alpha_k^2(s) < \infty$，$\sum_k \beta_k^2(s) < \infty$，并且 $\mathbb{E}[\beta_k(s)|\mathcal{H}_k] \leqslant \mathbb{E}[\alpha_k(s)|\mathcal{H}_k]$ 一致几乎必然成立；

(b) $\|\mathbb{E}[\eta_k(s)|\mathcal{H}_k]\|_\infty \leqslant \gamma\|\Delta_k\|_\infty$，其中 $\gamma \in (0,1)$；

(c) $\mathrm{var}[\eta_k(s)|\mathcal{H}_k] \leqslant C(1 + \|\Delta_k(s)\|_\infty)^2$，这里 C 是一个常数。

其中 $\mathcal{H}_k = \{\Delta_k, \Delta_{k-1}, \ldots, \eta_{k-1}, \ldots, \alpha_{k-1}, \ldots, \beta_{k-1}, \ldots\}$ 代表历史信息，$\|\cdot\|_\infty$ 代表最大范数。

该定理可以基于 Dvoretzky 定理得到证明，详细信息可参见 [32]。下面给出一些关于该定理的解释。

◇ 首先澄清定理中的一些符号。变量 s 可以被视为一个索引。在强化学习中，它可以是状态的索引。最大范数 $\|\cdot\|_\infty$ 是定义在一个集合上的。例如，$\|\mathbb{E}[\eta_k(s)|\mathcal{H}_k]\|_\infty \doteq \max_{s \in \mathcal{S}} |\mathbb{E}[\eta_k(s)|\mathcal{H}_k]|$，$\|\Delta_k(s)\|_\infty \doteq \max_{s \in \mathcal{S}} |\Delta_k(s)|$。这与向量的 L^∞ 范数类似但不完全相同。

◇ 该定理比 Dvoretzky 定理更加一般化。首先，它通过使用最大范数 $\|\cdot\|_\infty$ 可以处理多个变量，即证明多个变量对应的随机过程都收敛。这对于处理涉及多个状态的强化学习问题很重要。其次，Dvoretzky 定理要求 $\mathbb{E}[\eta_k(s)|\mathcal{H}_k] = 0$ 且 $\mathrm{var}[\eta_k(s)|\mathcal{H}_k] \leqslant C$，而该定理仅要求期望和方差由误差 Δ_k 界定。

◇ 值得注意的是，$\Delta(s)$ 的收敛性要求定理中的条件对每一个 $s \in \mathcal{S}$ 都是成立的。因此，在应用此定理来证明强化学习算法的收敛性时，我们需要证明该定理中的条件对每个状态（或状态-动作对）都是成立的。

6.4 随机梯度下降

本节将介绍在机器学习领域广为使用的随机梯度下降（stochastic gradient descent，SGD）算法。而且我们将会知道：随机梯度下降算法是一种特殊的 RM 算法，而前面介绍过的期望值估计算法是一种特殊的随机梯度下降算法。

考虑如下优化问题：

$$\min_w J(w) = \mathbb{E}[f(w, X)], \tag{6.10}$$

其中 w 是需要优化的参数，X 是一个随机变量，这里期望值是针对 X 的。这里 w 和 X 可以是标量或者向量，而函数 $f(\cdot)$ 是一个标量。

解决 (6.10) 的常见方法是梯度下降（gradient descent）。由于 $\mathbb{E}[f(w, X)]$ 的梯度是 $\nabla_w \mathbb{E}[f(w, X)] = \mathbb{E}[\nabla_w f(w, X)]$，相应的梯度下降算法是

$$w_{k+1} = w_k - \alpha_k \nabla_w J(w_k) = w_k - \alpha_k \mathbb{E}[\nabla_w f(w_k, X)]. \tag{6.11}$$

梯度下降算法在一些条件下（例如 f 是凸函数）可以找到全局最优解 w^*。关于梯度下降算法的更多信息可参见附录 D。

梯度下降算法需要依赖于期望值 $\mathbb{E}[\nabla_w f(w_k, X)]$。我们知道有两种获取期望值的方法（见第 5.1 节）。第一种方法是基于模型的方法，即利用 X 的概率分布和期望值的定义直接计算，然而 X 的概率分布可能是难以得到的；第二种方法是基于数据的方法，即利用独立同分布的样本 $\{x_i\}_{i=1}^n$ 来计算：

$$\mathbb{E}[\nabla_w f(w_k, X)] \approx \frac{1}{n} \sum_{i=1}^n \nabla_w f(w_k, x_i).$$

此时 (6.11) 变为

$$w_{k+1} = w_k - \frac{\alpha_k}{n} \sum_{i=1}^n \nabla_w f(w_k, x_i). \tag{6.12}$$

算法 (6.12) 的问题在于它在每次迭代中都需要所有样本。如果样本是逐个得到的，则可以用下面的算法：

$$w_{k+1} = w_k - \alpha_k \nabla_w f(w_k, x_k). \tag{6.13}$$

其中 x_k 是在时刻 k 得到的样本。上式就是著名的随机梯度下降算法，它之所以被称为随机梯度下降，是因为它用一个基于单个随机样本得到的随机梯度 $\nabla_w f(w_k, x_k)$ 来替换梯度下降算法中的真实梯度 $\mathbb{E}[\nabla_w f(w_k, X)]$。

由于随机梯度 $\nabla_w f(w_k, x_k)$ 不等于真实梯度 $\mathbb{E}[\nabla_w f(w, X)]$，那么替换后该算法能否确保当 $k \to \infty$ 时 $w_k \to w^*$ 呢？答案是可以的。下面我们先给出一个直观的解释，之

后在第6.4.5节给出严格的证明。具体来说，随机梯度可以重新写成

$$\nabla_w f(w_k, x_k) = \mathbb{E}[\nabla_w f(w_k, X)] + \Big(\nabla_w f(w_k, x_k) - \mathbb{E}[\nabla_w f(w_k, X)]\Big)$$

$$\doteq \mathbb{E}[\nabla_w f(w_k, X)] + \eta_k.$$

上式表明随机梯度等于真实梯度加一个噪声项 η_k。将该式代入(6.13)可得

$$w_{k+1} = w_k - \alpha_k \mathbb{E}[\nabla_w f(w_k, X)] - \alpha_k \eta_k.$$

因此，随机梯度下降算法与常规的梯度下降算法的差异仅仅是一个噪声项 $\alpha_k \eta_k$。由于 $\{x_k\}$ 是独立同分布的，我们有 $\mathbb{E}_{x_k}[\nabla_w f(w_k, x_k)] = \mathbb{E}_X[\nabla_w f(w_k, X)]$。因此，$\eta_k$ 的期望值等于0：

$$\mathbb{E}[\eta_k] = \mathbb{E}\Big[\nabla_w f(w_k, x_k) - \mathbb{E}[\nabla_w f(w_k, X)]\Big] = \mathbb{E}_{x_k}[\nabla_w f(w_k, x_k)] - \mathbb{E}_X[\nabla_w f(w_k, X)] = 0.$$

在直观上，由于噪声的均值等于0，因此它应该不会对收敛性造成太大的危害。更严格的证明将在第6.4.5节中给出。

6.4.1 应用于期望值估计

下面我们用随机梯度下降算法来解决期望值估计问题，我们将看到前面式(6.4)给出的期望值估计算法是一个特殊的随机梯度下降算法。

首先，将期望值估计问题描述为一个优化问题：

$$\min_w J(w) = \mathbb{E}\left[\frac{1}{2}\|w - X\|^2\right] \doteq \mathbb{E}[f(w, X)], \tag{6.14}$$

其中 $f(w, X) \doteq \|w - X\|^2/2$，其梯度为 $\nabla_w f(w, X) = w - X$。通过求解 $\nabla_w J(w) = 0$ 可以知道该优化问题的最优解是 $w^* = \mathbb{E}[X]$。因此，该优化问题等价于期望值估计问题。

◇ 用于求解(6.14)的梯度下降算法是

$$w_{k+1} = w_k - \alpha_k \nabla_w J(w_k)$$

$$= w_k - \alpha_k \mathbb{E}[\nabla_w f(w_k, X)]$$

$$= w_k - \alpha_k \mathbb{E}[w_k - X].$$

该梯度下降算法无法直接使用，因为其右侧的 $\mathbb{E}[w_k - X]$ 或 $\mathbb{E}[X]$ 是未知的。实际上，$\mathbb{E}[X]$ 正是我们需要求解的。

◇ 用于求解(6.14)的随机梯度下降算法是

$$w_{k+1} = w_k - \alpha_k \nabla_w f(w_k, x_k) = w_k - \alpha_k(w_k - x_k),$$

其中 x_k 是在时刻 k 获得的样本。这个随机梯度下降算法与(6.4)给出的期望值估计算法是一模一样的。因此，(6.4)是一个用于求解期望值估计的随机梯度下降算法。

6.4.2 随机梯度下降的收敛模式

随机梯度下降算法的思想是用随机梯度替代真实梯度。由于随机梯度是随机的，读者可能会问其收敛速度是不是很慢或者很随机。实际上，随机梯度下降算法通常可以高效收敛。一个有趣的模式是：当估计值 w_k 远离最优解 w^* 时，随机梯度下降的收敛与常规梯度下降算法类似；只有当 w_k 接近 w^* 时，随机梯度下降的收敛才会表现出更多的随机性。下面是对这一收敛模式的分析和示例。

◇ **分析**。定义随机梯度与真实梯度之间的相对误差：

$$\delta_k \doteq \frac{|\nabla_w f(w_k, x_k) - \mathbb{E}[\nabla_w f(w_k, X)]|}{|\mathbb{E}[\nabla_w f(w_k, X)]|}.$$

简单起见，考虑 w 和 $\nabla_w f(w, x)$ 都是标量的情况。由于 w^* 是最优解，因此有 $\mathbb{E}[\nabla_w f(w^*, X)] = 0$。此时，上式可以重新写为

$$\delta_k = \frac{|\nabla_w f(w_k, x_k) - \mathbb{E}[\nabla_w f(w_k, X)]|}{|\mathbb{E}[\nabla_w f(w_k, X)] - \mathbb{E}[\nabla_w f(w^*, X)]|} = \frac{|\nabla_w f(w_k, x_k) - \mathbb{E}[\nabla_w f(w_k, X)]|}{|\mathbb{E}[\nabla_w^2 f(\tilde{w}_k, X)(w_k - w^*)]|}. \tag{6.15}$$

上式中第二个等号是根据中值定理 [7, 8] 得出的，其中 $\tilde{w}_k \in [w_k, w^*]$。假设 f 是严格凸的，即对任意 w 和 X 有 $\nabla_w^2 f \geqslant c > 0$。此时(6.15)的分母变为

$$\left|\mathbb{E}[\nabla_w^2 f(\tilde{w}_k, X)(w_k - w^*)]\right| = \left|\mathbb{E}[\nabla_w^2 f(\tilde{w}_k, X)]\right| |(w_k - w^*)|$$

$$\geqslant c|w_k - w^*|.$$

将上述不等式代入(6.15)中可得

$$\delta_k \leqslant \frac{|\overbrace{\nabla_w f(w_k, x_k)}^{\text{随机梯度}} - \overbrace{\mathbb{E}[\nabla_w f(w_k, X)]}^{\text{真实梯度}}|}{\underbrace{c|w_k - w^*|}_{\text{估计的绝对误差}}}.$$

上式表明了梯度的相对误差 δ_k 与估计的绝对误差 $|w_k - w^*|$ 呈反比。当 $|w_k - w^*|$ 较大时，δ_k 较小，此时随机梯度和真实梯度差不多，因此随机梯度下降算法的表现类似于梯度下降算法，进而 w_k 会迅速接近 w^*，这是我们希望看到的良好性质。当 $|w_k - w^*|$ 较小时，梯度的相对误差 δ_k 可能会很大，此时随机梯度下降算法的表现相比梯度下降会有更大的随机性，这是使用随机样本难以避免的问题，可以通过使用更多的数据和较小的学习率来缓解随机性问题。

◇ **示例。** 下面我们以期望值估计为例来展示上述的收敛模式。考虑式(6.14)中的期望值估计问题。当 w 和 X 都是标量时，我们有 $f(w, X) = |w - X|^2/2$，进而可得

$$\nabla_w f(w, x_k) = w - x_k,$$

$$\mathbb{E}[\nabla_w f(w, x_k)] = w - \mathbb{E}[X] = w - w^*.$$

此时可以计算得到梯度的相对误差为

$$\delta_k = \frac{|\nabla_w f(w_k, x_k) - \mathbb{E}[\nabla_w f(w_k, X)]|}{|\mathbb{E}[\nabla_w f(w_k, X)]|}$$

$$= \frac{|(w_k - x_k) - (w_k - \mathbb{E}[X])|}{|w_k - w^*|}$$

$$= \frac{|\mathbb{E}[X] - x_k|}{|w_k - w^*|}.$$

从上式可知两个有意思的性质。第一，δ_k 与 $|w_k - w^*|$ 呈反比，这与前面的分析是一致的，即当 w_k 离 w^* 比较远时，随机梯度下降和梯度下降的行为是类似的。第二，δ_k 与 $|\mathbb{E}[X] - x_k|$ 呈正比，这也是一个有意思的性质。实际上，$|\mathbb{E}[X] - x_k|$ 与 X 的方差有关，这是因为方差的定义是 $\text{var}(X) = \mathbb{E}[(\mathbb{E}[X] - X)^2]$。因此，当方差很小时，$|\mathbb{E}[X] - x_k|$ 的值是比较小的，进而 δ_k 是比较小的，此时随机梯度下降的行为会更加接近梯度下降算法。

图6.5给出了一个期望值估计的例子。这里 $X \in \mathbb{R}^2$ 代表一个边长为20的正方形区域内的一个随机位置，其分布是均匀的，且其真实期望值在原点。该估计过程依赖于100个独立同分布的样本。可以看出，虽然初始估计距离真实值很远，但是随机梯度下降能很快接近原点。当估计值接近原点时，收敛过程会表现出一定的随机性。这些现象与前面的理论分析是一致的。

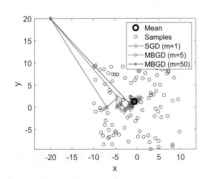
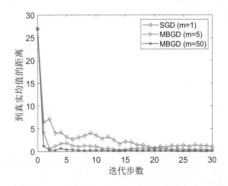

图 6.5　对比随机梯度下降和（小批量）梯度下降算法。其中 $\alpha_k = 1/k$。随机变量 $X \in \mathbb{R}^2$ 随机均匀分布在一个以原点为中心、边长为20的正方形区域内。估计过程依赖于100个独立同分布的样本。

6.4.3　随机梯度下降的另一种描述

式(6.13)描述的随机梯度下降是涉及随机变量的。有的读者可能会在其他资料中看到另一种描述随机梯度下降算法的方式，而其中并不显式地涉及任何随机变量。

具体来说，考虑一组实数 $\{x_i\}_{i=1}^n$，其中 x_i 并非任何随机变量的样本。这里要解决的优化问题是最小化平均值：

$$\min_w J(w) = \frac{1}{n} \sum_{i=1}^n f(w, x_i), \tag{6.16}$$

其中 $f(w, x_i)$ 是一个参数化的函数。解决这个问题的梯度下降算法是

$$w_{k+1} = w_k - \alpha_k \nabla_w J(w_k) = w_k - \alpha_k \frac{1}{n} \sum_{i=1}^n \nabla_w f(w_k, x_i).$$

如果集合 $\{x_i\}_{i=1}^n$ 很大，并且我们每次只能获取一个元素，此时可以用下式来更新 w_k：

$$w_{k+1} = w_k - \alpha_k \nabla_w f(w_k, x_k). \tag{6.17}$$

注意这里的 x_k 是在时刻 k 得到的值，并非集合 $\{x_i\}_{i=1}^n$ 中的第 k 个元素。

读者可能已经注意到(6.17)中的算法与随机梯度下降非常相似。然而，其问题描述看起来与之前介绍的随机梯度下降非常不同，这是因为它并不涉及任何随机变量或期望值。因此，许多问题也随之而来。例如，这个算法是随机梯度下降吗？我们应该如何合理地从 $\{x_i\}_{i=1}^n$ 中抽取元素？是应该按某种顺序对这些数字排序后一个接一个地使用它们，还是应该从集合中随机抽取？

这些问题看似复杂，但实际上很简单。上述描述中确实没有涉及随机变量，不过我们可以通过人为引入随机变量，将上述表述转换为一个我们熟悉的涉及随机变量的描述。具体来说，设 X 为定义在集合 $\{x_i\}_{i=1}^n$ 上的随机变量。假设其概率分布是均匀的，即 $p(X = x_i) = 1/n$。此时，式(6.16)中的优化问题就变成了

$$\min_w J(w) = \frac{1}{n} \sum_{i=1}^n f(w, x_i) = \mathbb{E}[f(w, X)].$$

上式中的第二个等号是严格成立的而不是近似。因此，(6.17)中的算法确实是求解上面这个优化问题的随机梯度下降算法。而且从理论上来说，由于 x_k 应该是独立同分布的，这要求每次获得 x_k 应该独立同分布地从 $\{x_i\}_{i=1}^n$ 中采样，因此不能将这些数字按照一定顺序排序进而一个一个地使用。此外，由于是随机采样，因此有可能会重复取到 $\{x_i\}_{i=1}^n$ 中的同一个值。

6.4.4 小批量梯度下降

随机梯度下降在每次迭代中仅使用一个样本。下面介绍小批量梯度下降（mini-batch gradient descent，MBGD），它在每次迭代中会使用更多的样本。如果每次迭代使用所有样本，那么该算法被称为批量梯度下降（batch gradient descent，BGD）。

具体来说，我们的目标是最小化目标函数 $J(w) = \mathbb{E}[f(w, X)]$。我们有一组 X 的随机样本 $\{x_i\}_{i=1}^n$。解决这个优化问题的 BGD、MBGD、SGD 算法分别是

$$w_{k+1} = w_k - \alpha_k \frac{1}{n} \sum_{i=1}^n \nabla_w f(w_k, x_i), \qquad \text{(BGD)}$$

$$w_{k+1} = w_k - \alpha_k \frac{1}{m} \sum_{j \in \mathcal{I}_k} \nabla_w f(w_k, x_j), \qquad \text{(MBGD)}$$

$$w_{k+1} = w_k - \alpha_k \nabla_w f(w_k, x_k). \qquad \text{(SGD)}$$

第一，BGD 算法在每一次迭代中都用到了所有样本，因此 $(1/n) \sum_{i=1}^n \nabla_w f(w_k, x_i)$ 也更加接近于真实梯度 $\mathbb{E}[\nabla_w f(w_k, X)]$。第二，MBGD 算法在每次迭代中仅使用一小批样本，这批样本的集合记作 $\mathcal{I}_k$，这批样本也是独立同分布的，样本数量记作 $|\mathcal{I}_k| = m$。第三，SGD 算法在每次迭代中仅用到一个样本 x_k，它是在时刻 k 随机从 $\{x_i\}_{i=1}^n$ 中采样得到的。

MBGD 可以被视为 SGD 和 BGD 之间的中间版本。与 SGD 相比，MBGD 的随机性较小，收敛速度通常更快，因为它使用的样本比 SGD 更多。与 BGD 相比，MBGD 不需要在每次迭代中使用所有样本，因此更加灵活。如果 $m = 1$，那么 MBGD 变成 SGD。然而，如果 $m = n$，MBGD 仍然与 BGD 有细微区别，这是因为 MBGD 使用 n 个随机获取的样本，这些样本可能重复从而无法涵盖 $\{x_i\}_{i=1}^n$ 的所有值，而 BGD 使用了 $\{x_i\}_{i=1}^n$ 中的所有值。

下面再次考虑期望值估计问题，并以此来例证上面的分析。具体来说，给定 $\{x_i\}_{i=1}^n$，我们的目标是计算均值 $\bar{x} = \sum_{i=1}^n x_i/n$。这个问题可以等价地表述为以下优化问题：

$$\min_w J(w) = \frac{1}{2n} \sum_{i=1}^n \|w - x_i\|^2.$$

通过求解 $\nabla J(w) = 0$ 不难得到其最优解为 $w^* = \bar{x}$。下面我们用 BGD、MBGD、SGD 来解决这个优化问题：

$$w_{k+1} = w_k - \alpha_k \frac{1}{n} \sum_{i=1}^n (w_k - x_i) = w_k - \alpha_k(w_k - \bar{x}), \qquad \text{(BGD)}$$

$$w_{k+1} = w_k - \alpha_k \frac{1}{m} \sum_{j \in \mathcal{I}_k} (w_k - x_j) = w_k - \alpha_k \left(w_k - \bar{x}_k^{(m)} \right), \qquad \text{(MBGD)}$$

$$w_{k+1} = w_k - \alpha_k(w_k - x_k), \qquad \text{(SGD)}$$

其中 $\bar{x}_k^{(m)} = \sum_{j \in \mathcal{I}_k} x_j / m$。如果进一步令 $\alpha_k = 1/k$，上述算法变成

$$w_{k+1} = \frac{1}{k} \sum_{j=1}^{k} \bar{x} = \bar{x}, \qquad \text{(BGD)}$$

$$w_{k+1} = \frac{1}{k} \sum_{j=1}^{k} \bar{x}_j^{(m)}, \qquad \text{(MBGD)}$$

$$w_{k+1} = \frac{1}{k} \sum_{j=1}^{k} x_j. \qquad \text{(SGD)}$$

上式的推导与(6.3)类似，在此省略。从上式可以看出，因为BGD在每次迭代中都使用了所有样本，所以它迭代一次就能得到最优解 $w^* = \bar{x}$。相比之下，MBGD和SGD则需要更多次的迭代。

仿真示例参见前面给出的图6.5。如图6.5所示，不同批量大小的MBGD算法都能收敛到最优值，不过 $m = 50$ 时收敛最快，而 $m = 1$ 时收敛最慢。这与上述分析一致。即便如此，SGD的收敛依然是高效的，特别是当 w_k 远离 w^* 的时候。

6.4.5 随机梯度下降的收敛性

在介绍完随机梯度下降的众多性质之后，我们给出其收敛性的证明。

定理 6.4 (随机梯度下降的收敛性)。对于(6.13)中的随机梯度下降算法，如果下列条件都成立，那么 w_k 几乎必然收敛到 $\nabla_w \mathbb{E}[f(w, X)] = 0$ 的解：

(a) $0 < c_1 \leqslant \nabla_w^2 f(w, X) \leqslant c_2$ 对任意 X 都成立；

(b) $\sum_{k=1}^{\infty} a_k = \infty$，$\sum_{k=1}^{\infty} a_k^2 < \infty$；

(c) $\{x_k\}_{k=1}^{\infty}$ 是独立同分布的。

下面讨论定理6.4中的三个条件。

◇   条件 (a) 要求 f 是凸的，并且其二阶导数是有上下界的。这里 w 和 $\nabla_w^2 f(w, X)$ 都是标量。当然，这个条件也可以推广到向量情况：当 w 是一个向量时，$\nabla_w^2 f(w, X)$ 是海森（Hessian）矩阵。

◇   条件 (b) 与 RM 算法一致。值得一提的是，实践中 a_k 常被选择为一个很小的正数，此时 $\sum_{k=1}^{\infty} a_k^2 < \infty$ 不再成立。这么做的原因可参见第6.2.1节中最后的讨论。

◇   条件 (c) 是一个常见的假设条件。

方框6.1: 定理6.4的证明

下面首先证明随机梯度下降是一种特殊的 RM 算法，之后其收敛性可以直接从 RM 定理得到。

SGD 要解决的问题是最小化 $J(w) = \mathbb{E}[f(w, X)]$。这个问题可以等价为求解方程 $\nabla_w J(w) = \mathbb{E}[\nabla_w f(w, X)] = 0$。令

$$g(w) \doteq \nabla_w J(w) = \mathbb{E}[\nabla_w f(w, X)].$$

下面证明求解 $g(w) = 0$ 的 RM 算法就是 SGD 算法。具体来说，我们能够得到的观测量是 $\tilde{g} = \nabla_w f(w, x)$，其中 x 是 X 的样本。将 $\tilde{g}$ 重写为

$$\tilde{g}(w, \eta) = \nabla_w f(w, x)$$
$$= \mathbb{E}[\nabla_w f(w, X)] + \underbrace{\nabla_w f(w, x) - \mathbb{E}[\nabla_w f(w, X)]}_{\eta}.$$

用于解决 $g(w) = 0$ 的 RM 算法为

$$w_{k+1} = w_k - a_k \tilde{g}(w_k, \eta_k) = w_k - a_k \nabla_w f(w_k, x_k).$$

上式与(6.13)中的 SGD 算法一模一样。因此，SGD 算法是一种特殊的 RM 算法。

下面说明 RM 定理（定理6.1）中的三个条件是成立的。

◇ 因为 $\nabla_w g(w) = \nabla_w \mathbb{E}[\nabla_w f(w, X)] = \mathbb{E}[\nabla_w^2 f(w, X)]$，所以 $c_1 \leqslant \nabla_w^2 f(w, X) \leqslant c_2$ 可以推出 $c_1 \leqslant \nabla_w g(w) \leqslant c_2$。因此，RM 定理中的第一个条件成立。

◇ RM 定理中的第二个条件与此定理中的第二个条件相同。

◇ RM 定理中的第三个条件要求 $\mathbb{E}[\eta_k|\mathcal{H}_k] = 0$ 和 $\mathbb{E}[\eta_k^2|\mathcal{H}_k] < \infty$。由于 $\{x_k\}$ 是独立同分布的，我们有 $\mathbb{E}_{x_k}[\nabla_w f(w, x_k)] = \mathbb{E}[\nabla_w f(w, X)]$ 对所有 k 都成立。因此，

$$\mathbb{E}[\eta_k|\mathcal{H}_k] = \mathbb{E}[\nabla_w f(w_k, x_k) - \mathbb{E}[\nabla_w f(w_k, X)]|\mathcal{H}_k].$$

由于从 $\mathcal{H}_k = \{w_k, w_{k-1}, \dots\}$ 可知 x_k 与 $\mathcal{H}_k$ 无关，上式右侧的第一项变为 $\mathbb{E}[\nabla_w f(w_k, x_k)|\mathcal{H}_k] = \mathbb{E}_{x_k}[\nabla_w f(w_k, x_k)]$。上式右侧第二项可以写成 $\mathbb{E}[\mathbb{E}[\nabla_w f(w_k, X)]|\mathcal{H}_k] = \mathbb{E}[\nabla_w f(w_k, X)]$，这是因为 $\mathbb{E}[\nabla_w f(w_k, X)]$ 是 w_k 的函数。因此，

$$\mathbb{E}[\eta_k|\mathcal{H}_k] = \mathbb{E}_{x_k}[\nabla_w f(w_k, x_k)] - \mathbb{E}[\nabla_w f(w_k, X)] = 0.$$

类似地可以证明，如果 $|\nabla_w f(w, x)| < \infty$ 对所有 w 和 x 都成立，则 $\mathbb{E}[\eta_k^2|\mathcal{H}_k] < \infty$。

> 由于 RM 定理中的三个条件成立，因此 SGD 算法的收敛性得到证明。

6.5 总结

本章并没有介绍新的强化学习算法，而是介绍了诸如 RM 算法和 SGD 算法这样的随机近似算法。与许多其他求解方程的算法不同，RM 算法不需要知道目标函数的表达式。我们也证明了 SGD 算法实际上是一种特殊的 RM 算法。此外，本章频繁讨论的一个重要问题是期望值估计。现在我们知道了式(6.4)中的期望值估计算法也是一个特殊的 SGD 算法。我们将在第7章看到，时序差分学习算法具有相似的表达式，到那时候大家就不会再困惑为什么时序差分算法会被设计成那个样子了。最后，"随机近似"这个名字最初由 Robbins 和 Monro 在 1951 年使用 [25]。有关随机近似的更多信息可参见文献 [24]。

6.6 问答

◇ 提问：什么是随机近似？

回答：随机近似是指用于求解方程或者优化问题的一类广泛的随机迭代算法。

◇ 提问：为什么我们需要学习随机近似？

回答：这是因为第7章介绍的时序差分算法可以被视为特殊的随机近似算法。通过本章的学习，我们可以为下一章做好准备，当我们看到时序差分算法时，就不会感到突兀或者困惑了。

◇ 提问：为什么我们在这一章经常讨论期望值估计问题？

回答：这是由于状态和动作值的定义就是随机变量（即回报）的期望值，而因为估计状态或动作值是强化学习中的重要问题，所以我们经常讨论期望值估计问题。

◇ 提问：RM 算法相较于其他寻根算法有什么优势？

回答：与许多其他寻根算法相比，RM 算法的强大之处在于它不需要目标函数表达式或其导数的表达式，而只需要知道函数的输入和输出。著名的 SGD 算法就是一种特殊的 RM 算法。

◇ 提问：SGD 的基本思想是什么？

回答：SGD 旨在解决涉及随机变量的优化问题。当随机变量的概率分布未知时，SGD 仅通过使用样本就可以解决优化问题。在数学上，SGD 算法用随机梯度替换了梯度下降算法中的真实梯度。

◇ 提问：随机梯度下降能高效收敛吗？

回答：随机梯度下降有一个有趣的收敛模式：当估计值离最优解较远时，随机梯度和真实梯度的相对误差较小，SGD 和梯度下降算法的收敛速度是类似的；当估计值接近于最优解时，SGD 的收敛速度会减缓。

◇ 提问：什么是 MBGD？它相对于 SGD 和 BGD 有什么优势？

回答：MBGD 可以被看作 SGD 和 BGD 之间的版本。与 SGD 相比，它的随机性更小、收敛速度更快，这是因为它使用的样本数量比 SGD 多。与 BGD 相比，它不需要在每次迭代都使用所有样本，因此更加灵活。

第7章

时序差分方法

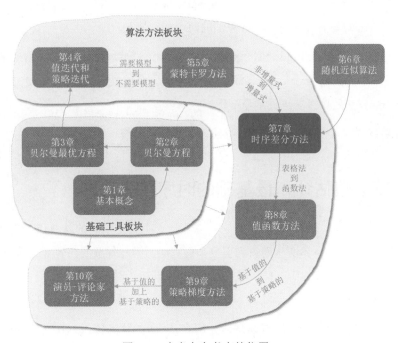

图 7.1 本章在全书中的位置。

在第5章，我们介绍了全书第一类无需模型的强化学习算法：蒙特卡罗（Monte Carlo，MC）。在本章，我们将介绍全书第二类无需模型的强化学习算法：时序差分（temporal difference, TD）。与MC算法相比，TD算法最大的不同在于它是增量式的。许多读者第一次看到TD算法时会有很多疑惑，例如这些算法为什么设计成这个样子。不过在学习了第6章的随机近似算法后，相信读者能更加轻松地掌握TD算法，这是因为TD算法本质上是求解贝尔曼方程或者贝尔曼最优方程的随机近似算法。

由于本章将介绍多种TD算法，为了帮助读者更好地学习，我们首先梳理这些算法之间的关系。

◇ 第7.1节介绍最基本也是最核心的TD算法。该算法可以估计一个给定策略的状态值。掌握这个算法对于学习后面的TD算法是非常有必要的。

◇ 第7.2节介绍Sarsa算法。该算法可以估计给定策略的动作值。实际上，将第7.1节的TD算法中的状态值替换为动作值，就可以得到Sarsa算法。

◇ 第7.3节介绍n-Step Sarsa算法，这是Sarsa算法的一种推广。我们将会看到Sarsa算法和MC算法是n-Step Sarsa算法的两个特殊情况。

◇ 第7.4节介绍Q-learning算法，这是经典的强化学习算法之一。Q-learning算法和Sarsa算法的区别在于：Sarsa算法是在求解一个给定策略的贝尔曼方程，而Q-learning算法是直接求解贝尔曼最优方程。

◇ 第7.5节总结本章介绍的所有TD算法，并提供一个统一的描述框架。

7.1 状态值估计：最基础的时序差分算法

本节将介绍最基础的TD算法，它可以估计一个给定策略的状态值。后面的章节会进一步推广这个TD算法从而得到更复杂的算法，因此本节的内容非常重要。

7.1.1 算法描述

给定一个策略π，我们的目标是估计所有$s \in \mathcal{S}$的状态值$v_\pi(s)$。假设我们有一些由π生成的经验样本$(s_0, r_1, s_1, \ldots, s_t, r_{t+1}, s_{t+1}, \ldots)$，其中$t = 0, 1, 2, \ldots$表示采样时刻。下面的TD算法可以使用这些样本来估计状态值：

$$v_{t+1}(s_t) = v_t(s_t) - \alpha_t(s_t)\Big[v_t(s_t) - \big(r_{t+1} + \gamma v_t(s_{t+1})\big)\Big], \tag{7.1}$$

$$v_{t+1}(s) = v_t(s), \quad \text{当} s \neq s_t, \tag{7.2}$$

其中 $v_t(s_t)$ 是在 t 时刻对 $v_\pi(s_t)$ 的估计，$\alpha_t(s_t)$ 是在 t 时刻对于状态 s_t 的学习率（learning rate）。

在 t 时刻，只有当时正在被访问的状态 s_t 的估计值会被更新（如式(7.1)所示）；而所有其他未被访问的状态的估计值保持不变（如式(7.2)所示）。通常情况下，式(7.2)会被省略，但是我们应该知道该式子的存在。该式可以帮助我们更好地理解 TD 算法，如果没有这个式子，该 TD 算法在数学上也是不完整的。

许多读者在第一次看到(7.1)中的 TD 算法时会问为什么它要设计成这个样子？实际上，该算法是一个用于求解贝尔曼方程的随机近似算法。要理解这一点，我们首先回顾状态值的定义：

$$v_\pi(s) = \mathbb{E}[R_{t+1} + \gamma G_{t+1}|S_t = s], \quad s \in \mathcal{S}. \tag{7.3}$$

式(7.3)可以重写为

$$v_\pi(s) = \mathbb{E}[R_{t+1} + \gamma v_\pi(S_{t+1})|S_t = s], \quad s \in \mathcal{S}. \tag{7.4}$$

这是因为 $\mathbb{E}[G_{t+1}|S_t = s] = \sum_a \pi(a|s) \sum_{s'} p(s'|s,a)v_\pi(s') = \mathbb{E}[v_\pi(S_{t+1})|S_t = s]$。式(7.4)是贝尔曼方程的另一种表达，它有时被称为贝尔曼期望方程（Bellman expectation equation）。如果我们应用第6章介绍的罗宾斯-门罗算法来求解式(7.4)，相应的算法就是 TD 算法。感兴趣的读者可以参见方框7.1。

方框7.1: 推导时序差分算法

下面展示如何使用 RM 算法来求解(7.4)从而获得(7.1)中的 TD 算法。

对于状态 s_t，定义函数：

$$g(v_\pi(s_t)) \doteq v_\pi(s_t) - \mathbb{E}[R_{t+1} + \gamma v_\pi(S_{t+1})|S_t = s_t].$$

这样式(7.4)中的贝尔曼方程可以写成

$$g(v_\pi(s_t)) = 0.$$

我们的目标是求解上述方程来得到 $v_\pi(s_t)$。因为我们可以获取 r_{t+1} 和 s_{t+1}，而它们是 R_{t+1} 和 S_{t+1} 的样本，所以对 $g(v_\pi(s_t))$ 含有噪声的观测是

$$\tilde{g}(v_\pi(s_t)) = v_\pi(s_t) - [r_{t+1} + \gamma v_\pi(s_{t+1})]$$
$$= \underbrace{\left(v_\pi(s_t) - \mathbb{E}[R_{t+1} + \gamma v_\pi(S_{t+1})|S_t = s_t]\right)}_{g(v_\pi(s_t))}$$

$$+ \underbrace{\Big(\mathbb{E}\big[R_{t+1} + \gamma v_\pi(S_{t+1})|S_t = s_t\big] - \big[r_{t+1} + \gamma v_\pi(s_{t+1})\big] \Big)}_{\eta}.$$

此时用来求解 $g(v_\pi(s_t)) = 0$ 的 RM 算法是

$$v_{t+1}(s_t) = v_t(s_t) - \alpha_t(s_t)\tilde{g}(v_t(s_t))$$
$$= v_t(s_t) - \alpha_t(s_t)\Big(v_t(s_t) - \big[r_{t+1} + \gamma v_\pi(s_{t+1})\big]\Big), \tag{7.5}$$

其中 $v_t(s_t)$ 是在时刻 t 对 $v_\pi(s_t)$ 的估计，而 $\alpha_t(s_t)$ 是学习率。算法(7.5)的由来可参见第6.2节，这里不再赘述。

式(7.5)与式(7.1)中的 TD 算法非常相似。唯一的区别是式(7.5)的右手边包含 $v_\pi(s_{t+1})$，而式(7.1)包含 $v_t(s_{t+1})$。这个区别是因为式(7.5)是在假设其他状态的状态值已知的情况下来估计 s_t 的状态值。如果我们也想同时估计其他所有状态的状态值，则右手边的 $v_\pi(s_{t+1})$ 应该被替换为 $v_t(s_{t+1})$。此时，式(7.5)就与式(7.1)完全相同了。当然，读者可能会问这样的直接替换是否仍能保证收敛呢？答案是可以的，严格的证明将在定理7.1中给出。

7.1.2   性质分析

下面讨论 TD 算法(7.1)的一些重要性质。

第一，我们先介绍 TD 算法中每一项的含义。具体如下所示：

$$\underbrace{v_{t+1}(s_t)}_{\text{新的估计值}} = \underbrace{v_t(s_t)}_{\text{当前估计值}} - \alpha_t(s_t)\big[\overbrace{v_t(s_t) - \underbrace{(r_{t+1} + \gamma v_t(s_{t+1}))}_{\text{TD 目标}}}^{\text{TD 误差}}\big], \tag{7.6}$$

其中

$$r_{t+1} + \gamma v_t(s_{t+1}) \doteq \bar{v}_t$$

被称为 TD 目标（TD target），而

$$v_t(s_t) - (r_{t+1} + \gamma v_t(s_{t+1})) = v(s_t) - \bar{v}_t \doteq \delta_t$$

被称为 TD 误差（TD error）。显然，新的估计值 $v_{t+1}(s_t)$ 是当前估计值 $v_t(s_t)$ 和 TD 误差 δ_t 的组合。

◇   为什么 $\bar{v}_t$ 被称为 TD 目标？

这是因为该算法在数学上就是让 $v(s_t)$ 的值更加接近 $\bar{v}_t$，即 $\bar{v}_t$ 是 $v(s_t)$ 的目标值。为了理解这一点，我们在(7.6)两边同时减去 $\bar{v}_t$ 可得

$$v_{t+1}(s_t) - \bar{v}_t = [v_t(s_t) - \bar{v}_t] - \alpha_t(s_t)[v_t(s_t) - \bar{v}_t]$$

$$= [1 - \alpha_t(s_t)] [v_t(s_t) - \bar{v}_t].$$

上式两边取绝对值后可得

$$|v_{t+1}(s_t) - \bar{v}_t| = |1 - \alpha_t(s_t)||v_t(s_t) - \bar{v}_t|.$$

如果 $\alpha_t(s_t)$ 是一个足够小的正数，则有 $0 < 1 - \alpha_t(s_t) < 1$。因此，由上式可以推出

$$|v_{t+1}(s_t) - \bar{v}_t| < |v_t(s_t) - \bar{v}_t|.$$

这个不等式很清晰地说明了新的值 $v_{t+1}(s_t)$ 比旧的值 $v_t(s_t)$ 更接近 $\bar{v}_t$。因此，这个算法在数学上使 $v_t(s_t)$ 接近 $\bar{v}_t$，这就是为什么 $\bar{v}_t$ 被称为 TD 目标。

◇ 如何理解 TD 误差？

TD 误差被称为 "TD"（时序差分）的原因是 $\delta_t = v_t(s_t) - (r_{t+1} + \gamma v_t(s_{t+1}))$ 反映了时刻 t 和 $t+1$ 之间的差异。TD 误差被称为 "误差" 的原因是它不仅反映了两个时刻之间的差异，更重要的是反映了估计值 v_t 与真实状态值 v_π 之间的差异。如果估计值是准确的，那么 TD 误差在期望意义上应该等于 0。为了理解这一点，当 $v_t = v_\pi$ 时，TD 误差的期望值为

$$
\begin{aligned}
\mathbb{E}[\delta_t | S_t = s_t] &= \mathbb{E}\big[v_\pi(S_t) - (R_{t+1} + \gamma v_\pi(S_{t+1})) | S_t = s_t\big] \\
&= v_\pi(s_t) - \mathbb{E}\big[R_{t+1} + \gamma v_\pi(S_{t+1}) | S_t = s_t\big] \\
&= 0. \qquad (\text{由于式}(7.3))
\end{aligned}
$$

从另一个角度来说，TD 误差可以被理解为新息（innovation），即代表从经验样本 (s_t, r_{t+1}, s_{t+1}) 中得到的新的信息，这个新的信息可以用来纠正当前估计值，从而使其更准确。新息在很多估计方法例如卡尔曼滤波 [33, 34] 中都是非常关键的量。

第二，(7.1)中的 TD 算法只能估计某一给定策略的状态值，而不能直接用于寻找最优策略。不过该 TD 算法对于理解本章其他算法非常重要。例如，我们将在第7.2节推广(7.1)从而得到能估计动作值的 TD 算法，进而结合策略改进步骤来得到最优策略。

第三，TD 算法和 MC 算法都是无模型的，它们有什么不同呢？为了方便读者阅读，我们把答案总结在表7.1中。虽然这个表中有一些算法如 Sarsa 稍后才会介绍，但是并不影响目前的理解。

7.1.3 收敛性证明

式(7.1)中 TD 算法的收敛性分析如下。

表 7.1　TD 方法和 MC 方法的对比。

TD 方法	MC 方法
增量式：它可以在得到一个经验样本后立即更新估计值。	**非增量式**：它必须等到一个回合（episode）结束之后，才能用所有经验样本来更新估计值，这是因为它需要计算从某一状态到回合最后的折扣回报。
持续任务：由于 TD 算法是增量式的，因此它可以处理回合制（episodic）和持续性（continuing）的任务。	**回合制任务**：由于 MC 算法是非增量式的，因此它只能处理回合制任务，这些任务会在有限步后结束。
自举：TD 算法依赖于自举（bootstrapping），因为状态值/动作值的更新依赖于其先前估计值。因此，TD 算法需要初始值。	**非自举**：MC 算法不是自举的，因为它可以直接估计状态值/动作值，而无需初始值。
低估计方差：TD 算法的估计方差较低，这是因为它涉及的随机变量较少。例如，要估计动作值 $q_\pi(s_t, a_t)$，Sarsa 只需要三个随机变量 R_{t+1}、S_{t+1}、A_{t+1} 的样本。	**高估计方差**：MC 算法的估计方差较高，这是因为它涉及许多随机变量。例如，要估计动作值 $q_\pi(s_t, a_t)$，MC 算法需要 $R_{t+1} + \gamma R_{t+2} + \gamma^2 R_{t+3} + \ldots$ 的样本。假设每个回合的步数为 L，并且每个状态的动作数等于 $|\mathcal{A}|$。那么，一个随机性的软策略可能有 $|\mathcal{A}|^L$ 种可能的轨迹。如果我们只用少数几个回合来估计，那么估计方差较高也就不足为奇了。

定理 7.1 (TD 算法的收敛性)。给定一个策略 π，基于式(7.1)中的 TD 算法，如果对所有 $s \in \mathcal{S}$ 都有 $\sum_t \alpha_t(s) = \infty$ 和 $\sum_t \alpha_t^2(s) < \infty$，则 $v_t(s)$ 随着 $t \to \infty$ 几乎必然收敛到 $v_\pi(s)$。

在给出该定理的证明之前，我们先讨论其中关于 α_t 的条件。第一，条件 $\sum_t \alpha_t(s) = \infty$ 和 $\sum_t \alpha_t^2(s) < \infty$ 应该对所有 $s \in \mathcal{S}$ 都成立。值得注意的是，在 t 时刻，如果状态 s 被访问，则 $\alpha_t(s) > 0$；否则，$\alpha_t(s) = 0$。因此，条件 $\sum_t \alpha_t(s) = \infty$ 在理论上要求状态 s 被访问无限次（实际中访问足够多次即可）。所以该条件实际上是要求有足够多的经验数据。第二，学习率 α_t 在实际中常常被选择为一个小的正数。此时，条件 $\sum_t \alpha_t(s) = \infty$ 仍然成立，但是条件 $\sum_t \alpha_t^2(s) < \infty$ 不再成立。这样选择 α_t 的原因是它能够很好地利用后面（t 比较大时）得到的数据。否则，如果 α_t 逐渐收敛到 0，那么当 t 较大时得到的数据对估计的影响已经微乎其微了。当 α_t 恒等于一个正数时，算法仍然可以在某种意义上收敛，详情参见文献 [24, 第 1.5 节]。实际中，我们之所以希望 t 比较大时数据仍然有效，其本质原因是这样可以应对时变系统（例如策略或环境缓慢变化）。

方框 7.2：证明定理7.1

本证明基于第6章的定理6.3。为此，我们需要先构建一个类似于定理6.3中那样的随机过程。考虑状态 $s \in \mathcal{S}$，在 t 时刻，式(7.1)为

$$v_{t+1}(s) = v_t(s) - \alpha_t(s)\big(v_t(s) - (r_{t+1} + \gamma v_t(s_{t+1}))\big), \quad \text{如果 } s = s_t, \tag{7.7}$$

或者

$$v_{t+1}(s) = v_t(s), \quad \text{如果 } s \neq s_t. \tag{7.8}$$

定义估计误差为

$$\Delta_t(s) \doteq v_t(s) - v_\pi(s),$$

其中 $v_\pi(s)$ 是在策略 π 下 s 的状态值。

在(7.7)的两边减去 $v_\pi(s)$ 可得

$$\Delta_{t+1}(s) = (1 - \alpha_t(s))\Delta_t(s) + \alpha_t(s)(\underbrace{r_{t+1} + \gamma v_t(s_{t+1}) - v_\pi(s)}_{\eta_t(s)})$$

$$= (1 - \alpha_t(s))\Delta_t(s) + \alpha_t(s)\eta_t(s), \qquad s = s_t. \tag{7.9}$$

在(7.8)的两边减去 $v_\pi(s)$ 可得

$$\Delta_{t+1}(s) = \Delta_t(s) = (1 - \alpha_t(s))\Delta_t(s) + \alpha_t(s)\eta_t(s), \qquad s \neq s_t.$$

其中 $\alpha_t(s) = 0, \eta_t(s) = 0$。上式与(7.9)的表达式完全相同。因此，无论 $s = s_t$ 与否，我们都可以得到如下统一表达式：

$$\Delta_{t+1}(s) = (1 - \alpha_t(s))\Delta_t(s) + \alpha_t(s)\eta_t(s).$$

上式与定理6.3中的随机过程一致。

下面，我们的目标是证明定理6.3中的三个条件成立，从而得到收敛性。第一个条件与定理7.1中的条件相同。下面证明第二个条件成立，即对于所有 $s \in \mathcal{S}$ 有 $\|\mathbb{E}[\eta_t(s)|\mathcal{H}_t]\|_\infty \leqslant \gamma\|\Delta_t(s)\|_\infty$。这里，$\mathcal{H}_t$ 表示历史信息（参见定理6.3中的定义）。由于马尔可夫性质，一旦 s 给定，不论 $\eta_t(s) = r_{t+1} + \gamma v_t(s_{t+1}) - v_\pi(s)$ 或者 $\eta_t(s) = 0$ 都不依赖历史信息。因此，有 $\mathbb{E}[\eta_t(s)|\mathcal{H}_t] = \mathbb{E}[\eta_t(s)]$。更进一步，当 $s \neq s_t$ 时，我们有 $\eta_t(s) = 0$，进而

$$|\mathbb{E}[\eta_t(s)]| = 0 \leqslant \gamma\|\Delta_t(s)\|_\infty. \tag{7.10}$$

当 $s = s_t$ 时，我们有

$$\mathbb{E}[\eta_t(s)] = \mathbb{E}[\eta_t(s_t)]$$
$$= \mathbb{E}[r_{t+1} + \gamma v_t(s_{t+1}) - v_\pi(s_t)|s_t]$$
$$= \mathbb{E}[r_{t+1} + \gamma v_t(s_{t+1})|s_t] - v_\pi(s_t).$$

将 $v_\pi(s_t) = \mathbb{E}[r_{t+1} + \gamma v_\pi(s_{t+1})|s_t]$ 代入上式可得

$$\mathbb{E}[\eta_t(s)] = \gamma\mathbb{E}[v_t(s_{t+1}) - v_\pi(s_{t+1})|s_t]$$
$$= \gamma \sum_{s' \in \mathcal{S}} p(s'|s_t)[v_t(s') - v_\pi(s')].$$

对上式两边求绝对值有

$$|\mathbb{E}[\eta_t(s)]| = \gamma \left| \sum_{s' \in \mathcal{S}} p(s'|s_t)[v_t(s') - v_\pi(s')] \right|$$
$$\leqslant \gamma \sum_{s' \in \mathcal{S}} p(s'|s_t) \max_{s' \in \mathcal{S}} |v_t(s') - v_\pi(s')|$$
$$= \gamma \max_{s' \in \mathcal{S}} |v_t(s') - v_\pi(s')|$$
$$= \gamma \|v_t(s') - v_\pi(s')\|_\infty$$
$$= \gamma \|\Delta_t(s)\|_\infty. \tag{7.11}$$

根据(7.10)和(7.11)，不论 s 是否等于 s_t，都有 $|\mathbb{E}[\eta_t(s)]| \leqslant \gamma\|\Delta_t(s)\|_\infty$，因此

$$\|\mathbb{E}[\eta_t(s)]\|_\infty \leqslant \gamma\|\Delta_t(s)\|_\infty.$$

这是定理6.3中的第二个条件。最后，关于定理6.3中的第三个条件，当 $s \neq s_t$ 时，$\text{var}[\eta_t(s)|\mathcal{H}_t] = 0$。当 $s = s_t$ 时，$\text{var}[\eta_t(s)|\mathcal{H}_t] = \text{var}[r_{t+1} + \gamma v_t(s_{t+1}) - v_\pi(s_t)|s_t] = \text{var}[r_{t+1} + \gamma v_t(s_{t+1})|s_t]$。由于 r_{t+1} 是有界的，因此第三个条件不难证明。上述证明是受到 [32] 的启发得到的。

7.2 动作值估计：Sarsa

本节将介绍另一种 TD 算法，简称 Sarsa。该算法不是估计状态值，而是估计动作值。将上一节介绍的 TD 算法中的状态值替换为动作值就能得到 Sarsa 算法。

7.2.1 算法描述

给定一个策略 π，我们的目标是估计其动作值。如果有一些由 π 生成的经验样本：$(s_0, a_0, r_1, s_1, a_1, \ldots, s_t, a_t, r_{t+1}, s_{t+1}, a_{t+1}, \ldots)$，那么可以使用下面的 Sarsa 算法来估计动作值：

$$q_{t+1}(s_t, a_t) = q_t(s_t, a_t) - \alpha_t(s_t, a_t)\Big[q_t(s_t, a_t) - (r_{t+1} + \gamma q_t(s_{t+1}, a_{t+1}))\Big], \quad (7.12)$$

$$q_{t+1}(s, a) = q_t(s, a), \quad \text{当}(s, a) \neq (s_t, a_t),$$

其中 $q_t(s_t, a_t)$ 是 $q_\pi(s_t, a_t)$ 的估计值，$\alpha_t(s_t, a_t)$ 是学习率。在 t 时刻，只有 (s_t, a_t) 的动作值被更新，而其他的动作值保持不变。

下面讨论 Sarsa 算法的一些重要性质。

◇ 为什么这个算法被称为 "Sarsa"？这是因为算法每次迭代需要的经验样本是 $(s_t, a_t, r_{t+1}, s_{t+1}, a_{t+1})$，这些字母的缩写就是 Sarsa（state-action-reward-state-action）。Sarsa 算法最初在 [35] 中提出，其名称来自于 [3]。

◇ 为什么 Sarsa 被设计成这样？读者可能已经注意到 Sarsa 与 (7.1) 中的 TD 算法非常相似。实际上，如果把 (7.1) 中的状态值简单替换为动作值，就得到了 Sarsa 算法。

◇ Sarsa 在数学上做了什么？与 (7.1) 类似，Sarsa 是一个用于求解如下所示的贝尔曼方程的随机近似算法：

$$q_\pi(s, a) = \mathbb{E}\left[R + \gamma q_\pi(S', A')|s, a\right], \quad \text{对任意}(s, a). \quad (7.13)$$

方程 (7.13) 是一个贝尔曼方程，只不过它不是基于状态值而是基于动作值的，更多讨论请见方框 7.3。

方框 7.3: 证明 (7.13) 是贝尔曼方程

在第 2.8.2 节中，我们介绍过用动作值表示的贝尔曼方程：

$$q_\pi(s, a) = \sum_r rp(r|s, a) + \gamma \sum_{s'} \sum_{a'} q_\pi(s', a')p(s'|s, a)\pi(a'|s')$$

$$= \sum_r rp(r|s, a) + \gamma \sum_{s'} p(s'|s, a) \sum_{a'} q_\pi(s', a')\pi(a'|s'). \quad (7.14)$$

这个方程建立了不同动作值之间的关系。因为

$$p(s', a'|s, a) = p(s'|s, a)p(a'|s', s, a)$$

$$
= p(s'|s,a)p(a'|s') \quad \text{(由于马尔可夫性质)}
$$
$$
\doteq p(s'|s,a)\pi(a'|s'),
$$

所以(7.14)可以重写为

$$
q_\pi(s,a) = \sum_r rp(r|s,a) + \gamma \sum_{s'} \sum_{a'} q_\pi(s',a')p(s',a'|s,a).
$$

根据期望值的定义，上式可以写成(7.13)。因此，(7.13)是贝尔曼方程。

◇ Sarsa是否收敛？由于Sarsa是由(7.1)推广而来，因此其收敛性与定理7.1类似。

定理 7.2 (Sarsa的收敛性)。给定一个策略π，基于式(7.12)中的Sarsa算法，如果$\sum_t \alpha_t(s,a) = \infty$且$\sum_t \alpha_t^2(s,a) < \infty$对于所有的$(s,a)$都成立，那么$q_t(s,a)$随着$t \to \infty$会几乎必然收敛到$q_\pi(s,a)$。

上述定理中关于α_t的条件与定理7.1是类似的。例如，条件$\sum_t \alpha_t(s,a) = \infty$和$\sum_t \alpha_t^2(s,a) < \infty$应当对于所有$(s,a)$都成立，并且$\sum_t \alpha_t(s,a) = \infty$要求了每个状态-动作必须被访问无限次。其中，如果$(s,a) = (s_t, a_t)$，那么$\alpha_t(s,a) > 0$；否则，$\alpha_t(s,a) = 0$。该定理的证明类似于定理7.1，不再赘述。

7.2.2 学习最优策略

式(7.12)中的Sarsa算法只能估计一个给定策略的动作值。要想得到最优策略，我们需要将其与"策略改进步骤"相结合，结合之后的算法通常也称为Sarsa。

算7.1给出了伪代码。可以看到，每次迭代有两个步骤：第一步是值更新，即更新被访问的状态-动作的估计值；第二步是策略更新，即新的策略要选取最大价值的动作。值得注意的是，在值被更新之后，s_t的策略会被立即更新，而并不是在更新策略之前充分地评估当时的策略，这也是基于广义策略迭代的思想。此外，在策略更新后，该策略立即被用来生成下一个经验样本。这里的策略是ϵ-Greedy的，因此具有一定的探索性。

图7.2展示了一个Sarsa的仿真示例。

◇ 仿真设置：值得注意的是，这个例子中的任务和本书之前介绍的任务都不同。之前的任务是要学习每一个状态的最优策略，而这里的任务是要学习从特定状态出发到达目标状态的最优策略。前者的任务更难，因为它要找到所有状态的最优策略；后者的任务更简单，因为它只要找到部分状态的最优策略即可。这种任务在实际中也经常遇到，例如起始位置是住所，目标位置是学校，我们只需要学习那些每天上下学可能经过的位置的最优策略即可，而不需要关心十万八千里之外的位置的策略是什么。

算法7.1：用 Sarsa 学习最优策略

初始化：对于所有 (s, a) 和所有 t，选取 $\alpha_t(s, a) = \alpha > 0$。$\epsilon \in (0, 1)$。所有 (s, a) 的初始值 $q_0(s, a)$。从 q_0 导出的初始 ϵ-Greedy 策略 π_0。

目标：学习最优策略从而使智能体能从给定状态 s_0 出发到达目标状态。

对于每个回合

    在 s_0，根据 $\pi_0(s_0)$，得到 a_0

    在时刻 t，如果 s_t 不是目标状态

        收集经验样本 $(s_t, a_t, r_{t+1}, s_{t+1}, a_{t+1})$：在 s_t，执行 a_t，通过与环境交互生成 r_{t+1}, s_{t+1}，再根据 $\pi_t(s_{t+1})$ 生成 a_{t+1}

        更新 (s_t, a_t) 的值：

$$q_{t+1}(s_t, a_t) = q_t(s_t, a_t) - \alpha_t(s_t, a_t)\Big[q_t(s_t, a_t) - (r_{t+1} + \gamma q_t(s_{t+1}, a_{t+1}))\Big]$$

        更新 s_t 的策略：

$$\pi_{t+1}(a|s_t) = 1 - \frac{\epsilon}{|\mathcal{A}(s_t)|}(|\mathcal{A}(s_t)| - 1), \text{ 如果 } a = \arg\max_a q_{t+1}(s_t, a)$$

$$\pi_{t+1}(a|s_t) = \frac{\epsilon}{|\mathcal{A}(s_t)|}, \text{ 如果 } a \neq \arg\max_a q_{t+1}(s_t, a)$$

    $s_t \leftarrow s_{t+1}, a_t \leftarrow a_{t+1}$

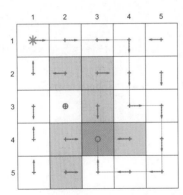 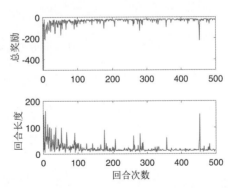

图 7.2　用 Sarsa 学习最优策略的过程。这里的任务是寻找从左上角状态到目标状态的最优路径。左图给出了 Sarsa 学习到的最终策略。右图显示了每个回合的回报和长度的变化过程。

在仿真中，所有回合都从左上角的状态开始，并在目标状态结束。奖励设置为 $r_{\text{target}} = 0, r_{\text{forbidden}} = r_{\text{boundary}} = -10, r_{\text{other}} = -1$。选取 $\epsilon = 0.1$。对所有 t，设 $\alpha_t(s, a) = 0.1$。对所有 (s, a)，选取初始值为 $q_0(s, a) = 0$。由初始值导出的初始

策略是均匀分布的，即对所有 s, a 有 $\pi_0(a|s) = 0.2$。

◇ 学习到的策略：图7.2中的左图展示了 Sarsa 学习到的最终策略。如果考虑在每个状态以最大概率选取的动作，那么这个策略可以成功地将智能体从初始状态引导至目标状态。然而，其他一些状态的策略可能不是最优的（例如第三行第一列），这是因为这些状态没有被充分探索。

◇ 每个回合的回报：图7.2中的右上方子图展示了每个回合的回报逐渐变化的过程。可以看到，每个回合的回报在逐渐增加，这是因为初始策略不好，因此经常得到负奖励。随着策略变好，回报会逐渐增加。有的读者可能注意到大概在第460个回合时回报突然降低，这是因为这个策略是 ϵ-Greedy 的，因此还是有概率选择不好的动作。

◇ 每个回合的长度：图7.2中的右下方子图展示了每个回合的长度逐渐变化的过程。初始回合的长度很长，这是因为初始策略不好，智能体在到达目标之前可能多次绕路。随着策略逐渐变好，轨迹的长度逐渐变短。类似地，大概在第460个回合时回合的长度突然增加，这也是因为策略是 ϵ-Greedy 的，存在选择非最优动作的可能性。解决这个问题的一个简单方法是使用衰减的 ϵ，即初始时 ϵ 比较大，以使得策略有较强的探索性；随后 ϵ 逐渐趋近于 0，从而增加策略的最优性，减少探索性。

最后，Sarsa 算法也有一些变体，如 Expected Sarsa 算法，感兴趣的读者可以参见方框7.4。

方框7.4: Expected Sarsa 算法

给定一个策略 π，如下所示的 Expected Sarsa 算法可以估计该策略的动作值：

$$q_{t+1}(s_t, a_t) = q_t(s_t, a_t) - \alpha_t(s_t, a_t)\Big[q_t(s_t, a_t) - (r_{t+1} + \gamma\mathbb{E}[q_t(s_{t+1}, A)])\Big],$$

$$q_{t+1}(s, a) = q_t(s, a), \quad \text{当}(s, a) \neq (s_t, a_t).$$

上式中

$$\mathbb{E}[q_t(s_{t+1}, A)] = \sum_a \pi_t(a|s_{t+1})q_t(s_{t+1}, a) \doteq v_t(s_{t+1})$$

是在策略 π_t 下 $q_t(s_{t+1}, a)$ 的期望值。也正因为如此，该算法被称为 Expected Sarsa。

Expected Sarsa 算法与 Sarsa 非常相似，它们只是在 TD 目标上不同。具体来说，Expected Sarsa 中的 TD 目标是 $r_{t+1} + \gamma\mathbb{E}[q_t(s_{t+1}, A)]$，而 Sarsa 的 TD 目标是 $r_{t+1} + \gamma q_t(s_{t+1}, a_{t+1})$。这里引入期望值会略微增加计算复杂度，不过它对减少估

计方差是有益的，这是因为它将Sarsa涉及的随机变量 $\{s_t, a_t, r_{t+1}, s_{t+1}, a_{t+1}\}$ 减少到了 $\{s_t, a_t, r_{t+1}, s_{t+1}\}$。

与(7.1)中的TD算法类似，Expected Sarsa算法可以被看作求解下面方程的随机近似算法：

$$q_\pi(s,a) = \mathbb{E}\Big[R_{t+1} + \gamma\mathbb{E}[q_\pi(S_{t+1}, A_{t+1})|S_{t+1}]\Big|S_t = s, A_t = a\Big]. \tag{7.15}$$

该方程乍一看可能很奇怪，但它实际上是贝尔曼方程的另一种表达形式。为了理解这一点，可以将

$$\mathbb{E}[q_\pi(S_{t+1}, A_{t+1})|S_{t+1}] = \sum_{A'} q_\pi(S_{t+1}, A')\pi(A'|S_{t+1}) = v_\pi(S_{t+1})$$

代入(7.15)，进而得到

$$q_\pi(s,a) = \mathbb{E}\Big[R_{t+1} + \gamma v_\pi(S_{t+1})|S_t = s, A_t = a\Big].$$

不难看出上式就是贝尔曼方程。

最后，Expected Sarsa的具体实现流程与Sarsa类似，这里不再赘述，更多信息可参见[3, 36, 37]。

7.3　动作值估计：n-Step Sarsa

本节介绍 n-Step Sarsa，它是Sarsa的一种推广。我们将看到Sarsa和蒙特卡罗算法是 n-Step Sarsa 的两种极端情况。

首先回顾一下动作值的定义：

$$q_\pi(s,a) = \mathbb{E}[G_t|S_t = s, A_t = a], \tag{7.16}$$

其中 G_t 是折扣回报：

$$G_t = R_{t+1} + \gamma R_{t+2} + \gamma^2 R_{t+3} + \dots.$$

实际上，G_t 可以被写成不同的表达式：

$$\text{Sarsa} \longleftarrow \quad G_t^{(1)} = R_{t+1} + \gamma q_\pi(S_{t+1}, A_{t+1}),$$
$$G_t^{(2)} = R_{t+1} + \gamma R_{t+2} + \gamma^2 q_\pi(S_{t+2}, A_{t+2}),$$
$$\vdots$$
$$n\text{-step Sarsa} \longleftarrow \quad G_t^{(n)} = R_{t+1} + \gamma R_{t+2} + \dots + \gamma^n q_\pi(S_{t+n}, A_{t+n}),$$

$$\vdots$$

$$\text{蒙特卡罗} \longleftarrow \quad G_t^{(\infty)} = R_{t+1} + \gamma R_{t+2} + \gamma^2 R_{t+3} + \gamma^3 R_{t+4} \ldots$$

上式中 $G_t^{(1)}, G_t^{(2)}, \ldots, G_t^{(n)}$ 的上标仅表示 G_t 的不同分解方式，它们本质上是相等的：$G_t = G_t^{(1)} = G_t^{(2)} = G_t^{(n)} = G_t^{(\infty)}$。将 G_t 的不同分解方式代入(7.16)中的 $q_\pi(s,a)$ 会得到如下不同的算法。

◇ 当 $n = 1$ 时，我们有

$$q_\pi(s,a) = \mathbb{E}[G_t^{(1)}|s,a] = \mathbb{E}[R_{t+1} + \gamma q_\pi(S_{t+1}, A_{t+1})|s,a].$$

求解这个方程的随机近似算法是

$$q_{t+1}(s_t, a_t) = q_t(s_t, a_t) - \alpha_t(s_t, a_t)\Big[q_t(s_t, a_t) - (r_{t+1} + \gamma q_t(s_{t+1}, a_{t+1}))\Big].$$

上式就是(7.12)中的 Sarsa 算法。

◇ 当 $n = \infty$ 时，我们有

$$q_\pi(s,a) = \mathbb{E}[G_t^{(\infty)}|s,a] = \mathbb{E}[R_{t+1} + \gamma R_{t+2} + \gamma^2 R_{t+3} + \ldots |s,a].$$

求解这个方程的随机近似算法是

$$q_{t+1}(s_t, a_t) = g_t \doteq r_{t+1} + \gamma r_{t+2} + \gamma^2 r_{t+3} + \ldots,$$

其中 g_t 是 G_t 的一个样本。上式实际上就是蒙特卡罗方法，它使用从 (s_t, a_t) 开始的回报来近似 (s_t, a_t) 的动作值。

◇ 当 n 取一般的自然数时，我们有

$$q_\pi(s,a) = \mathbb{E}[G_t^{(n)}|s,a] = \mathbb{E}[R_{t+1} + \gamma R_{t+2} + \ldots + \gamma^n q_\pi(S_{t+n}, A_{t+n})|s,a].$$

求解这个方程的随机近似算法是

$$\begin{aligned}
q_{t+1}(s_t, a_t) = {}& q_t(s_t, a_t) \\
& - \alpha_t(s_t, a_t)\Big[q_t(s_t, a_t) - (r_{t+1} + \gamma r_{t+2} + \ldots + \gamma^n q_t(s_{t+n}, a_{t+n}))\Big].
\end{aligned}$$

$$(7.17)$$

这个算法被称为 n-step Sarsa。

总而言之，n-Step Sarsa 是一个更一般化的算法：当 $n = 1$ 时，它就变成了 Sarsa 算法；当 $n = \infty$ 时，它就变成了蒙特卡罗算法（需要设置 $\alpha_t = 1$）。由于 n-Step Sarsa 包含 Sarsa 和蒙特卡罗这两个极端情况，因此其性能也介于 Sarsa 和蒙特卡罗之间。如果

n 较大，n-Step Sarsa 接近于蒙特卡罗：其估计具有较小的偏差（bias）但较大的方差。如果 n 较小，n-Step Sarsa 接近于 Sarsa：其估计具有较小的方差但较大的偏差。

最后，这里介绍的 n-Step Sarsa 仅可用于评价一个给定的策略。为了得到最优策略，它需要与策略改进步骤结合，具体流程类似于 Sarsa，这里不再赘述，更多信息可参见 [3, 第 9 章]。值得注意的是，在实现 n-Step Sarsa 算法时，我们需要经验样本 $(s_t, a_t, r_{t+1}, s_{t+1}, a_{t+1}, \ldots, r_{t+n}, s_{t+n}, a_{t+n})$。由于我们在 t 时刻还无法拿到样本 $(r_{t+n}, s_{t+n}, a_{t+n})$，因此必须等到 $t + n$ 时刻才能更新 (s_t, a_t) 的 q 值。为此，式(7.17)可以被重新写为

$$
\begin{aligned}
q_{t+n}(s_t, a_t) = {} & q_{t+n-1}(s_t, a_t) \\
& - \alpha_{t+n-1}(s_t, a_t) \Big[q_{t+n-1}(s_t, a_t) \\
& - \big(r_{t+1} + \gamma r_{t+2} + \ldots + \gamma^n q_{t+n-1}(s_{t+n}, a_{t+n}) \big) \Big],
\end{aligned}
$$

其中 $q_{t+n}(s_t, a_t)$ 是在 $t + n$ 时刻对 $q_\pi(s_t, a_t)$ 的估计。

7.4 最优动作值估计：Q-learning

本节将介绍 Q-learning 算法，这是经典的强化学习算法之一 [38, 39]。前面介绍的 Sarsa 只能估计给定策略的动作值，必须结合策略改进步骤才能得到最优策略。相比之下，Q-learning 可以直接估计最优动作值进而找到最优策略。

7.4.1 算法描述

Q-learning 算法如下所示：

$$
q_{t+1}(s_t, a_t) = q_t(s_t, a_t) - \alpha_t(s_t, a_t) \left[q_t(s_t, a_t) - \big(r_{t+1} + \gamma \max_{a \in \mathcal{A}} q_t(s_{t+1}, a) \big) \right], \quad (7.18)
$$

$$
q_{t+1}(s, a) = q_t(s, a), \quad \text{当}(s, a) \neq (s_t, a_t),
$$

其中 $t = 0, 1, 2, \ldots$。这里 $q_t(s_t, a_t)$ 是对 (s_t, a_t) 的最优动作值的估计，而 $\alpha_t(s_t, a_t)$ 是学习率。

Q-learning 的表达式与 Sarsa 非常类似，它们的区别在于 TD 目标：Q-learning 的 TD 目标是 $r_{t+1} + \gamma \max_a q_t(s_{t+1}, a)$，而 Sarsa 的 TD 目标则是 $r_{t+1} + \gamma q_t(s_{t+1}, a_{t+1})$。因此，如果当前的状态-动作是 (s_t, a_t)，Sarsa 算法的更新需要样本 $(r_{t+1}, s_{t+1}, a_{t+1})$，而 Q-learning 只需要 (r_{t+1}, s_{t+1})。

为什么 Q-learning 被设计成(7.18)中的表达式？它在数学上做了什么呢？实际上，

Q-learning 是一个求解如下贝尔曼最优方程的随机近似算法：

$$q(s, a) = \mathbb{E}\left[R_{t+1} + \gamma \max_a q(S_{t+1}, a)\Big| S_t = s, A_t = a\right]. \tag{7.19}$$

上面这个方程是基于动作值的贝尔曼最优方程，证明见方框7.5。Q-learning 的收敛性分析与定理7.1类似，这里不再赘述，更多信息可参见 [32, 39]。

方框7.5: 证明(7.19)是贝尔曼最优方程

根据期望的定义，(7.19)可以重写为

$$q(s, a) = \sum_r p(r|s, a)r + \gamma \sum_{s'} p(s'|s, a) \max_{a \in \mathcal{A}(s')} q(s', a).$$

对方程的两边取最大值可得

$$\max_{a \in \mathcal{A}(s)} q(s, a) = \max_{a \in \mathcal{A}(s)} \left[\sum_r p(r|s, a)r + \gamma \sum_{s'} p(s'|s, a) \max_{a \in \mathcal{A}(s')} q(s', a)\right].$$

通过定义 $v(s) \doteq \max_{a \in \mathcal{A}(s)} q(s, a)$，上面的方程可重写为

$$v(s) = \max_{a \in \mathcal{A}(s)} \left[\sum_r p(r|s, a)r + \gamma \sum_{s'} p(s'|s, a)v(s')\right]$$

$$= \max_{\pi} \sum_{a \in \mathcal{A}(s)} \pi(a|s) \left[\sum_r p(r|s, a)r + \gamma \sum_{s'} p(s'|s, a)v(s')\right].$$

上式就是用状态值表示的贝尔曼最优方程，这已经在第3章有详细讨论。

7.4.2 Off-policy 和 On-policy

接下来介绍两个重要概念：Off-policy（异策略）和 On-policy（同策略）。之所以在介绍 Q-learning 时引入这两个概念，是因为 Q-learning 相比前面的 TD 算法有一点特殊：Q-learning 是 Off-policy 的，而前面介绍的算法如 Sarsa 都是 On-policy 的。

任何一个强化学习算法都会涉及两种策略：一种是行为策略（behavior policy），另一种是目标策略（target policy）。行为策略用于生成经验样本，而目标策略不断更新，从而收敛至最优策略。当行为策略与目标策略相同时，该算法被称为 On-policy 的，中文为同策略（因为两个策略相同）；当它们不同时，该算法被称为 Off-policy 的，中文为异策略（因为两个策略不同）。

Off-policy 算法的优势在于它可以使用由其他策略生成的经验样本来学习最优策略。一个常见的情况是使用探索性较强的行为策略生成的经验数据。例如，如果我们

想要估计所有动作值，则必须生成多次访问每个状态-动作的轨迹，此时可以使用 ϵ-Greedy 策略来生成轨迹。尽管 Sarsa 也使用 ϵ-Greedy 策略来保持一定的探索能力，但是为了保证最优性，其 ϵ 的值通常很小，因此探索能力有限。相比之下，如果我们能使用一个具有较强探索能力的策略（例如 $\epsilon = 1$）来生成经验数据，然后使用 Off-policy 算法来学习最优策略，效率将显著提高。后面将给出一个例子来说明这一点。

如何确定一个算法是 On-policy 还是 Off-policy 呢？如果一个算法可以使用任何其他策略生成的经验数据来得到最优策略，那么这个算法就是 Off-policy 的；反之，则是 On-policy 的。当然，这并不是真正意义上的回答，而是基于 Off-policy 和 On-policy 的定义。为了真正回答这个问题，我们可以考察算法的两方面：第一个方面是算法旨在解决的数学问题，第二个方面是算法所需的经验样本。

◇ Sarsa 是 On-policy 的。

原因如下。Sarsa 在每次迭代中有两个步骤。第一步是通过求解贝尔曼方程来评价当前策略 π。为此我们需要由 π 生成的样本，因此 π 是行为策略。第二步是基于对 π 的估计值获得一个改进的策略，π 不断更新并最终收敛到最优策略，因此 π 也是目标策略，所以 Sarsa 中的行为策略和目标策略是相同的。

从另一个角度来看，我们可以考察算法所需的样本。Sarsa 在每次迭代中所需的样本是 $(s_t, a_t, r_{t+1}, s_{t+1}, a_{t+1})$。这些样本的生成过程如下所示：

$$s_t \xrightarrow{\pi_b} a_t \xrightarrow{\text{model}} r_{t+1}, s_{t+1} \xrightarrow{\pi_b} a_{t+1}$$

此过程中，行为策略 π_b 用于在 s_t 产生 a_t 且在 s_{t+1} 产生 a_{t+1}。Sarsa 用这个经验数据来估计 $q_{\pi_b}(s_t, a_t)$，并基于此改进得到新的策略。换句话说，Sarsa 评价进而改进的策略（即目标策略）就是用来生成样本的策略，因此 Sarsa 是 On-policy 的。

◇ Q-learning 是 Off-policy 的。

其本质的数学原因在于 Q-learning 是求解贝尔曼最优方程，而 Sarsa 是求解用于生成经验数据的策略对应的贝尔曼方程。求解贝尔曼方程只能评价对应的策略，而求解贝尔曼最优方程则可以直接得到最优策略。

具体来说，Q-learning 在每次迭代中所需的样本是 $(s_t, a_t, r_{t+1}, s_{t+1})$。这些样本的生成过程如下所示：

$$s_t \xrightarrow{\pi_b} a_t \xrightarrow{\text{model}} r_{t+1}, s_{t+1}$$

在此过程中，行为策略 π_b 用于在 s_t 产生 a_t。Q-learning 算法的目的是估计 (s_t, a_t) 的最优动作值，这一过程依赖于样本 (r_{t+1}, s_{t+1})。产生 (r_{t+1}, s_{t+1}) 的过程完全由系统模型（即通过与环境的交互）决定。因此，(s_t, a_t) 的最优动作值的估计不再涉

及 π_b。

◇ 蒙特卡罗方法是 On-policy 的。其原因与 Sarsa 相似：要评估和改进的策略与生成样本的策略是相同的。

最后，有的读者可能会问 On-policy/Off-policy 与 Online/Offline（在线/离线）的区别是什么？在线学习是指智能体在与环境交互的同时用生成的数据来更新值和策略。离线学习是指智能体不与环境交互，而是使用预先收集的数据来更新值和策略。如果算法是 On-policy 的，那么它可以实现在线学习，但不能实现离线学习，因为它无法使用预先收集的其他策略生成的数据。如果算法是 Off-policy 的，那么它既可以在线学习，也可以离线学习。

7.4.3 算法实现

由于 Q-learning 是 Off-policy 的，所以它在编程实现时有两种模式。

第一，On-policy 模式，即行为策略和目标策略相同。算法 7.2 给出了伪代码。这种方式与算法 7.1 中的 Sarsa 类似，因为此时行为策略与目标策略相同，都是一个 ϵ-Greedy 的策略。此外，该算法是在线学习的，即智能体一边与环境交互以获得数据，一边更新值和策略。

算法 7.2: Q-learning（On-policy 模式）

初始化： 对所有 (s,a) 和所有 t，$\alpha_t(s,a) = \alpha > 0$。$\epsilon \in (0,1)$。所有 (s,a) 的初始值 $q_0(s,a)$。从 q_0 导出的初始 ϵ-Greedy 策略 π_0。

目标： 学习最优策略从而使智能体能从给定状态 s_0 出发到达目标状态。

对于每个回合
 在 t 时刻，如果 s_t 不是目标状态
  收集经验样本 (a_t, r_{t+1}, s_{t+1})：在 s_t，根据 $\pi_t(s_t)$ 产生 a_t，通过与环境互动生成 r_{t+1}, s_{t+1}。
  更新 (s_t, a_t) 的值：
$$q_{t+1}(s_t, a_t) = q_t(s_t, a_t) - \alpha_t(s_t, a_t) \Big[q_t(s_t, a_t) - (r_{t+1} + \gamma \max_a q_t(s_{t+1}, a)) \Big]$$
  更新 s_t 的策略：
$$\pi_{t+1}(a|s_t) = 1 - \frac{\epsilon}{|\mathcal{A}(s_t)|}(|\mathcal{A}(s_t)| - 1), \quad 如果 \ a = \text{argmax}_a q_{t+1}(s_t, a)$$
$$\pi_{t+1}(a|s_t) = \frac{\epsilon}{|\mathcal{A}(s_t)|}, \quad 如果 \ a \neq \text{argmax}_a q_{t+1}(s_t, a)$$

第二，Off-policy 模式，即行为策略和目标策略不同。算法 7.3 给出了伪代码。其中行为策略 π_b 可以是任意策略，只要它能生成足够的经验数据。因此，行为策略最好具有一定的探索性。在此算法中，目标策略 π_T 是 Greedy 的而不是 ϵ-Greedy 的，这是因为它不用生成经验数据，因此不需要具有探索性。此外，该算法是离线学习的，即先收集所有经验样本，然后再学习。

算法 7.3: Q-learning（Off-policy 模式）

初始化： 所有 (s,a) 的初始值 $q_0(s,a)$。所有 (s,a) 的行为策略 $\pi_b(a|s)$。对所有 (s,a) 和所有 t，$\alpha_t(s,a) = \alpha > 0$。

目标： 使用 π_b 生成的经验数据，学习所有状态的最优策略 π_T。

对 π_b 生成的每个回合 $\{s_0, a_0, r_1, s_1, a_1, r_2, \dots\}$

    对回合中的每一步 $t = 0, 1, 2, \dots$

        更新 (s_t, a_t) 的值：

$$q_{t+1}(s_t, a_t) = q_t(s_t, a_t) - \alpha_t(s_t, a_t)\Big[q_t(s_t, a_t) - (r_{t+1} + \gamma \max_a q_t(s_{t+1}, a))\Big]$$

        更新 s_t 的目标策略：

$$\pi_{T,t+1}(a|s_t) = 1, \quad \text{如果 } a = \mathrm{argmax}_a q_{t+1}(s_t, a)$$

$$\pi_{T,t+1}(a|s_t) = 0, \quad \text{如果 } a \neq \mathrm{argmax}_a q_{t+1}(s_t, a)$$

7.4.4 示例

下面来看一些例子。

第一个例子如图 7.3 所示，它展示了算法 7.2 中 On-policy 模式的 Q-learning。这里的目标是从给定的状态出发找到达到目标状态的最优路径。参数设置在图 7.3 的标题中给出。如该图所示，Q-learning 最终能找到一个最优路径。在迭代过程中，每个回合的长度逐渐缩短，而每个回合的回报逐渐增加。

第二组例子在图 7.4 和图 7.5 中给出，它们展示了算法 7.3 中 Off-policy 模式的 Q-learning。这里的任务是找到所有状态的最优策略。参数设置为 $r_{\text{boundary}} = r_{\text{forbidden}} = -1, r_{\text{target}} = 1, \gamma = 0.9, \alpha = 0.1$。

◇ 最优策略：为了验证 Q-learning 的有效性，我们首先使用之前介绍的需要模型的策略迭代算法求解出真实的最优策略和最优状态值，如图 7.4(a)~(b) 所示。

◇ 经验样本：行为策略在任意状态下采取任意动作的概率是相同的，都等于 0.2（图 7.4(c)）。我们使用该行为策略生成一个包含 100000 步的回合（图 7.4(d)）。由于该行为策略具有良好的探索能力，这一个回合就能多次访问每个状态-动作。

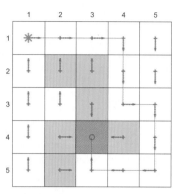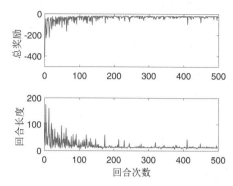

图 7.3　用于展示算法 7.2 的例子。所有回合都从左上角的状态开始，并在到达目标状态后终止。目的是找到从起始状态到目标状态的最优路径。左图显示了算法得到的最终策略。右图显示了每个回合的回报和长度的变化。参数设置为 $r_{\text{target}} = 0, r_{\text{forbidden}} = r_{\text{boundary}} = -10, r_{\text{other}} = -1, \alpha = 0.1, \epsilon = 0.1$。

◇　学习到的策略：Q-learning 最终学到的目标策略如图7.4(e) 所示。这个策略是最优的，因为估计误差收敛到了 0（图7.4(f)）。此外，有的读者可能注意到 Q-learning 学到的最优策略与图7.4(a) 中的最优策略不完全相同。实际上，这两个都是最优策略，它们对应相同的最优状态值。

◇　不同的初始值：由于 Q-learning 采用自举方法，算法需要选取合适的初始动作值估计。如果初始估计靠近真实值，则估计过程收敛较快，例如在约 10000 步内收敛（图7.4(g)）。否则，估计过程收敛较慢（图7.4(h)）。

◇　不同的行为策略：当行为策略的探索性较差时，学习的效果显著下降。例如，图7.5给出了一些探索性较差的行为策略。虽然它们是 ϵ-Greedy，但是因为 $\epsilon = 0.5$ 或 0.1 较小，所以探索性较差。结果表明，当 ϵ 从 1 减少到 0.5，然后再减少到 0.1 时，学习速度显著降低，这是因为行为策略的探索能力较弱，导致经验样本不合理。

7.5　时序差分算法的统一框架

到目前为止，我们已经介绍了几个不同的 TD 算法，如 Sarsa、n-Step Sarsa 和 Q-learning。下面介绍一个统一的框架来描述这些 TD 算法甚至蒙特卡罗算法。

具体来说，用于动作值估计的 TD 算法可以写成一个统一的表达式：

$$q_{t+1}(s_t, a_t) = q_t(s_t, a_t) - \alpha_t(s_t, a_t)[q_t(s_t, a_t) - \bar{q}_t], \tag{7.20}$$

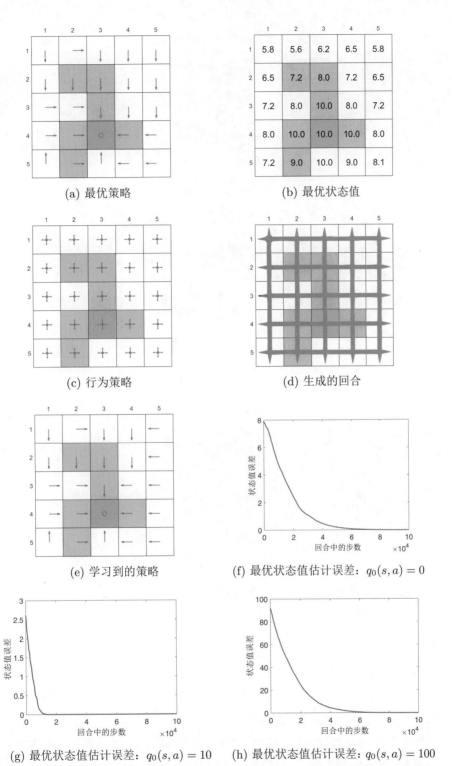

(a) 最优策略

(b) 最优状态值

(c) 行为策略

(d) 生成的回合

(e) 学习到的策略

(f) 最优状态值估计误差：$q_0(s,a)=0$

(g) 最优状态值估计误差：$q_0(s,a)=10$

(h) 最优状态值估计误差：$q_0(s,a)=100$

图 7.4 用于展示 Off-policy 模式的 Q-learning 的例子。图 (a) 和 (b) 展示了最优策略和最优状态值。图 (c) 和 (d) 展示了行为策略和生成的回合。图 (e) 和 (f) 展示了学习到的策略和估计误差的收敛过程。图 (g) 和 (h) 展示了具有不同初始值的情况。

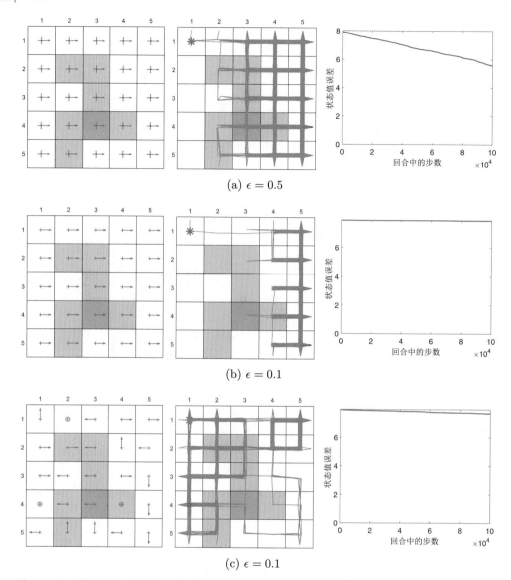

(a) $\epsilon = 0.5$

(b) $\epsilon = 0.1$

(c) $\epsilon = 0.1$

图 7.5 当行为策略探索性较弱时，学习的效果会下降。左列的图展示了不同的行为策略。中间列的图展示了由相应行为策略生成的回合，每个回合有 100000 步。右列的图展示了最优状态值估计误差的演变过程。

其中 $\bar{q}_t$ 是 TD 目标。所有的 TD 算法都可以用(7.20)来描述，只是不同的 TD 算法有不同的 TD 目标 $\bar{q}_t$，请见表7.2。蒙特卡罗算法也可以被视为(7.20)的一种特殊情况：如果设置 $\alpha_t(s_t, a_t) = 1$，那么(7.20)就变成了 $q_{t+1}(s_t, a_t) = \bar{q}_t$，这实际上就是蒙特卡罗算法。

算法(7.20)可以被视为用于求解一个统一方程 $q(s, a) = \mathbb{E}[\bar{q}_t|s, a]$ 的随机近似算法，这个方程有不同的表达方式，请见表7.2。可以看出，所有算法本质上都是求解贝尔曼方程，只有 Q-learning 是求解贝尔曼最优方程。

表 7.2 时序差分方法的统一框架。这里 BE 和 BOE 分别代表贝尔曼方程和贝尔曼最优方程。

算法	式(7.20)中 TD 目标 $\bar{q}_t$ 的表达式
Sarsa	$\bar{q}_t = r_{t+1} + \gamma q_t(s_{t+1}, a_{t+1})$
n-step Sarsa	$\bar{q}_t = r_{t+1} + \gamma r_{t+2} + \cdots + \gamma^n q_t(s_{t+n}, a_{t+n})$
Q-learning	$\bar{q}_t = r_{t+1} + \gamma \max_a q_t(s_{t+1}, a)$
Monte Carlo	$\bar{q}_t = r_{t+1} + \gamma r_{t+2} + \gamma^2 r_{t+3} + \cdots$

算法	求解的数学方程
Sarsa	BE: $q_\pi(s, a) = \mathbb{E}\left[R_{t+1} + \gamma q_\pi(S_{t+1}, A_{t+1})|S_t = s, A_t = a\right]$
n-step Sarsa	BE: $q_\pi(s, a) = \mathbb{E}[R_{t+1} + \gamma R_{t+2} + \cdots + \gamma^n q_\pi(S_{t+n}, A_{t+n})|S_t = s, A_t = a]$
Q-learning	BOE: $q(s, a) = \mathbb{E}\left[R_{t+1} + \gamma \max_a q(S_{t+1}, a)|S_t = s, A_t = a\right]$
Monte Carlo	BE: $q_\pi(s, a) = \mathbb{E}[R_{t+1} + \gamma R_{t+2} + \gamma^2 R_{t+3} + \cdots |S_t = s, A_t = a]$

7.6 总结

本章介绍了多种时序差分算法，所有这些算法都可以被视为求解贝尔曼方程或贝尔曼最优方程的随机近似算法。

本章介绍的 TD 算法，除了 Q-learning 外，都是用于评价某个给定策略的，即从一些经验样本中估计给定策略的状态/动作值，它们需要结合策略改进步骤才能得到最优策略。此外，这些算法是 On-policy 的，因为它们的目标策略和行为策略相同。

Q-learning 与其他算法相比有一点特殊，因为它是 Off-policy 的，其目标策略可以与行为策略不同。Q-learning 是 Off-policy 的根本原因是它旨在求解贝尔曼最优方程，而不是某一个给定策略的贝尔曼方程。

值得一提的是，有一些方法可以将 On-policy 算法转换为 Off-policy 算法。重要性采样就是其中一个广泛使用的方法 [3, 40]，该方法将在第 10 章介绍。最后，TD 算法有一些变体和扩展 [41–45]。例如，TD(λ) 方法提供了一个更加通用和统一的框架，更多信息可参见 [3, 20, 46]。

7.7 问答

◇ 提问：如何理解时序差分方法中的"时序差分"？

回答：每个 TD 算法都有一个 TD 误差，该误差代表新样本和当前估计之间的差异。由于这种差异是在不同时刻之间计算的，因此被称为时序差分。

◇ 提问：如何理解用时序差分方法来"学习"最优策略？

回答：从数学的角度看，"学习"意味着"估计"，即从样本中估计状态值/动作值，进而基于估计值获得策略。

◇ 提问：貌似 Sarsa 算法只能估计给定策略的动作值，那么它是如何用于学习最优策略的呢？

回答：要获得一个最优策略，值估计应该与策略改进不断交替进行。为什么这样结合就能得到最优策略呢？这实际上就是广义策略迭代的思想。该思想已经在前面的值迭代与策略迭代算法以及蒙特卡罗方法中有了详细解释，因此在我们介绍 TD 算法时就不再赘述。这也再次说明了强化学习的系统性：首先理解前面章节的内容对学习后续章节至关重要。

◇ 提问：为什么 Sarsa 改进策略时要使用 ϵ-Greedy 策略呢？

回答：这是因为该策略会进一步产生用于值估计的经验样本，因此它应该具有探索性以生成足够的经验样本。这个思想在前面介绍蒙特卡罗算法 MC ϵ-Greedy 时有详细的介绍。

◇ 提问：定理7.1和7.2要求学习率 α_t 逐渐趋向于0，为什么在实践中要将学习率设置为一个小的常数？

回答：根本原因是所评估的策略是持续变化的（或称为非平稳的）。具体来说，像 Sarsa 这样的 TD 算法旨在估计某一个给定策略的动作值。如果该给定策略是固定的，那么使用递减的学习率是没有问题的。然而，在最优策略学习过程中，Sarsa 要评估的策略在每次迭代后都会变化。如果此时的学习率是递减的，那么后面得到的样本实际上就不发挥作用了，也无法有效评估不断变化的策略。反之，如果此时的学习率是一个常数，那么后面得到的样本和前面的样本一样会发挥积极的作用，从而有效评估不断变化的策略。最后，尽管常数学习率的一个缺点是价值估计可能最终会波动，但只要该常数足够小，这种波动就可以忽略不计。

◇ 提问：我们应该学习到所有状态的最优策略，还是只需要学习某一部分状态的最优策略？

回答：这取决于任务。读者可能已经注意到，本章考虑的一些任务（例如图7.2）并不需要找到所有状态的最优策略。因为这些任务只需要找到从一个给定状态出发到目标状态的最优路径，所以只需要学习与这个路径相近的状态的最优策略即可，此时所需要的数据会更少，任务也相对简单。值得指出的是，由于没有得到所有状态的最优策略，最后获得的路径不能保证是全局最优的。不过只要有足够的数据，我们仍然可以找到一个好的或局部最优的路径。

◇ 提问：为什么 Q-learning 是 Off-policy 的，而本章中的其他 TD 算法都是 On-policy 的？

回答：根本原因是 Q-learning 旨在求解贝尔曼最优方程，而其他 TD 算法旨在求解某一给定策略的贝尔曼方程。详细信息可参见第7.4.2节。

◇ 提问：为什么 Q-learning 的 Off-policy 模式可以更新策略为 Greedy 而不是 ϵ-Greedy？

回答：这是因为目标策略不会用于生成经验样本，因此它不需要具有探索性。

第8章

值函数方法

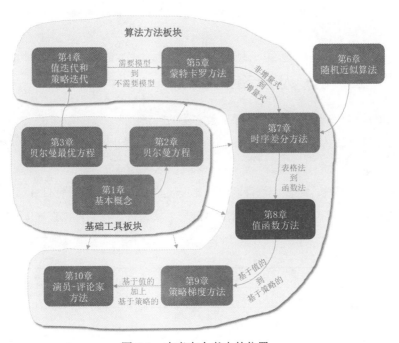

图 8.1 本章在全书中的位置。

本章将继续介绍时序差分方法，不过我们将使用不同的方法来表示状态值/动作值。到目前为止，本书中所有的状态值/动作值都是通过**表格**来表示的。虽然表格形式易于理解，但是在处理大型状态空间或动作空间时效率不高。本章将用函数来表示状态值/动作值，这种方法已经成为目前强化学习的主流方法。由于人工神经网络是很好的函数近似器，因此这也是人工神经网络进入强化学习的原因。本章将用函数来表示值，下一章将用函数来表示策略。

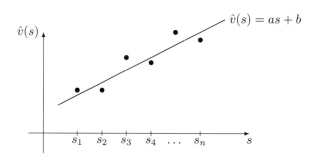

图 8.2 用函数来描述状态值的示意图。横轴和纵轴分别对应 s 和 $\hat{v}(s)$。

8.1 价值表示：从表格到函数

下面通过一个例子来说明表格和函数方法的区别。

假设有 n 个状态 $\{s_i\}_{i=1}^n$。对于一个给定的策略 π，其状态值为 $\{v_\pi(s_i)\}_{i=1}^n$。设 $\{\hat{v}(s_i)\}_{i=1}^n$ 为状态值的估计值。

如果使用表格法，则估计值可以通过如下表格表示。这个表格可以以数组或者向量的形式存储在内存中。如果要检索或更新一个状态值，我们可以直接读取或重写表格中的相应元素。

状态	s_1	s_2	$\cdots$	s_n
估计的状态值	$\hat{v}(s_1)$	$\hat{v}(s_2)$	$\cdots$	$\hat{v}(s_n)$

如果使用函数法，注意到 $\{(s_i, \hat{v}(s_i))\}_{i=1}^n$ 是一组点（图8.2），这些点可以通过一条曲线来拟合或近似。最简单的曲线是一条直线，可以描述为

$$\hat{v}(s, w) = as + b = \underbrace{[s, 1]}_{\phi^{\mathrm{T}}(s)} \underbrace{\begin{bmatrix} a \\ b \end{bmatrix}}_{w} = \phi^{\mathrm{T}}(s)w. \tag{8.1}$$

其中 $\hat{v}(s, w)$ 是用来近似 $v_\pi(s)$ 的函数，它由状态 s 和参数向量 $w \in \mathbb{R}^2$ 共同决定。$\hat{v}(s, w)$

有时被写成 $\hat{v}_w(s)$。另外，$\phi(s) \in \mathbb{R}^2$ 被称为 s 的特征向量（feature vector）。

相比表格法，函数法的不同在于如何检索和更新值。

◇ 如何检索一个状态值：当用表格描述值时，如果想检索一个状态的值，我们可以直接读取表格中相应的元素。然而，当用函数描述值时，如果想检索一个状态的值，我们要将状态 s 输入到函数中，然后计算函数的值（图8.3）。例如，针对(8.1)中的例子，我们需要首先计算特征向量 $\phi(s)$，然后计算 $\phi^{\mathrm{T}}(s)w$ 从而得到值。如果函数是用一个人工神经网络表示的，那么需要完成一次从输入到输出的前向传播，从而得到值。

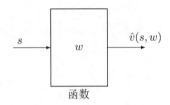

图 8.3　使用函数检索 s 对应的值的过程。

得益于上述检索方式，函数法在存储方面更为高效。例如，表格法需要存储 n 个值，而函数法只需要存储一个低维参数向量 w：如果 w 是 2 维的，那么只需要存储两个值，因此存储效率显著提高。然而，这种好处是有代价的，其代价就是函数可能无法准确描述所有状态值。如图8.2所示，真实的值并非严格落在一条直线上，所以一条直线无法准确拟合所有的值，这就是为什么这种方法也被称为"函数近似"。

从数学本质上来说，函数法是用一个低维向量（即函数参数向量）来描述一个高维向量（即所有状态的值）。此时，一定会有一些信息被丢失。因此，函数法是通过牺牲准确性来提高存储效率的。

◇ 如何更新一个值：当用表格描述值时，如果想要更新一个值，我们可以直接重写表格中对应的元素。然而，当用函数描述值时，更新一个值的方式会完全不同：我们必须更新函数的参数 w 从而间接地改变值，而不能像表格法那样直接修改某个状态的值。至于如何更新 w，本书将在后面详细讨论。

得益于上述更新方式，函数法在泛化能力方面比表格法更强。具体来说，当使用表格法时，如果某一个状态被访问过，那么我们可以根据后续轨迹的回报来更新它的值。如果一个状态从来没有被访问过，它的值当然无法更新。然而，当使用函数法时，我们需要通过更新 w 来更新一个状态的值。w 的改变当然也会影响其他一些状态的值，即使那些状态从来没有在经验数据中被访问过。因此，一个状态的经验样本可以泛化到改变其他一些状态的值。

上述关于泛化性的分析在图8.4中直观地展示了出来。图中有三个状态 $\{s_1, s_2, s_3\}$。假设我们有一个针对 s_3 的经验样本，并想要更新 $\hat{v}(s_3)$。当使用表格法时，我们只能更新 $\hat{v}(s_3)$，而不改变 $\hat{v}(s_1)$ 或 $\hat{v}(s_2)$，参见图8.4(a)。当使用函数法时，我们需要更新 w 从而更新 $\hat{v}(s_3)$，而 w 的更新还会改变 $\hat{v}(s_1)$ 和 $\hat{v}(s_2)$，参见图8.4(b)。因此，s_3 的经验样本可以帮助我们估计其邻近状态的值。

(a) 表格法：当更新 $\hat{v}(s_3)$ 时，其他值保持不变。

(b) 函数法：为了更新 $\hat{v}(s_3)$，需要修改 w，此时其他值也会被改变。

图 8.4　函数法和表格法如何更新值。

另外，我们也可以使用比直线更高阶的曲线来拟合，例如下面的二阶曲线：

$$\hat{v}(s, w) = as^2 + bs + c = \underbrace{[s^2, s, 1]}_{\phi^{\mathrm{T}}(s)} \underbrace{\begin{bmatrix} a \\ b \\ c \end{bmatrix}}_{w} = \phi^{\mathrm{T}}(s)w. \tag{8.2}$$

随着曲线阶数的增加，其拟合精度会更高，但参数向量的维度也会增加，需要更多的存储和计算资源。

值得注意的是，式(8.1)或(8.2)中的 $\hat{v}(s, w)$ 是关于 w 的线性函数（尽管它对 s 可能是非线性的）。因此，这种方法被称为线性函数近似（linear function approximation），这也是最简单的值函数方法。要实现线性函数近似，我们需要选择合适的特征向量 $\phi(s)$。例如，我们必须人为事先确定应该使用一阶直线还是二阶曲线来拟合。选择合适的特征向量并非易事，这需要我们对给定任务有较丰富的先验知识：我们对任务了解得越多，就可以选择越合适的特征向量。例如，如果我们知道图8.2中的点大致位于一条直线上，那么用直线拟合就是很好的选择，不过这样的先验知识在实际中常常难以得到。如果没有任何先验知识，一种流行的方法是使用人工神经网络来作为非线性函数的近似器。

最后，如果使用线性函数来做拟合，那么如何找到最优参数向量呢？当我们知道 $\{v_\pi(s_i)\}_{i=1}^n$ 时，这就是一个简单的最小二乘问题，可以通过优化如下目标函数来获得最优参数：

$$J_1 = \sum_{i=1}^n \left(\hat{v}(s_i, w) - v_\pi(s_i)\right)^2 = \sum_{i=1}^n \left(\phi^\mathrm{T}(s_i)w - v_\pi(s_i)\right)^2$$

$$= \left\| \begin{bmatrix} \phi^\mathrm{T}(s_1) \\ \vdots \\ \phi^\mathrm{T}(s_n) \end{bmatrix} w - \begin{bmatrix} v_\pi(s_1) \\ \vdots \\ v_\pi(s_n) \end{bmatrix} \right\|^2 \doteq \|\Phi w - v_\pi\|^2,$$

其中

$$\Phi \doteq \begin{bmatrix} \phi^\mathrm{T}(s_1) \\ \vdots \\ \phi^\mathrm{T}(s_n) \end{bmatrix} \in \mathbb{R}^{n \times 2}, \qquad v_\pi \doteq \begin{bmatrix} v_\pi(s_1) \\ \vdots \\ v_\pi(s_n) \end{bmatrix} \in \mathbb{R}^n.$$

不难验证，这个最小二乘问题的最优解是

$$w^* = (\Phi^\mathrm{T}\Phi)^{-1}\Phi v_\pi.$$

有关最小二乘问题的更多信息可以参见 [47, 第 3.3 节] 和 [48, 第 5.14 节]。

综上所述，本节介绍的曲线拟合的例子直观地展示了值函数方法的基本思想。值函数方法的具体细节将从下节正式开始介绍。

8.2　基于值函数的时序差分算法：状态值估计

下面介绍如何将值函数与时序差分（temporal difference，TD）方法相结合，实现对一个给定策略的状态值的估计。

本节包含许多小节和内容。在正式开始介绍之前，有必要先简要梳理一下这些内容。

◇　值函数法实际上将状态值估计问题描述成了一个优化问题。这个优化问题的目标函数将在第 8.2.1 节介绍，用于优化此目标函数的 TD 算法将在第 8.2.2 节介绍。

◇　值函数法需要选择合适的特征向量，该问题将在第 8.2.3 节介绍。

◇　第 8.2.4 节将给出示例，以展示基于值函数的 TD 算法的效果，以及不同特征向量的影响。

◇　第 8.2.5 节将讨论值函数法的理论性质，这个小节包含大量数学推导，读者可以根据自己的兴趣选读。

8.2.1 目标函数

令 $v_\pi(s)$ 和 $\hat{v}(s, w)$ 分别代表状态 $s \in \mathcal{S}$ 的真实状态值和估计状态值。我们的任务是找到一个最优的 w，从而使得 $\hat{v}(s, w)$ 能够最好地近似每一个 s 的 $v_\pi(s)$。具体来说，目标函数是

$$J(w) = \mathbb{E}[(v_\pi(S) - \hat{v}(S, w))^2], \tag{8.3}$$

其中 $S \in \mathcal{S}$ 是随机变量。由于 S 是一个随机变量，那么它的概率分布是什么呢？这是本书第一次将状态描述成随机变量并且需要刻画其概率分布，这也是使用值函数时要解决的重要问题。

有下面几种方法来定义 S 的概率分布。

◇ 第一种方法是使用均匀分布（uniform distribution），即每个状态的概率设为 $1/n$，此时所有状态视为同等重要。在这种情况下，式(8.3)中的目标函数变为

$$J(w) = \frac{1}{n} \sum_{s \in \mathcal{S}} (v_\pi(s) - \hat{v}(s, w))^2. \tag{8.4}$$

这是所有状态的估计误差的平均值。这种方法的问题是没有考虑在给定策略下马尔可夫过程的真实动态。例如，某些状态可能很少被访问，此时一视同仁地对待所有状态可能是不合理的。

◇ 第二种方法是使用平稳分布（stationary distribution），这也是本章介绍的重点。平稳分布描述了马尔可夫决策过程的长期行为。更具体地说，当智能体执行一个给定策略足够长的时间后，智能体位于任意一个状态的概率都可以由这个平稳分布来描述。

具体来说，设 $\{d_\pi(s)\}_{s \in \mathcal{S}}$ 为在策略 π 下的平稳分布，即经过相当长的时间后，智能体在状态 s 的概率是 $d_\pi(s)$，根据定义有 $\sum_{s \in \mathcal{S}} d_\pi(s) = 1$。此时，式(8.3)中的目标函数可以重写为

$$J(w) = \sum_{s \in \mathcal{S}} d_\pi(s)(v_\pi(s) - \hat{v}(s, w))^2. \tag{8.5}$$

这是所有状态的估计误差的加权平均值，那些有更高概率被访问到的状态被赋予了更大的权重。

求解 $d_\pi(s)$ 的具体值并非易事，因为它需要知道状态转移概率矩阵 P_π，感兴趣的读者可参见方框8.1。幸运的是，我们不需要计算 $d_\pi(s)$ 的具体值就可以最小化上面这个目标函数，具体细节将在下一小节讨论。

最后，目标函数(8.4)和(8.5)是针对离散和有限个状态的情况。当状态空间是连续的

时，我们需要用积分替换求和。

方框8.1：马尔可夫决策过程的平稳分布

分析平稳分布的核心工具是矩阵 $P_\pi \in \mathbb{R}^{n \times n}$，即在给定策略 π 下的状态转移概率矩阵。具体来说，如果有 n 个状态 $s_1, \ldots, s_n$，那么 $[P_\pi]_{ij}$ 是智能体在策略 π 下从 s_i 用一步转移到 s_j 的概率。P_π 的定义已经在第2.6节给出。

◇ 对 P_π^k 的解读（$k = 1, 2, 3, \ldots$）

我们有必要首先解读 P_π^k 中元素的含义。用

$$p_{ij}^{(k)} = \Pr(S_{t_k} = j | S_{t_0} = i)$$

表示智能体用 k 步从 s_i 转移到 s_j 的概率。其中 t_0 和 t_k 分别代表初始时刻和 k 时刻。那么根据 P_π 的定义可得

$$[P_\pi]_{ij} = p_{ij}^{(1)},$$

即 $[P_\pi]_{ij}$ 是智能体用一步从 s_i 转移到 s_j 的概率。

对于 P_π^2，有

$$[P_\pi^2]_{ij} = [P_\pi P_\pi]_{ij} = \sum_{q=1}^{n} [P_\pi]_{iq} [P_\pi]_{qj}.$$

因为 $[P_\pi]_{iq}[P_\pi]_{qj}$ 等于从 s_i 到 s_q 再从 s_q 到 s_j 的联合转移概率，所以 $[P_\pi^2]_{ij}$ 是用两步从 s_i 转移到 s_j 的概率，即

$$[P_\pi^2]_{ij} = p_{ij}^{(2)}.$$

类似地，可得

$$[P_\pi^k]_{ij} = p_{ij}^{(k)},$$

即 $[P_\pi^k]_{ij}$ 是使用恰好 k 步从 s_i 转移到 s_j 的概率。

◇ 平稳分布的定义

设 $d_0 \in \mathbb{R}^n$ 是一个向量，代表初始时刻状态的概率分布。例如，如果智能体初始时刻总是从状态 s 出发，那么 $d_0(s) = 1$ 而 d_0 的其他元素都为0。设 $d_k \in \mathbb{R}^n$

是从 d_0 开始经过恰好 k 步后得到的概率分布向量。那么

$$d_k(s_i) = \sum_{j=1}^{n} d_0(s_j)[P_\pi^k]_{ji}, \quad i = 1, 2, \ldots \tag{8.6}$$

上式的含义是智能体在 k 时刻转移到 s_i 的概率等于从 $\{s_j\}_{j=1}^{n}$ 使用 k 步转移到 s_i 的概率之和。式(8.6)的矩阵-向量形式是

$$d_k^{\mathrm{T}} = d_0^{\mathrm{T}} P_\pi^k. \tag{8.7}$$

考虑马尔可夫过程的长期行为。在某些条件下（稍后会讨论），下式成立：

$$\lim_{k \to \infty} P_\pi^k = \mathbf{1}_n d_\pi^{\mathrm{T}}, \tag{8.8}$$

其中 $\mathbf{1}_n = [1, \ldots, 1]^{\mathrm{T}} \in \mathbb{R}^n$，因此 $\mathbf{1}_n d_\pi^{\mathrm{T}}$ 是一个所有行都等于 d_π^{T} 的常数矩阵。将(8.8)代入(8.7)可得

$$\lim_{k \to \infty} d_k^{\mathrm{T}} = d_0^{\mathrm{T}} \lim_{k \to \infty} P_\pi^k = d_0^{\mathrm{T}} \mathbf{1}_n d_\pi^{\mathrm{T}} = d_\pi^{\mathrm{T}}, \tag{8.9}$$

其中最后一个等号成立是因为 $d_0^{\mathrm{T}} \mathbf{1}_n = 1$。

式(8.9)意味着状态分布 d_k 会最终收敛到一个常值 d_π，该收敛值称为极限分布 （limit distribution）。极限分布依赖于系统模型和策略 π，但是与初始分布 d_0 无关。也就是说，无论从哪个状态开始，智能体在足够长的时间后的概率分布 总是可以由极限分布来描述。

d_π 的值可以通过以下方法计算。对等式 $d_k^{\mathrm{T}} = d_{k-1}^{\mathrm{T}} P_\pi$ 两边取极限可得

$$d_\pi^{\mathrm{T}} = d_\pi^{\mathrm{T}} P_\pi. \tag{8.10}$$

上式表明 d_π 是矩阵 P_π 的一个左特征向量，其对应的特征值是 1。方程(8.10)的 解被称为平稳分布，它满足 $\sum_{s \in \mathcal{S}} d_\pi(s) = 1$ 且 $d_\pi(s) > 0$ 对所有 $s \in \mathcal{S}$ 成立。 至于为什么 $d_\pi(s) > 0$ 而不是 $d_\pi(s) \geqslant 0$，将在稍后解释。

◇ 平稳分布的唯一性条件

方程(8.10)的解 d_π 通常被称为平稳分布，而(8.9)的 d_π 被称为极限分布。这两 者的区别和联系是什么呢？首先，(8.9)可以推出来(8.10)，但反之可能不成立。 其次，不可约（irreducible）的马尔可夫过程具有唯一稳态分布，常规（regular） 的马尔可夫过程具有唯一极限分布。下面给出了一些基础的定义，更多的细节 可参见 [49, 第 IV 章]。

- 如果存在一个有限自然数 k 使得 $[P_\pi]^k_{ij} > 0$，则称从状态 s_i 出发可达（accessible）状态 s_j，即智能体从 s_i 出发有概率能在有限次转移后到达 s_j。

- 如果两个状态 s_i 和 s_j 相互可达，则这两个状态称为互通（communicate）的。

- 如果所有状态之间都互通，则这个马尔可夫过程被称为不可约（irreducible）的。在直观上，智能体从任意一个状态出发总是有概率在有限步内到达任意其他状态。在数学上，对于任意 s_i 和 s_j，存在 $k \geqslant 1$ 使得 $[P^k_\pi]_{ij} > 0$（不同的 i, j 可能对应不同的 k 值）。

- 如果存在 $k \geqslant 1$ 使得对所有的 i, j 都有 $[P^k_\pi]_{ij} > 0$（即不同的 i, j 对应相同的 k 值），则该马尔可夫过程被称为常规（regular）的，即任意状态的概率都能在最多 k 步内从其他任何状态到达。一个等价的定义是存在 $k \geqslant 1$ 使得 $P^k_\pi > 0$（这里 ">" 是逐元素比较的）。常规马尔可夫过程也是不可约的，但反之则不成立。不过，如果一个马尔可夫过程是不可约的，并且存在 i 使得 $[P_\pi]_{ii} > 0$，那么它也是常规的。此外，如果 $P^k_\pi > 0$，那么对于任何 $k' \geqslant k$，都有 $P^{k'}_\pi > 0$，这是由于 $P_\pi \geqslant 0$。此时由式(8.9)可知，$d_\pi(s) > 0$（而不是 $d_\pi(s) \geqslant 0$）对于每个 s 都成立。

◇ 可能有唯一平稳分布的策略

策略一旦给定，马尔可夫决策过程就变成了马尔可夫过程，其长期行为由给定的策略和系统模型共同决定。此时一个重要的问题是：什么类型的策略能产生常规马尔可夫过程？答案是探索性的策略，例如 ϵ-Greedy 策略。这是因为探索性策略在任意状态下都有概率采取任意动作，因此当系统模型允许时，所有状态之间就可以互通。这当然只是一个直观的解读，具体的还需要根据上面的定义来分析。

◇ 示例

图8.5给出了一个例子来解释平稳分布。这个例子中的策略是 ϵ-Greedy 的，其中 $\epsilon = 0.5$。状态为 s_1, s_2, s_3, s_4，分别对应网格中的左上角、右上角、左下角、右下角的单元格。

我们展示了两种计算平稳分布的方法。第一种方法是通过求解(8.10)得到 d_π 的理论值。第二种方法是迭代数值求解 d_π：从任意初始状态出发，按照给定的策略生成一个足够长的回合，之后可以通过计算访问每个状态的次数与回合总长度的比例来估计 d_π。回合越长，估计结果越准确。

下面分别来看一下理论结果和数值结果。

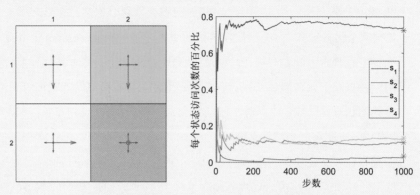

图 8.5 ϵ-Greedy 策略对应的平稳分布。其中 $\epsilon = 0.5$。右图中的星号表示 d_π 中元素的理论值。

- d_π 的理论值：由该策略得到的马尔可夫过程是不可约的也是常规的，具体原因如下。首先，由于所有状态都是相通的，所以得到的马尔可夫过程是不可约的。其次，由于每个状态都可以转移到自身，因此马尔可夫过程也是常规的。从图8.5可以看出

$$P_\pi^{\mathrm{T}} = \begin{bmatrix} 0.3 & 0.1 & 0.1 & 0 \\ 0.1 & 0.3 & 0 & 0.1 \\ 0.6 & 0 & 0.3 & 0.1 \\ 0 & 0.6 & 0.6 & 0.8 \end{bmatrix}.$$

通过计算可得 P_π^{T} 的特征值为 $\{-0.0449, 0.3, 0.4449, 1\}$。$P_\pi^{\mathrm{T}}$ 对应于特征值 1 的右特征向量为 $[0.0463, 0.1455, 0.1785, 0.9720]^{\mathrm{T}}$。将这个向量缩放从而使所有元素的总和等于 1 后，可得 d_π 的理论值为

$$d_\pi = \begin{bmatrix} 0.0345 \\ 0.1084 \\ 0.1330 \\ 0.7241 \end{bmatrix}.$$

其中 d_π 的第 i 个元素对应于智能体访问到 s_i 的概率。

- d_π 的估计值：下面通过在仿真中执行策略足够多次来得到 d_π 的估计值。具体来说，选择 s_1 作为起始状态并按照策略运行 1000 步。图8.5展示了在此过程中每个状态被访问次数的比例。可以看出，这些比例在几百步后逐渐收敛到 d_π 的理论值。

8.2.2 优化算法

为了最小化(8.3)中的目标函数 $J(w)$，我们可以使用梯度下降算法：

$$w_{k+1} = w_k - \alpha_k \nabla_w J(w_k),$$

其中的梯度是

$$
\begin{aligned}
\nabla_w J(w_k) &= \nabla_w \mathbb{E}[(v_\pi(S) - \hat{v}(S, w_k))^2] \\
&= \mathbb{E}[\nabla_w (v_\pi(S) - \hat{v}(S, w_k))^2] \\
&= 2\mathbb{E}[(v_\pi(S) - \hat{v}(S, w_k))(-\nabla_w \hat{v}(S, w_k))] \\
&= -2\mathbb{E}[(v_\pi(S) - \hat{v}(S, w_k))\nabla_w \hat{v}(S, w_k)].
\end{aligned}
$$

将上面的梯度表达式代入梯度下降算法可得

$$w_{k+1} = w_k + 2\alpha_k \mathbb{E}[(v_\pi(S) - \hat{v}(S, w_k))\nabla_w \hat{v}(S, w_k)], \tag{8.11}$$

其中 α_k 前面的系数 2 可以在不失一般性的情况下合并到 α_k 中。

式(8.11)中的算法是无法直接使用的，因为它需要真实期望值，而真实期望值在实际中难以得到。此时，我们可以用随机梯度代替真实梯度，这是随机梯度下降算法的思想。那么(8.11)将变为

$$w_{t+1} = w_t + \alpha_t (v_\pi(s_t) - \hat{v}(s_t, w_t))\nabla_w \hat{v}(s_t, w_t), \tag{8.12}$$

其中 s_t 是 t 时刻得到的 S 的一个样本。

式(8.12)中的算法仍然是无法直接使用的，因为它需要真实的状态价值 v_π，这是未知的也正是我们需要估计的。此时，我们可以用一个近似值替换 $v_\pi(s_t)$，具体来说有下面两种方法。

⋄ 蒙特卡罗方法：如果我们有一个从 s_t 开始的回合数据，设 g_t 为从 s_t 开始的折扣回报，那么 g_t 可以用作 $v_\pi(s_t)$ 的近似值。此时，式(8.12)中的算法变为

$$w_{t+1} = w_t + \alpha_t (g_t - \hat{v}(s_t, w_t))\nabla_w \hat{v}(s_t, w_t).$$

这是基于值函数的蒙特卡罗算法。

⋄ 时序差分方法：根据时序差分的思想，我们可以用 TD 误差 $r_{t+1} + \gamma\hat{v}(s_{t+1}, w_t) - \hat{v}(s_t, w_t)$ 来代替真实误差 $v_\pi(s_t) - \hat{v}(s_t, w_t)$。此时，式(8.12)中的算法变为

$$w_{t+1} = w_t + \alpha_t [r_{t+1} + \gamma\hat{v}(s_{t+1}, w_t) - \hat{v}(s_t, w_t)] \nabla_w \hat{v}(s_t, w_t). \tag{8.13}$$

这就是基于值函数的 TD 算法。详细流程见算法 8.1。

> **算法 8.1：基于值函数的 TD 算法（用于状态值估计）**
>
> **初始化**：参数可微的值函数 $\hat{v}(s, w)$。初始参数 w_0。
>
> **目标**：估计一个给定策略 π 的状态值。
>
> 对于由 π 生成的每个回合 $\{(s_t, r_{t+1}, s_{t+1})\}_t$
>
>   对于每个样本 (s_t, r_{t+1}, s_{t+1})
>
>   对于一般值函数：$w_{t+1} = w_t + \alpha_t[r_{t+1} + \gamma \hat{v}(s_{t+1}, w_t) - \hat{v}(s_t, w_t)] \nabla_w \hat{v}(s_t, w_t)$
>
>   对于线性值函数：$w_{t+1} = w_t + \alpha_t[r_{t+1} + \gamma \phi^{\mathrm{T}}(s_{t+1})w_t - \phi^{\mathrm{T}}(s_t)w_t] \phi(s_t)$

理解(8.13)中的 TD 算法对于理解本章中的其他算法至关重要。值得注意的是，(8.13)是用于估计状态值的，我们将在第8.3.1节和第8.3.2节中推广到动作值估计。

8.2.3 选择值函数

为了应用(8.13)中的 TD 算法，我们需要选择合适的值函数 $\hat{v}(s, w)$。目前最常见的是使用人工神经网络：神经网络的输入是状态 s，输出是 $\hat{v}(s, w)$，网络参数是 w。下面重点介绍历史上早期使用较广泛的线性函数，其优势是具有较强的理论可解释性，其劣势是具有较弱的近似能力，并且实际中往往难以选取合适的特征向量（feature vector）。不过作为最简单的情况，它对于我们理解基于值函数的 TD 方法非常重要。

具体来说，一个线性函数具有如下形式：

$$\hat{v}(s, w) = \phi^{\mathrm{T}}(s)w,$$

其中 $\phi(s) \in \mathbb{R}^m$ 是状态 s 的特征向量。$\phi(s)$ 和 w 的维度等于 m，而 m 通常远小于状态的个数。例如，如果函数对应的是一阶直线或者二阶曲线（参见(8.1)和(8.2)），那么对应的 m 等于 2 或者 3。值得注意的是，这里的"线性函数"指的是函数对 w 呈线性，而并非对 s 呈线性。例如(8.2)中的函数不是 w 的线性函数，而是 s 的二次非线性函数。

线性函数的梯度非常简单：

$$\nabla_w \hat{v}(s, w) = \phi(s).$$

将上式代入(8.13)可得

$$w_{t+1} = w_t + \alpha_t[r_{t+1} + \gamma \phi^{\mathrm{T}}(s_{t+1})w_t - \phi^{\mathrm{T}}(s_t)w_t] \phi(s_t). \tag{8.14}$$

这是基于线性值函数的 TD 算法，我们将其简称为 TD-Linear。

线性情况比非线性情况具有更强的理论可解释性。然而，它的近似能力较弱，而且选择合适的特征向量也并非易事。相比之下，人工神经网络作为通用非线性函数近似器，能够近似更加复杂的函数，而且由于不需要选择特征向量，使用起来也更为方便。

尽管如此，学习线性情况仍然是有意义的。第一，基于表格的 TD 算法可以被视为一种特殊的基于线性值函数的 TD 算法。这个结论非常重要，一方面，它统一了表格和值函数两种方法；另一方面，也说明了线性值函数方法的强大。关于这个结论的更多细节可参见方框8.2。第二，理解线性情况可以帮助读者更好地掌握值函数方法的思想。第三，对于简单的网格世界任务，线性情况已经足够了（参见第8.2.4节给出的例子）。

方框8.2：基于表格的 TD 算法是基于线性值函数的 TD 算法的特殊情况

下面展示第7章式(7.1)给出的基于表格的 TD 算法是(8.14)中给出的 TD-Linear 算法的一个特殊情况。

对任意状态 $s \in \mathcal{S}$，构造如下特殊的特征向量：

$$\phi(s) = e_s \in \mathbb{R}^n.$$

这里 e_s 是一个向量，其中与 s 对应的元素为 1，其他元素为 0。此时，线性函数的表达式是

$$\hat{v}(s, w) = e_s^{\mathrm{T}} w = w(s),$$

其中 $w(s)$ 是参数向量 w 中与 s 对应的元素。将上式代入(8.14)中的 TD-Linear 算法可得

$$w_{t+1} = w_t + \alpha_t \big(r_{t+1} + \gamma w_t(s_{t+1}) - w_t(s_t)\big) e_{s_t}.$$

由于 e_{s_t} 中只有对应 s_t 的元素等于 1 而其他元素都等于 0，因此上式只是更新了 w 中对应于 s_t 的那个元素，而其他元素不变。为了更清楚地看到这一点，对上式两边同时乘以 $e_{s_t}^{\mathrm{T}}$ 可得

$$w_{t+1}(s_t) = w_t(s_t) + \alpha_t \big(r_{t+1} + \gamma w_t(s_{t+1}) - w_t(s_t)\big).$$

这正是式(7.1)中给出的基于表格的 TD 算法。

总而言之，通过选择特征向量为 $\phi(s) = e_s$，基于线性值函数的 TD-Linear 算法就可以变成基于表格的 TD 算法。

8.2.4　示例

下面通过一些例子来展示如何使用(8.14)中的 TD-Linear 算法来估计一个策略的状态值。同时，我们也将展示如何选择特征向量。

图8.6给出了一个网格世界的例子。图8.6(a)展示的是一个给定的策略,它在任意状态下采取任意动作的概率都是0.2。我们的任务是估计此策略的状态值。首先,通过求解贝尔曼方程的方式可得真实状态值,参见图8.6(b)。这些状态值以3D曲面的形式在图8.6(c)中给出。

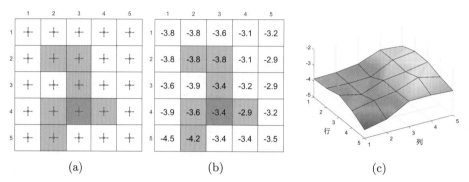

图 8.6　(a) 一个给定的策略。(b) 表格形式的真实状态值。(c) 3D 曲面形式的真实状态值。

该例子中一共有25个状态,因此有25个状态值。下面展示如何用具有少于25个参数的线性函数来近似状态值。仿真设置如下。由给定策略生成500个回合,每个回合有500步,并从一个按均匀分布随机选择的状态-动作开始。此外,在每次仿真中,参数向量w被随机初始化,其中每个元素都从均值为0且标准差为1的正态分布中采样得到。设定$r_{\text{forbidden}} = r_{\text{boundary}} = -1, r_{\text{target}} = 1, \gamma = 0.9$。

为了应用TD-Linear算法,首先需要选择特征向量$\phi(s)$。有多种方法来选择特征向量。

◇　基于多项式的特征向量。在网格世界的例子中,一个状态s对应一个二维的位置。令x和y分别代表状态s的列索引和行索引。为了避免数值问题,对x和y进行归一化,使它们的值在$[-1, +1]$区间内。为方便起见,归一化后的值也用x和y表示。那么,最简单的特征向量是

$$\phi(s) = \begin{bmatrix} x \\ y \end{bmatrix} \in \mathbb{R}^2.$$

此时对应的线性函数是

$$\hat{v}(s, w) = \phi^{\text{T}}(s)w = [x, y] \begin{bmatrix} w_1 \\ w_2 \end{bmatrix} = w_1 x + w_2 y.$$

如果w固定而x, y是自变量,那么$\hat{v}(s, w) = w_1 x + w_2 y$代表一个通过原点的二维平面。由于状态值近似对应的平面可能不经过原点,因此需要引入一个偏置从而更

好地近似状态值。因此，如下的三维特征向量更为合理：

$$\phi(s) = \begin{bmatrix} 1 \\ x \\ y \end{bmatrix} \in \mathbb{R}^3. \tag{8.15}$$

此时值函数是

$$\hat{v}(s,w) = \phi^{\mathrm{T}}(s)w = [1, x, y] \begin{bmatrix} w_1 \\ w_2 \\ w_3 \end{bmatrix} = w_1 + w_2 x + w_3 y.$$

如果 w 固定而 x, y 是自变量，那么 $\hat{v}(s,w)$ 对应于一个可以不经过原点的平面。另外，$\phi(s)$ 也可以定义为 $\phi(s) = [x, y, 1]^{\mathrm{T}}$，其元素的顺序没有关系。

基于(8.15)中的特征向量，如果我们使用 TD-Linear 算法，最后得到的值函数如图8.7(a) 所示。尽管估计误差会随着更多回合而逐渐收敛，但是由于 2D 平面的近似能力有限，因此误差不能收敛到 0。

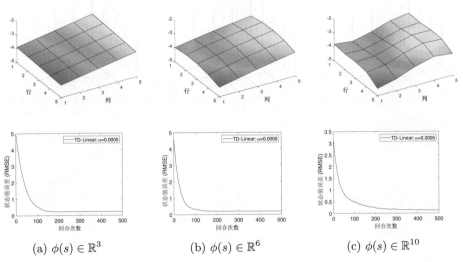

(a) $\phi(s) \in \mathbb{R}^3$ (b) $\phi(s) \in \mathbb{R}^6$ (c) $\phi(s) \in \mathbb{R}^{10}$

图 8.7 基于 (8.15)、(8.16)、(8.17)中的多项式特征向量，利用 TD-Linear 算法得到的结果。

为了增强近似能力，可以增加特征向量的维度，例如使用如下六维特征向量：

$$\phi(s) = [1, x, y, x^2, y^2, xy]^{\mathrm{T}} \in \mathbb{R}^6. \tag{8.16}$$

此时，线性值函数的表达式是 $\hat{v}(s,w) = \phi^{\mathrm{T}}(s)w = w_1 + w_2 x + w_3 y + w_4 x^2 + w_5 y^2 + w_6 xy$，这对应了一个三维曲面。当然，我们还可以进一步增加特征向量的维度：

$$\phi(s) = [1, x, y, x^2, y^2, xy, x^3, y^3, x^2 y, xy^2]^{\mathrm{T}} \in \mathbb{R}^{10}. \tag{8.17}$$

当使用(8.16)和(8.17)中的特征向量时，TD-Linear 的估计结果如图8.7(b) 和 (c) 所示。可以看出，特征向量维数越高，状态值的近似就越精确。然而，在这三种情况下估计误差都不能收敛到0，这是因为这些线性函数的近似能力仍然有限。

◇ 除了基于多项式的特征向量，还有许多其他类型的特征向量，如傅里叶基（Fourier basis）和平铺编码（tile coding）[3, 第9章]。具体来说，首先将每个状态的 x 和 y 归一化到 $[0,1]$ 区间，基于傅里叶基的特征向量是

$$\phi(s) = \begin{bmatrix} \vdots \\ \cos\big(\pi(c_1 x + c_2 y)\big) \\ \vdots \end{bmatrix} \in \mathbb{R}^{(q+1)^2}. \tag{8.18}$$

这里 π 表示圆周率而不是策略。上式中的 c_1, c_2 可以在 $\{0, 1, \ldots, q\}$ 中取值，其中 q 是用户指定的整数。因此，(c_1, c_2) 一共有 $(q+1)^2$ 种可能的取值，所以 $\phi(s)$ 的维度是 $(q+1)^2$。例如，如果 $q = 1$，那么特征向量是

$$\phi(s) = \begin{bmatrix} \cos\big(\pi(0x + 0y)\big) \\ \cos\big(\pi(0x + 1y)\big) \\ \cos\big(\pi(1x + 0y)\big) \\ \cos\big(\pi(1x + 1y)\big) \end{bmatrix} = \begin{bmatrix} 1 \\ \cos(\pi y) \\ \cos(\pi x) \\ \cos(\pi(x + y)) \end{bmatrix} \in \mathbb{R}^4.$$

如果选取 $q = 1, 2, 3$，那么使用 TD-Linear 算法获得的结果如图8.8所示。在这三种情况中，特征向量的维度分别为 $4, 9, 16$。可以看出，特征向量的维度越高，状态值的近似越精确。

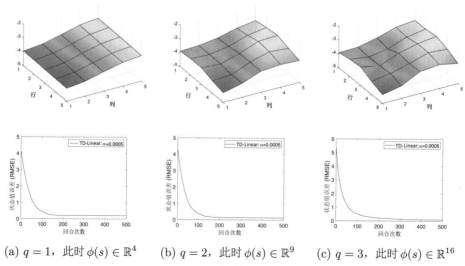

(a) $q = 1$，此时 $\phi(s) \in \mathbb{R}^4$ (b) $q = 2$，此时 $\phi(s) \in \mathbb{R}^9$ (c) $q = 3$，此时 $\phi(s) \in \mathbb{R}^{16}$

图 8.8 基于(8.18)中的傅里叶基函数特征向量使用 TD-Linear 算法得到的结果。

8.2.5　理论分析

前面几个小节介绍了基于值函数的 TD 算法。我们介绍的思路始于(8.3)中的目标函数。为了优化这个目标函数，我们引入了(8.12)中的随机梯度算法。后来，该算法中未知的真实状态值被一个近似值替代，从而产生了(8.13)中的 TD 算法。

这个介绍思路非常直观易懂，不过它在数学上并不严谨。例如，(8.13)中的算法实际上并不是在优化(8.3)中的目标函数。不过对于大部分读者来说，了解这个思路脉络已经足够了。

下面我们对(8.13)中的 TD 算法进行严格的理论分析，以揭示该算法为何能有效工作以及究竟解决了什么数学问题。由于非线性值函数难以分析，因此这部分只考虑线性值函数的情况。这部分内容涉及大量的数学内容，建议读者根据自己的兴趣选读，直接跳过本小节不会影响后续学习。

收敛性分析

为了研究算法(8.13)的收敛性质，我们首先考虑如下算法：

$$w_{t+1} = w_t + \alpha_t \mathbb{E}\Big[\big(r_{t+1} + \gamma\phi^{\mathrm{T}}(s_{t+1})w_t - \phi^{\mathrm{T}}(s_t)w_t\big)\phi(s_t)\Big], \tag{8.19}$$

其中的期望是针对三个随机变量 s_t, s_{t+1}, r_{t+1}。算法(8.19)是确定性的，因为所有随机变量在计算期望后都消失了。

为什么我们要考虑(8.19)中这个确定性算法呢？首先，该确定性算法的收敛性更容易分析（尽管其分析也并非一蹴而就）。更重要的是，该确定性算法的收敛性能够推导出算法(8.13)的收敛性，这是因为(8.13)可以被视为(8.19)的随机梯度下降版本。因此，我们只需要分析该确定性算法的收敛性。

尽管算法(8.19)的表达式乍一看很复杂，但实际上可以大大简化。假设 s_t 服从平稳分布 d_π（平稳分布在方框8.1中已经有详细介绍）。定义

$$\Phi = \begin{bmatrix} \vdots \\ \phi^{\mathrm{T}}(s) \\ \vdots \end{bmatrix} \in \mathbb{R}^{n\times m}, \quad D = \begin{bmatrix} \ddots & & \\ & d_\pi(s) & \\ & & \ddots \end{bmatrix} \in \mathbb{R}^{n\times n}, \tag{8.20}$$

其中矩阵 Φ 的每一行对应一个状态的特征向量，对角阵 D 的对角线元素是平稳分布向量中的元素。基于这两个矩阵，我们可以把(8.19)大大简化。

引理 8.1。式(8.19)中的期望可以重写为

$$\mathbb{E}\Big[\big(r_{t+1} + \gamma\phi^{\mathrm{T}}(s_{t+1})w_t - \phi^{\mathrm{T}}(s_t)w_t\big)\phi(s_t)\Big] = b - Aw_t,$$

其中

$$A \doteq \Phi^{\mathrm{T}} D(I - \gamma P_\pi)\Phi \in \mathbb{R}^{m \times m},$$
$$b \doteq \Phi^{\mathrm{T}} D r_\pi \in \mathbb{R}^m. \tag{8.21}$$

这里 P_π, r_π 是贝尔曼方程 $v_\pi = r_\pi + \gamma P_\pi v_\pi$ 中的两个量，而 I 是具有合适维度的单位矩阵。

该引理的证明在方框8.3中给出。

根据引理8.1中的表达式，(8.19)中的算法可以重写为

$$w_{t+1} = w_t + \alpha_t(b - A w_t). \tag{8.22}$$

这是一个确定性迭代算法，其收敛性分析如下所示。

第一，我们先回答一个问题：假设 w_t 会收敛到一个常值 w^*，那么 w^* 是什么？如果已经收敛，那么(8.22)中的 w_t、w_{t+1} 就变为 w^*，所以有 $w^* = w^* + \alpha_\infty(b - A w^*)$，进而可得 $b - A w^* = 0$，因此

$$w^* = A^{-1} b.$$

关于这个收敛值，下面给出几点说明。

- ◇ A 是否可逆？答案是可逆的。事实上，A 不仅可逆，还是（非对称）正定的，即对于任意具有合适维度的非零向量 x 都有 $x^{\mathrm{T}} A x > 0$。证明可见方框8.4。

- ◇ $w^* = A^{-1} b$ 究竟是什么？它实际上是最小化投影贝尔曼误差（projected Bellman error）的最优解。详细内容将稍后介绍。

- ◇ 我们已经在方框8.2介绍过：如果选择特殊的特征向量，基于值函数的 TD-Linear 算法就退化成为基于表格的 TD 算法。下面我们把这个特殊的特征向量代入 w^*，看能够得到什么有意思的结论。具体来说，选择特征向量为 $\phi(s) = [0, \dots, 1, \dots, 0]^{\mathrm{T}}$（其中与 s 相对应的元素为 1，其他都为 0），将其代入(8.21)可得

$$w^* = A^{-1} b = v_\pi. \tag{8.23}$$

上式表明，该 TD-Linear 算法学习的参数就是真实的状态值。因为基于表格的 TD 算法就是在估计状态值，所以上式再次印证了基于表格的 TD 算法是 TD-Linear 算法的一个特例。下面给出(8.23)的证明。首先，不难看出此时 $\Phi = I$。因此，$A = \Phi^{\mathrm{T}} D(I - \gamma P_\pi)\Phi = D(I - \gamma P_\pi)$，$b = \Phi^{\mathrm{T}} D r_\pi = D r_\pi$，进而有 $w^* = A^{-1} b = (I - \gamma P_\pi)^{-1} D^{-1} D r_\pi = (I - \gamma P_\pi)^{-1} r_\pi = v_\pi$。

第二，下面证明算法(8.22)中的 w_t 会随着 $t \to \infty$ 收敛到 $w^* = A^{-1} b$。由于(8.22)是一个确定性迭代算法，因此可以通过多种方式证明。我们提供如下两种证明。

◇ 证明 1：定义收敛误差为 $\delta_t \doteq w_t - w^*$，我们只需要证明 δ_t 能收敛到 0。具体来说，将 $w_t = \delta_t + w^*$ 代入 (8.22) 可得

$$\delta_{t+1} = \delta_t - \alpha_t A\delta_t = (I - \alpha_t A)\delta_t.$$

因此可以得到

$$\delta_{t+1} = (I - \alpha_t A)\cdots(I - \alpha_0 A)\delta_0.$$

考虑一个简单情况：对所有 t 有 $\alpha_t = \alpha$。对上面等式两边求范数可得

$$\|\delta_{t+1}\|_2 \leqslant \|I - \alpha A\|_2^{t+1}\|\delta_0\|_2.$$

当 $\alpha > 0$ 足够小时，可得 $\|I - \alpha A\|_2 < 1$，因此随着 $t \to \infty$ 可知 $\delta_t \to 0$。这里之所以 $\|I - \alpha A\|_2 < 1$ 成立是因为 A 是正定的，即对于任何 x 有 $x^{\mathrm{T}}(I - \alpha A)x < 1$。

◇ 证明 2：定义 $g(w) \doteq b - Aw$。由于 w^* 是 $g(w) = 0$ 的根，因此这个问题可以被描述成一个求解方程的问题，而式 (8.22) 实际上是第 6 章介绍的罗宾斯-门罗（RM）算法。虽然原始的 RM 算法是为随机过程设计的，但它也可以应用于确定性情况。RM 算法的收敛性可以揭示 $w_{t+1} = w_t + \alpha_t(b - Aw_t)$ 的收敛性，即当 $\sum_t \alpha_t = \infty$ 并且 $\sum_t \alpha_t^2 < \infty$ 时，w_t 收敛于 w^*。

证明 1 和证明 2 给出了算法 (8.22) 收敛的两种条件。证明 1 说明了，当 α_t 是一个足够小的常数时，算法收敛。证明 2 说明了，当 α_t 满足 $\sum_t \alpha_t = \infty$ 和 $\sum_t \alpha_t^2 < \infty$ 时，算法收敛。这两个条件在第 6 章介绍随机近似算法时也经常见到。

至此，我们证明了 (8.22) 的收敛性。由于 (8.13) 可以被视为 (8.19) 的随机梯度下降版本，因此其收敛性也可以得到。

方框 8.3：证明引理 8.1

假设 s_t 服从平稳分布 d_π。通过使用总期望定律（Law of total expectation）可以得到

$$\mathbb{E}\Big[r_{t+1}\phi(s_t) + \phi(s_t)\big(\gamma\phi^{\mathrm{T}}(s_{t+1}) - \phi^{\mathrm{T}}(s_t)\big)w_t\Big]$$
$$= \sum_{s \in \mathcal{S}} d_\pi(s)\mathbb{E}\Big[r_{t+1}\phi(s_t) + \phi(s_t)\big(\gamma\phi^{\mathrm{T}}(s_{t+1}) - \phi^{\mathrm{T}}(s_t)\big)w_t \big| s_t = s\Big]$$
$$= \sum_{s \in \mathcal{S}} d_\pi(s)\mathbb{E}\Big[r_{t+1}\phi(s_t)\big|s_t = s\Big] + \sum_{s \in \mathcal{S}} d_\pi(s)\mathbb{E}\Big[\phi(s_t)\big(\gamma\phi^{\mathrm{T}}(s_{t+1}) - \phi^{\mathrm{T}}(s_t)\big)w_t\big|s_t = s\Big].$$

$$\text{(8.24)}$$

第一，考虑(8.24)中的第一项。由于

$$\mathbb{E}\left[r_{t+1}\phi(s_t)\big|s_t=s\right] = \phi(s)\mathbb{E}\left[r_{t+1}\big|s_t=s\right] = \phi(s)r_\pi(s),$$

其中 $r_\pi(s) = \sum_a \pi(a|s)\sum_r rp(r|s,a)$，因此(8.24)中的第一项可以重写为

$$\sum_{s\in\mathcal{S}} d_\pi(s)\mathbb{E}\left[r_{t+1}\phi(s_t)\big|s_t=s\right] = \sum_{s\in\mathcal{S}} d_\pi(s)\phi(s)r_\pi(s) = \Phi^\mathrm{T}Dr_\pi, \tag{8.25}$$

其中 $r_\pi = [\cdots, r_\pi(s), \cdots]^\mathrm{T} \in \mathbb{R}^n$。

第二，考虑(8.24)中的第二项。由于

$$\mathbb{E}\left[\phi(s_t)\big(\gamma\phi^\mathrm{T}(s_{t+1}) - \phi^\mathrm{T}(s_t)\big)w_t\big|s_t=s\right]$$
$$= -\mathbb{E}\left[\phi(s_t)\phi^\mathrm{T}(s_t)w_t\big|s_t=s\right] + \mathbb{E}\left[\gamma\phi(s_t)\phi^\mathrm{T}(s_{t+1})w_t\big|s_t=s\right]$$
$$= -\phi(s)\phi^\mathrm{T}(s)w_t + \gamma\phi(s)\mathbb{E}\left[\phi^\mathrm{T}(s_{t+1})\big|s_t=s\right]w_t$$
$$= -\phi(s)\phi^\mathrm{T}(s)w_t + \gamma\phi(s)\sum_{s'\in\mathcal{S}} p(s'|s)\phi^\mathrm{T}(s')w_t,$$

因此(8.24)中的第二项变为

$$\sum_{s\in\mathcal{S}} d_\pi(s)\mathbb{E}\left[\phi(s_t)\big(\gamma\phi^\mathrm{T}(s_{t+1}) - \phi^\mathrm{T}(s_t)\big)w_t\big|s_t=s\right]$$
$$= \sum_{s\in\mathcal{S}} d_\pi(s)\left[-\phi(s)\phi^\mathrm{T}(s)w_t + \gamma\phi(s)\sum_{s'\in\mathcal{S}} p(s'|s)\phi^\mathrm{T}(s')w_t\right]$$
$$= \sum_{s\in\mathcal{S}} d_\pi(s)\phi(s)\left[-\phi(s) + \gamma\sum_{s'\in\mathcal{S}} p(s'|s)\phi(s')\right]^\mathrm{T}w_t$$
$$= \Phi^\mathrm{T}D(-\Phi + \gamma P_\pi\Phi)w_t$$
$$= -\Phi^\mathrm{T}D(I - \gamma P_\pi)\Phi w_t. \tag{8.26}$$

将(8.25)与(8.26)结合可得

$$\mathbb{E}\left[\big(r_{t+1} + \gamma\phi^\mathrm{T}(s_{t+1})w_t - \phi^\mathrm{T}(s_t)w_t\big)\phi(s_t)\right] = \Phi^\mathrm{T}Dr_\pi - \Phi^\mathrm{T}D(I - \gamma P_\pi)\Phi w_t$$
$$\doteq b - Aw_t, \tag{8.27}$$

其中 $b \doteq \Phi^\mathrm{T}Dr_\pi$ 且 $A \doteq \Phi^\mathrm{T}D(I - \gamma P_\pi)\Phi$。

方框 8.4: 证明矩阵 $A = \Phi^{\mathrm{T}} D(I - \gamma P_\pi)\Phi$ 可逆且正定

正定矩阵的定义是: 如果 $x^{\mathrm{T}} A x > 0$ 对于任意维数合适的非零向量 x 都成立,
那么矩阵 A 是正定的。正定或负定分别表示为 $A \succ 0$、$A \prec 0$。这里 "$\succ$" 和 "$\prec$"
应与 "$>$" 和 "$<$" 区分开来, 后者表示元素间的比较。注意, A 可能不是对称的。
尽管正定矩阵通常指的是对称矩阵, 但非对称矩阵也可以是正定的。一个常见的
非对称正定矩阵就是旋转角度小于 90 度的旋转矩阵, 感兴趣的读者可以自己思考
一下原因。

下面证明 $A \succ 0$。证明的基本思路是先证明如下矩阵正定:

$$D(I - \gamma P_\pi) \doteq M \succ 0. \tag{8.28}$$

因为 $A = \Phi^{\mathrm{T}} M \Phi \succ 0$, 其中 Φ 是一个列满秩的高矩阵 (假设特征向量是线性独立
的), 所以 $M \succ 0$ 可以推出 $A \succ 0$。

为了证明 $M \succ 0$, 首先注意到

$$M = \frac{M + M^{\mathrm{T}}}{2} + \frac{M - M^{\mathrm{T}}}{2}.$$

由于 $M - M^{\mathrm{T}}$ 是斜对称的 (skew symmetric), 因此对于任何 x 有 $x^{\mathrm{T}}(M - M^{\mathrm{T}})x = 0$。所以我们知道 $M \succ 0$ 当且仅当 $M + M^{\mathrm{T}} \succ 0$。对 $M + M^{\mathrm{T}} \succ 0$ 的证明将基于
如下结论: 严格对角占优矩阵是正定的 [4]。下面证明 M 是严格对角占优的。

首先, 我们要证明

$$(M + M^{\mathrm{T}})\mathbf{1}_n > 0, \tag{8.29}$$

其中 $\mathbf{1}_n = [1, \ldots, 1]^{\mathrm{T}} \in \mathbb{R}^n$。式 (8.29) 的证明如下所述。一方面, 由于 $P_\pi \mathbf{1}_n = \mathbf{1}_n$, 我
们有 $M\mathbf{1}_n = D(I - \gamma P_\pi)\mathbf{1}_n = D(\mathbf{1}_n - \gamma \mathbf{1}_n) = (1 - \gamma)d_\pi$。另一方面, $M^{\mathrm{T}}\mathbf{1}_n = (I - \gamma P_\pi^{\mathrm{T}})D\mathbf{1}_n = (I - \gamma P_\pi^{\mathrm{T}})d_\pi = (1 - \gamma)d_\pi$, 其中最后一个等式成立是因为 $P_\pi^{\mathrm{T}} d_\pi = d_\pi$。
联合这两方面可得

$$(M + M^{\mathrm{T}})\mathbf{1}_n = 2(1 - \gamma)d_\pi.$$

由于 d_π 的所有元素都是正的 (见方框 8.1), 可知 $(M + M^{\mathrm{T}})\mathbf{1}_n > 0$。
其次, (8.29) 的元素展开形式是

$$\sum_{j=1}^{n} [M + M^{\mathrm{T}}]_{ij} > 0, \qquad i = 1, \ldots, n.$$

上式可以进一步写成

$$[M + M^\mathrm{T}]_{ii} + \sum_{j \neq i} [M + M^\mathrm{T}]_{ij} > 0.$$

根据 $M = D(I - \gamma P_\pi)$ 可知，M 的对角线元素是正的，而 M 的非对角线元素是非正的。因此，上面的不等式可以重写为

$$\left| [M + M^\mathrm{T}]_{ii} \right| > \sum_{j \neq i} \left| [M + M^\mathrm{T}]_{ij} \right|.$$

这表明了 $M + M^\mathrm{T}$ 中第 i 个对角线元素大于同行中所有非对角线的绝对值之和。因此，$M + M^\mathrm{T}$ 是严格对角占优的，证明完毕。

TD-Linear 算法优化的是投影贝尔曼误差

上一节我们证明了 TD-Linear 算法收敛于 $w^* = A^{-1}b$。下面我们将证明 TD-Linear 算法实际上是在最小化投影贝尔曼误差，而 w^* 就是最优解。为此，我们先梳理三个目标函数。

◇ 第一个目标函数是

$$J_E(w) = \mathbb{E}[(v_\pi(S) - \hat{v}(S, w))^2].$$

本章最开始就是使用这个目标函数来介绍值函数方法的思路的。该目标函数也可以等价地写成一个矩阵-向量形式：

$$J_E(w) = \|\hat{v}(w) - v_\pi\|_D^2,$$

其中 v_π 是真实状态值向量，而 $\hat{v}(w)$ 是估计的值向量，这两个向量的每一个元素都对应一个状态。这里 $\| \cdot \|_D^2$ 是加权范数：$\|x\|_D^2 = x^\mathrm{T} D x = \|D^{1/2} x\|_2^2$，其中 D 已经在 (8.20) 中给出。

该目标函数是我们能想到的最简单的目标函数之一。然而，这个目标函数涉及未知的真实状态值，所以直接优化它是无法得到可行的算法的。因此，我们必须考虑其他目标函数。

◇ 第二个目标函数是贝尔曼误差（Bellman error）。具体来说，由于 v_π 满足贝尔曼方程 $v_\pi = r_\pi + \gamma P_\pi v_\pi$，因此估计值 $\hat{v}(w)$ 也应尽可能满足此方程。贝尔曼误差的定义为

$$J_{BE}(w) = \|\hat{v}(w) - (r_\pi + \gamma P_\pi \hat{v}(w))\|_D^2 \doteq \|\hat{v}(w) - T_\pi(\hat{v}(w))\|_D^2. \tag{8.30}$$

上式中 $T_\pi(\cdot)$ 是贝尔曼算子：对任意 $x \in \mathbb{R}^n$ 有

$$T_\pi(x) \doteq r_\pi + \gamma P_\pi x.$$

最小化贝尔曼误差是一个标准的最小二乘问题，具体细节这里不再赘述。

该目标函数可能无法被最小化到 0，这是因为函数的近似能力有限，不一定能准确刻画所有状态值，从而无法严格满足一个贝尔曼方程。

◇ 第三个目标函数是投影贝尔曼误差（projected Bellman error）[50–54]，其定义为

$$J_{\text{PBE}}(w) = \|\hat{v}(w) - MT_\pi(\hat{v}(w))\|_D^2,$$

其中 $M \in \mathbb{R}^{n \times n}$ 是一个正交投影矩阵，它在几何上可将任意向量投影到函数能够近似的值空间上。矩阵 M 的表达式将在(8.31)给出。

实际上，在(8.13)中的 TD 算法旨在最小化投影贝尔曼误差 J_{PBE}，而不是 J_{E} 或 J_{BE}。而且 J_{PBE} 一定可以被最小化到 0。严格的数学证明见方框8.5，直观原因如下所述。在线性情况下，$\hat{v}(w) = \Phi w$，其中 Φ 已经在(8.20)中给出。Φ 的列空间（range space）是该线性函数所有可能取值的集合。此时，

$$M = \Phi(\Phi^{\mathrm{T}} D \Phi)^{-1} \Phi^{\mathrm{T}} D \in \mathbb{R}^{n \times n} \tag{8.31}$$

是一个可以将任意向量投影到 Φ 的列空间的投影矩阵。由于 $\hat{v}(w)$ 在 Φ 的列空间中，因此我们总能找到一个 w 使得 $J_{\text{PBE}}(w)$ 最小化至 0。可以证明，最小化 $J_{\text{PBE}}(w)$ 的解就是 $w^* = A^{-1}b$，即

$$w^* = A^{-1}b = \arg\min_w J_{\text{PBE}}(w).$$

具体证明见方框8.5。

方框8.5：证明 $J_{\text{PBE}}(w)$ 的最优解是 $w^* = A^{-1}b$

由于 $J_{\text{PBE}}(w) = 0$ 等价于 $\hat{v}(w) - MT_\pi(\hat{v}(w)) = 0$，因此我们只需要求解

$$\hat{v}(w) = MT_\pi(\hat{v}(w)).$$

在线性情况下，将 $\hat{v}(w) = \Phi w$ 和 M 在(8.31)中的表达式代入上式可得

$$\Phi w = \Phi(\Phi^{\mathrm{T}} D \Phi)^{-1} \Phi^{\mathrm{T}} D (r_\pi + \gamma P_\pi \Phi w). \tag{8.32}$$

假设 Φ 列满秩，对于任意向量 x, y，我们有 $\Phi x = \Phi y \Leftrightarrow x = y$。因此由 (8.32)可得

$$w = (\Phi^{\mathrm{T}} D \Phi)^{-1} \Phi^{\mathrm{T}} D(r_\pi + \gamma P_\pi \Phi w)$$

$$\Longleftrightarrow \Phi^{\mathrm{T}} D(r_\pi + \gamma P_\pi \Phi w) = (\Phi^{\mathrm{T}} D \Phi)w$$

$$\Longleftrightarrow \Phi^{\mathrm{T}} D r_\pi + \gamma \Phi^{\mathrm{T}} D P_\pi \Phi w = (\Phi^{\mathrm{T}} D \Phi)w$$

$$\Longleftrightarrow \Phi^{\mathrm{T}} D r_\pi = \Phi^{\mathrm{T}} D(I - \gamma P_\pi)\Phi w$$

$$\Longleftrightarrow w = (\Phi^{\mathrm{T}} D(I - \gamma P_\pi)\Phi)^{-1} \Phi^{\mathrm{T}} D r_\pi = A^{-1} b,$$

其中 A, b 在(8.21)中给出。因此，$w^* = A^{-1} b$ 是最小化 $J_{\mathrm{PBE}}(w)$ 的最优解。

由于 TD-Linear 算法旨在最小化 J_{PBE} 而并非 J_{E}，我们自然会问：算法最终得到的最优估计值与真正的状态值 v_π 是否很接近？在线性情况下，最小化 J_{PBE} 的最优估计值是 $\hat{v}(w^*) = \Phi w^*$，其与真正的状态值 v_π 的误差满足如下不等式：

$$\|\Phi w^* - v_\pi\|_D \leqslant \frac{1}{1-\gamma} \min_w \|\hat{v}(w) - v_\pi\|_D = \frac{1}{1-\gamma} \min_w \sqrt{J_{\mathrm{E}}(w)}. \tag{8.33}$$

该不等式的证明可参见方框8.6。不等式(8.33)表明 $\hat{v}(w^*)$ 与 v_π 之间的误差小于 $J_{\mathrm{E}}(w)$ 的最小值，因此在一定程度上说明了优化 J_{PBE} 得到的最优估计值与真实状态值是接近的。不过它给出的上界并不紧致，尤其是当 γ 接近于 1 时，因此其价值主要体现在理论上。

方框8.6: 证明(8.33)中的误差上界

首先，

$$\|\Phi w^* - v_\pi\|_D = \|\Phi w^* - Mv_\pi + Mv_\pi - v_\pi\|_D$$

$$\leqslant \|\Phi w^* - Mv_\pi\|_D + \|Mv_\pi - v_\pi\|_D$$

$$= \|MT_\pi(\Phi w^*) - MT_\pi(v_\pi)\|_D + \|Mv_\pi - v_\pi\|_D, \tag{8.34}$$

其中最后一个等号成立是因为 $\Phi w^* = MT_\pi(\Phi w^*)$ 且 $v_\pi = T_\pi(v_\pi)$。将

$$MT_\pi(\Phi w^*) - MT_\pi(v_\pi) = M(r_\pi + \gamma P_\pi \Phi w^*) - M(r_\pi + \gamma P_\pi v_\pi)$$

$$= \gamma MP_\pi(\Phi w^* - v_\pi)$$

代入(8.34)可得

$$\|\Phi w^* - v_\pi\|_D \leqslant \|\gamma M P_\pi (\Phi w^* - v_\pi)\|_D + \|M v_\pi - v_\pi\|_D$$

$$\leqslant \gamma \|M\|_D \|P_\pi (\Phi w^* - v_\pi)\|_D + \|M v_\pi - v_\pi\|_D$$

$$= \gamma \|P_\pi (\Phi w^* - v_\pi)\|_D + \|M v_\pi - v_\pi\|_D \qquad (因为 \|M\|_D = 1)$$

$$\leqslant \gamma \|\Phi w^* - v_\pi\|_D + \|M v_\pi - v_\pi\|_D. \qquad (因为对于所有 x 有 \|P_\pi x\|_D \leqslant \|x\|_D)$$

至于为什么 $\|M\|_D = 1$ 以及 $\|P_\pi x\|_D \leqslant \|x\|_D$ 成立, 这些证明会在方框最后给出。由上述不等式可以推出

$$\|\Phi w^* - v_\pi\|_D \leqslant \frac{1}{1-\gamma} \|M v_\pi - v_\pi\|_D$$

$$= \frac{1}{1-\gamma} \min_w \|\hat{v}(w) - v_\pi\|_D,$$

其中最后一个等号成立是因为 $M v_\pi$ 是 v_π 正交投影到所有可能的 $\hat{v}(w)$ 组成的集合。

最后, 上面的证明中用到了一些小的结论, 下面统一证明。

◇ 第一, 证明加权范数的基本性质。根据定义, $\|x\|_D = \sqrt{x^{\mathrm{T}} D x} = \|D^{1/2} x\|_2$, 其对应的矩阵范数是 $\|A\|_D = \max_{x \neq 0} \|Ax\|_D / \|x\|_D = \|D^{1/2} A D^{-1/2}\|_2$。对于维度合适的矩阵 A, B, 我们有 $\|ABx\|_D \leqslant \|A\|_D \|B\|_D \|x\|_D$, 该式成立是因为 $\|ABx\|_D = \|D^{1/2} ABx\|_2 = \|D^{1/2} A D^{-1/2} D^{1/2} B D^{-1/2} D^{1/2} x\|_2 \leqslant \|D^{1/2} A D^{-1/2}\|_2 \|D^{1/2} B D^{-1/2}\|_2 \|D^{1/2} x\|_2 = \|A\|_D \|B\|_D \|x\|_D$。

◇ 第二, 证明 $\|M\|_D = 1$。该式成立是因为 $\|M\|_D = \|\Phi(\Phi^{\mathrm{T}} D \Phi)^{-1} \Phi^{\mathrm{T}} D\|_D = \|D^{1/2} \Phi(\Phi^{\mathrm{T}} D \Phi)^{-1} \Phi^{\mathrm{T}} D D^{-1/2}\|_2 = 1$, 其中最后的等号成立是因为 L_2 范数中的矩阵是一个正交投影矩阵, 而任意正交投影矩阵的 L_2 范数都等于 1。

◇ 第三, 证明 $\|P_\pi x\|_D \leqslant \|x\|_D$ 对任意 $x \in \mathbb{R}^n$ 成立。首先,

$$\|P_\pi x\|_D^2 = x^{\mathrm{T}} P_\pi^{\mathrm{T}} D P_\pi x = \sum_{i,j} x_i [P_\pi^{\mathrm{T}} D P_\pi]_{ij} x_j$$

$$= \sum_{i,j} x_i \left(\sum_k [P_\pi^{\mathrm{T}}]_{ik} [D]_{kk} [P_\pi]_{kj} \right) x_j.$$

重新组织上式最右侧的项可得

$$\|P_\pi x\|_D^2 = \sum_k [D]_{kk} \left(\sum_i [P_\pi]_{ki} x_i \right)^2$$

$$
\begin{aligned}
&\leqslant \sum_k [D]_{kk} \Big(\sum_i [P_\pi]_{ki} x_i^2 \Big) \qquad \text{(由于 Jensen 不等式 [55, 56])} \\
&= \sum_i \Big(\sum_k [D]_{kk} [P_\pi]_{ki} \Big) x_i^2 \\
&= \sum_i [D]_{ii} x_i^2 \qquad \text{(由于 } d_\pi^{\mathrm{T}} P_\pi = d_\pi^{\mathrm{T}} \text{)} \\
&= \|x\|_D^2.
\end{aligned}
$$

最小二乘时序差分算法

下面介绍一种称为最小二乘 TD（least-squares TD, LSTD）的算法 [57]。与 TD-Linear 算法一样，LSTD 也旨在最小化投影贝尔曼误差，不过它相较 TD-Linear 算法有一些优势，详情如下所述。

前面已经介绍过：能最小化投影贝尔曼误差的最优参数是 $w^* = A^{-1}b$，其中 $A = \Phi^{\mathrm{T}} D(I - \gamma P_\pi)\Phi, b = \Phi^{\mathrm{T}} D r_\pi$。从 (8.27) 可以看出，$A$ 和 b 也可以写成

$$
\begin{aligned}
A &= \mathbb{E}\Big[\phi(s_t)\big(\phi(s_t) - \gamma\phi(s_{t+1})\big)^{\mathrm{T}}\Big], \\
b &= \mathbb{E}\Big[r_{t+1}\phi(s_t)\Big].
\end{aligned}
$$

上式中的期望是针对随机变量 s_t、s_{t+1}、r_{t+1} 而言的。

LSTD 的思路非常简单：既然我们已经知道最优解的表达式为 $w^* = A^{-1}b$，那么可以使用随机样本直接估计 A 和 b，假设得到的估计值为 $\hat{A}$ 和 $\hat{b}$，之后可以直接得到最优参数的估计 $w^* \approx \hat{A}^{-1}\hat{b}$。这个思路的核心是充分利用我们对最优解的理论知识。一般来说，对问题理解得越深入，能设计的算法就越好。

具体来说，假设 $(s_0, r_1, s_1, \ldots, s_t, r_{t+1}, s_{t+1}, \ldots)$ 是根据给定策略 π 获得的轨迹。令 $\hat{A}_t, \hat{b}_t$ 分别为 t 时刻 A, b 的估计值，它们可以通过计算样本的平均值得到：

$$
\begin{aligned}
\hat{A}_t &= \sum_{k=0}^{t-1} \phi(s_k)\big(\phi(s_k) - \gamma\phi(s_{k+1})\big)^{\mathrm{T}}, \\
\hat{b}_t &= \sum_{k=0}^{t-1} r_{k+1}\phi(s_k).
\end{aligned} \tag{8.35}
$$

因此，在 t 时刻最优参数的估计值为

$$
w_t = \hat{A}_t^{-1}\hat{b}_t.
$$

有的读者可能会问：式 (8.35) 右侧只有求和，是否需要除以 t 才能得到平均值？实际上，

如果 $\hat{A}_t$ 和 $\hat{b}_t$ 都除以 t，由于 w_t 会对 $\hat{A}_t$ 求逆，因此最后得到的结果和不除以 t 是一样的。此外，矩阵 $\hat{A}_t$ 可能是不可逆的，特别是在 t 较小样本比较少的时候。为此，可以向 $\hat{A}_t$ 添加一个小的常数矩阵 σI 再来求逆（这里 σ 是一个小的正数）。

LSTD 的优势在于它使用经验样本更高效，并且比 TD-Linear 收敛得更快。这是因为该算法是基于最优解表达式的知识专门设计的。LSTD 的缺点如下：第一，它只能估计状态值，相比之下，前面介绍的基于值的 TD 算法可以推广到估计动作值（如下一节所示）；第二，LSTD 只适用于线性函数，而无法适用于非线性函数，这是因为该算法是基于线性情况下最优解 w^* 的表达式专门设计的；第三，LSTD 计算量较高，因为需要在每个更新步骤中计算一个 $m \times m$ 的矩阵，并且需要计算 $\hat{A}_t$ 的逆，其计算复杂度为 $O(m^3)$。解决这个问题的常见方法是直接更新 $\hat{A}_t$ 的逆，而不是更新 $\hat{A}_t$。具体来说，$\hat{A}_{t+1}$ 可以通过如下迭代计算得到：

$$
\begin{aligned}
\hat{A}_{t+1} &= \sum_{k=0}^{t} \phi(s_k)\big(\phi(s_k) - \gamma\phi(s_{k+1})\big)^{\mathrm{T}} \\
&= \sum_{k=0}^{t-1} \phi(s_k)\big(\phi(s_k) - \gamma\phi(s_{k+1})\big)^{\mathrm{T}} + \phi(s_t)\big(\phi(s_t) - \gamma\phi(s_{t+1})\big)^{\mathrm{T}} \\
&= \hat{A}_t + \phi(s_t)\big(\phi(s_t) - \gamma\phi(s_{t+1})\big)^{\mathrm{T}}.
\end{aligned}
$$

上式将 $\hat{A}_{t+1}$ 拆分成了两个矩阵的和。因此，根据矩阵和的逆的性质 [58]，可以计算得到

$$
\begin{aligned}
\hat{A}_{t+1}^{-1} &= \Big(\hat{A}_t + \phi(s_t)\big(\phi(s_t) - \gamma\phi(s_{t+1})\big)^{\mathrm{T}}\Big)^{-1} \\
&= \hat{A}_t^{-1} + \frac{\hat{A}_t^{-1}\phi(s_t)\big(\phi(s_t) - \gamma\phi(s_{t+1})\big)^{\mathrm{T}}\hat{A}_t^{-1}}{1 + \big(\phi(s_t) - \gamma\phi(s_{t+1})\big)^{\mathrm{T}}\hat{A}_t^{-1}\phi(s_t)}.
\end{aligned}
$$

这样我们可以直接存储和更新 $\hat{A}_t^{-1}$，以避免计算矩阵的逆。这种递归算法不需要步长，不过它需要设置 $\hat{A}_0^{-1}$ 的初始值，一般该初始值可选为 $\hat{A}_0^{-1} = \sigma I$，其中 σ 是一个较小的正数。关于迭代最小二乘法，感兴趣的读者可以参见 [59]。

8.3 基于值函数的时序差分：动作值估计

上一节介绍了状态值估计，本节将推广到动作值估计，具体将介绍基于值函数的 Sarsa 和基于值函数的 Q-learning。读者将看到本节的介绍非常简洁，这是因为许多内容可以直接由上一节的内容推广而来，因此读者应该首先对上一节的内容有比较好的理解。

8.3.1 基于值函数的Sarsa

如果将算法(8.13)中的状态值替换为动作值，那么可以立即得到基于值函数的Sarsa算法。

具体来说，设$\hat{q}(s, a, w)$为动作值函数，用于近似$q_\pi(s, a)$。将(8.13)中的$\hat{v}(s, w)$替换为$\hat{q}(s, a, w)$可得

$$w_{t+1} = w_t + \alpha_t \left[r_{t+1} + \gamma \hat{q}(s_{t+1}, a_{t+1}, w_t) - \hat{q}(s_t, a_t, w_t) \right] \nabla_w \hat{q}(s_t, a_t, w_t). \qquad (8.36)$$

对(8.36)的分析可以非常丰富，不过因为与(8.13)非常类似，这里不再赘述。当使用线性函数时，我们有

$$\hat{q}(s, a, w) = \phi^{\mathrm{T}}(s, a) w,$$

其中$\phi(s, a)$是一个特征向量，此时$\nabla_w \hat{q}(s, a, w) = \phi(s, a)$。

算法(8.36)只用来估计状态值，即做策略评价。我们可以将其与策略改进步骤相结合，从而学习最优策略。详细步骤在算法8.2中给出。这里需要注意的是，准确估计某一给定策略的动作值需要执行(8.36)足够多的次数。不过算法8.2在仅执行一次(8.36)后就立即切换到策略改进步骤，这是广义策略迭代（generalized policy iteration）的思想，与表格式Sarsa算法是类似的。此外，算法8.2旨在寻找从预设状态出发到达目标

算法8.2: 基于值函数的Sarsa

初始化: 初始参数w_0。初始策略π_0。对所有t，设置$\alpha_t = \alpha > 0$。$\epsilon \in (0, 1)$。

目标: 学习最优策略从而使智能体能从给定状态s_0出发到达目标状态。

对于每个回合

    在s_0，根据$\pi_0(s_0)$，得到a_0

    在时刻t，如果s_t不是目标状态

        收集经验样本$(s_t, a_t, r_{t+1}, s_{t+1}, a_{t+1})$：在$s_t$，执行$a_t$，通过与环境交互生成$r_{t+1}, s_{t+1}$，再根据$\pi_t(s_{t+1})$生成$a_{t+1}$

        更新值：

$$w_{t+1} = w_t + \alpha_t \left[r_{t+1} + \gamma \hat{q}(s_{t+1}, a_{t+1}, w_t) - \hat{q}(s_t, a_t, w_t) \right] \nabla_w \hat{q}(s_t, a_t, w_t)$$

        更新策略：

$$\pi_{t+1}(a|s_t) = 1 - \frac{\epsilon(|\mathcal{A}(s_t)| - 1)}{|\mathcal{A}(s_t)|}, \quad \text{如果} \ a = \arg\max_{a \in \mathcal{A}(s_t)} \hat{q}(s_t, a, w_{t+1})$$

$$\pi_{t+1}(a|s_t) = \frac{\epsilon}{|\mathcal{A}(s_t)|}, \quad \text{如果} \ a \neq \arg\max_{a \in \mathcal{A}(s_t)} \hat{q}(s_t, a, w_{t+1})$$

$$s_t \leftarrow s_{t+1}, a_t \leftarrow a_{t+1}$$

状态的最优策略，因此它并不需要为每个状态找到最优策略。当然，也可以稍微修改
该算法以得到所有状态的最优策略。

图8.9展示了一个例子，其中的任务是找到从左上角状态出发到目标状态的最优策
略。如图所示，随着策略的不断改进，每个回合的奖励回报逐渐增加，而且每个回合
的长度也逐渐缩短。在这个例子中，选取的线性特征向量是阶数为5的傅里叶基函数，
其表达式可参见 (8.18)。

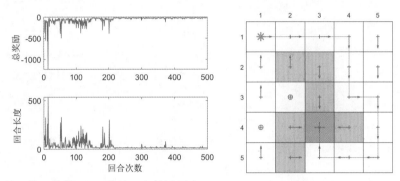

图 8.9　基于值函数的 Sarsa 算法。参数设置为 $\gamma = 0.9, \epsilon = 0.1, r_{\text{boundary}} = r_{\text{forbidden}} = -10,$ $r_{\text{target}} = 1, \alpha = 0.001$。

8.3.2　基于值函数的 Q-learning

基于表格的 Q-learning 也可以推广到基于函数的 Q-learning 算法：

$$w_{t+1} = w_t + \alpha_t \left[r_{t+1} + \gamma \max_{a \in \mathcal{A}(s_{t+1})} \hat{q}(s_{t+1}, a, w_t) - \hat{q}(s_t, a_t, w_t) \right] \nabla_w \hat{q}(s_t, a_t, w_t). \quad (8.37)$$

该算法与(8.36)中的 Sarsa 算法非常类似，区别仅在于(8.36)中的 $\hat{q}(s_{t+1}, a_{t+1}, w_t)$ 被换
成了 $\max_{a \in \mathcal{A}(s_{t+1})} \hat{q}(s_{t+1}, a, w_t)$。

与表格情形类似，(8.37)也是 Off-policy 的，因此可以按照 On-policy 的模式或者
Off-policy 的模式来实现。算法8.3给出了一个 On-policy 的版本。Off-policy 的版本将
在下一节介绍深度 Q-learning 时展示。

图8.10给出了一个例子，其中的任务是找到从左上角状态到目标状态的最优策略。
如图所示，基于线性函数的 Q-learning 能够成功学习到最优策略。该例子使用了5阶的
傅里叶基函数。

一些读者可能注意到了，在算法8.2和算法8.3中，尽管值以函数形式表示，但是
策略 $\pi(a|s)$ 仍然以表格形式表示。因此，需要假设状态和动作的数量是有限的。在第9
章中，我们将看到策略也可以被表示为函数，以便处理连续的状态和动作空间。

> **算法 8.3: 基于值函数的 Q-learning（On-policy 模式）**
>
> **初始化:** 初始参数 w_0。初始策略 π_0。对于所有 t，设置 $\alpha_t = \alpha > 0$。$\epsilon \in (0, 1)$。
>
> **目标:** 学习最优策略从而使智能体能从给定状态 s_0 出发到达目标状态。
>
> 对每一个回合
>
>   在 t 时刻，如果 s_t 不是目标状态
>
>   收集经验样本 $(s_t, a_t, r_{t+1}, s_{t+1})$：在 s_t，根据 $\pi_t(s_t)$ 产生 a_t，通过与环境
>
>   互动生成 r_{t+1}, s_{t+1}
>
>   更新值:
>
> $$w_{t+1} = w_t + \alpha_t \left[r_{t+1} + \gamma \max_{a \in \mathcal{A}} \hat{q}(s_{t+1}, a, w_t) - \hat{q}(s_t, a_t, w_t) \right] \nabla_w \hat{q}(s_t, a_t, w_t)$$
>
>   更新策略:
>
> $$\pi_{t+1}(a|s_t) = 1 - \frac{\epsilon(|\mathcal{A}(s_t)| - 1)}{|\mathcal{A}(s_t)|}, \quad \text{如果 } a = \arg\max_{a \in \mathcal{A}(s_t)} \hat{q}(s_t, a, w_{t+1})$$
>
> $$\pi_{t+1}(a|s_t) = \frac{\epsilon}{|\mathcal{A}(s_t)|}, \quad \text{如果 } a \neq \arg\max_{a \in \mathcal{A}(s_t)} \hat{q}(s_t, a, w_{t+1})$$

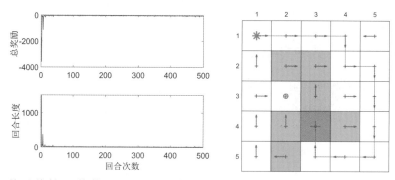

图 8.10 基于线性函数的 Q-learning。其中 $\gamma = 0.9, \epsilon = 0.1, r_{\text{boundary}} = r_{\text{forbidden}} = -10$, $r_{\text{target}} = 1, \alpha = 0.001$。

8.4 深度 Q-learning

我们可以将深度神经网络整合到 Q-learning 中，以获得一种称为深度 Q-learning（deep Q-learning）或深度 Q 网络（deep Q-network, DQN）[22, 60, 61] 的方法。深度 Q-learning 是最早和最成功的深度强化学习算法之一。对于简单的任务，神经网络并不需要很深。例如，对于网格世界这样的简单任务，具有 2 层甚至 1 层隐藏层的网络可能就足够了。深度 Q-learning 可以被视为 (8.37) 中算法的扩展，不过它的数学表达和实现细节有许多不同，详见下文。

8.4.1 算法描述

从数学上讲，深度 Q-learning 旨在最小化如下目标函数：

$$J = \mathbb{E}\left[\left(R + \gamma \max_{a \in \mathcal{A}(S')} \hat{q}(S', a, w) - \hat{q}(S, A, w)\right)^2\right], \tag{8.38}$$

其中 (S, A, R, S') 是随机变量，分别表示状态、动作、即时奖励、下一个状态。

如何理解这个目标函数呢？实际上，它对应了贝尔曼最优误差：当 $\hat{q}(S, A, w)$ 等于最优动作值时，$R + \gamma \max_{a \in \mathcal{A}(S')} \hat{q}(S', a, w) - \hat{q}(S, A, w)$ 在期望意义上应等于 0。这可以由下面的贝尔曼最优方程看出：

$$q(s, a) = \mathbb{E}\left[R_{t+1} + \gamma \max_{a \in \mathcal{A}(S_{t+1})} q(S_{t+1}, a)\Big| S_t = s, A_t = a\right], \quad \text{对所有} s, a.$$

上式是贝尔曼最优方程（证明见方框7.5）。从该式可以看出，当 $\hat{q}(S, A, w)$ 等于最优动作值时，$R + \gamma \max_{a \in \mathcal{A}(S')} \hat{q}(S', a, w) - \hat{q}(S, A, w)$ 在期望意义上等于 0。

如何最小化(8.38)中的目标函数呢？可以使用梯度下降算法。为此，我们需要计算 J 关于 w 的梯度。值得注意的是，参数 w 不仅出现在 $\hat{q}(S, A, w)$ 中，也出现在 $y \doteq R + \gamma \max_{a \in \mathcal{A}(S')} \hat{q}(S', a, w)$ 中，其梯度的计算并非易事。因此，可以假设 y 中 w 的值在短时间内是固定不变的，这样就可以比较容易地计算梯度。具体来说，引入两个网络：一个是用于表示 $\hat{q}(s, a, w)$ 的主网络（main network），另一个是用于表示 $\hat{q}(s, a, w_T)$ 的目标网络（target network）。此时，目标函数变为

$$J = \mathbb{E}\left[\left(R + \gamma \max_{a \in \mathcal{A}(S')} \hat{q}(S', a, w_T) - \hat{q}(S, A, w)\right)^2\right],$$

当 w_T 固定不变时，容易计算出 J 的梯度为

$$\nabla_w J = -\mathbb{E}\left[\left(R + \gamma \max_{a \in \mathcal{A}(S')} \hat{q}(S', a, w_T) - \hat{q}(S, A, w)\right) \nabla_w \hat{q}(S, A, w)\right], \tag{8.39}$$

上式省略了一些不重要的常数系数。

为了使用(8.39)中的梯度来最小化目标函数，我们需要注意以下技巧。

◇ 第一个技巧是使用两个网络：一个主网络和一个目标网络。虽然前面已经提到了这一点，但下面会再介绍实施的一些细节。令 w 和 w_T 分别表示主网络和目标网络的参数，它们的初始值相同。

每次迭代会从回放缓冲区（replay buffer）抽取一小批次的样本 $\{(s, a, r, s')\}$（回放缓冲区稍后会介绍）。主网络的输入是 s 和 a，输出 $y = \hat{q}(s, a, w)$ 是估计的 q 值，输出的目标值是 $y_T \doteq r + \gamma \max_{a \in \mathcal{A}(s')} \hat{q}(s', a, w_T)$。主网络更新是为了最小化样本 $\{(s, a, y_T)\}$ 上的 TD 误差（也称为损失函数）$\sum (y - y_T)^2$。

更新主网络参数并不是显式地使用(8.39)中的梯度。相反，它需要小批量的样本并基于现有的神经网络训练工具来更新参数，这是和不使用神经网络的一个显著区别。

虽然每次迭代中都会更新主网络，但是目标网络并非每次都更新，而是隔一定数量的迭代后更新为与主网络相同的参数。这样就可以满足计算(8.39)中的梯度时 w_T 是固定不变的假设。

◇ 第二个技巧是经验回放（experience replay）[22, 60, 62]。在收集了一些经验样本后，我们不会按照它们被收集的顺序使用这些样本，而是将它们存储在一个称为回放缓冲区的集合中。例如，设 (s, a, r, s') 为一个经验样本，$\mathcal{B} \doteq \{(s, a, r, s')\}$ 为回放缓冲区。每次更新主网络时，从回放缓冲区抽取小批量的经验样本，这个过程被称为经验回放。抽取经验样本时应该服从均匀分布。

为什么在深度 Q-learning 中需要经验回放？为什么经验回放应该服从均匀分布？答案在于(8.38)中的目标函数。具体来说，为了定义该目标函数，我们必须指定 S、A、R、S' 的概率分布。当 (S, A) 给定时，R 和 S' 的分布由系统模型确定。因此，我们只需要指定 (S, A) 的分布。如果我们没有对采样过程的先验知识，那么最简单的方法是假设它是均匀分布的。然而，实际中对 (S, A) 的采样很可能不是均匀分布的，因此为了满足均匀分布的假设，需要打破序列中样本之间的相关性。为此，可以使用经验回放技术，按照均匀分布从回放缓冲区随机抽取样本，这是经验回放的必要性和为什么服从均匀分布的理论原因。最后，经验回放的另一个好处是每个经验样本可能会被多次使用，可以提高数据利用率。

算法 8.3 给出了深度 Q-learning 的实施过程。该算法采用了 Off-policy 模式，即使用其他策略收集得到的经验数据来学习最优策略。当然，如果需要，也不难修改得到 On-policy 模式。

8.4.2 示例

图8.11中的例子展示了算法 8.4，其任务是得到每一个状态-动作的最优动作值，进而得到最优策略。

行为策略如图8.11(a)所示，该行为策略是探索性的，它在所有状态下采取任意动作的概率都是相同的。由该行为策略生成的一个有1000步的回合如图8.11(b)所示。尽管该回合只有1000步，但由于行为策略有较强的探索能力，因此几乎所有的状态-动作在这个回合中都被访问到了。回放缓冲区包含1000个经验样本。每次训练的批量大小都是100，即每次从重放缓冲区中均匀抽取100个样本。

算法 8.4：深度 Q-learning（Off-policy 模式）

初始化： 一个主网络和一个目标网络，它们具有相同的初始参数。

目标： 得到一个目标网络，能从给定行为策略 π_b 生成的经验样本中学习最优动作值，进而得到最优策略。

将 π_b 生成的经验样本存储在回放缓冲区 $\mathcal{B} = \{(s, a, r, s')\}$

    对于每次迭代

        从 $\mathcal{B}$ 中均匀抽取一小批量样本

        对于每个样本 (s, a, r, s')，计算目标值 $y_T = r + \gamma \max_{a \in \mathcal{A}(s')} \hat{q}(s', a, w_T)$，其中 w_T 是目标网络的参数

        使用小批量样本更新主网络，以最小化 $(y_T - \hat{q}(s, a, w))^2$

    每 C 次迭代更新 w_T 为 $w_T = w$

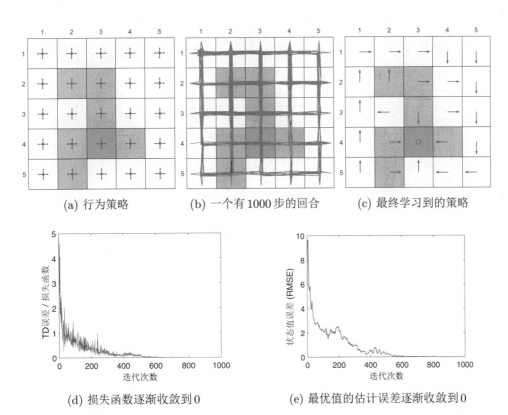

(a) 行为策略   (b) 一个有 1000 步的回合   (c) 最终学习到的策略

(d) 损失函数逐渐收敛到 0   (e) 最优值的估计误差逐渐收敛到 0

图 8.11   利用深度 Q-learning 学习最优策略。其中 $\gamma = 0.9$, $r_{\text{boundary}} = r_{\text{forbidden}} = -10$, $r_{\text{target}} = 1$。

    主网络和目标网络具有相同的结构：仅包含一层隐藏层的全连接网络，隐藏层有 100 个神经元（层数和神经元数量可以调整）。该网络有三个输入和一个输出。前两个

输入是状态对应的归一化后的行和列的索引，第三个输入是归一化后的动作索引。这里"归一化"指的是将所有值都转换到 [0,1] 区间。该网络的输出是估计的最优值。有的读者可能会问：为什么网络的输入是状态对应的行和列，而不是状态的索引？这是因为我们知道状态对应于网格中的二维位置。在设计神经网络时使用的关于状态的先验信息越多，学习的效果越好。当然，网络也可以有其他设计方式。例如，它可以有 2 个输入和 5 个输出，其中 2 个输入是归一化的行和列，输出是输入状态对应的 5 个动作值的估计 [22]。

基于上述网络，学习的过程如图8.11(d)~(e) 所示。其中损失函数对应每个小批量的平均 TD 误差的平方，可以看到损失函数逐渐收敛到 0，这意味着网络可以很好地拟合训练样本。另外，值估计误差也收敛到 0，这意味着最后的值估计足够准确，进而得到的贪婪策略是最优的。

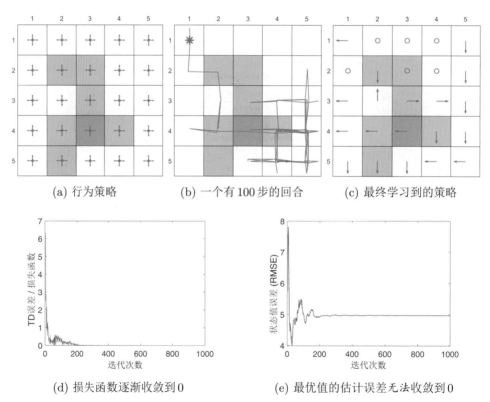

(a) 行为策略　　　　(b) 一个有 100 步的回合　　　　(c) 最终学习到的策略

(d) 损失函数逐渐收敛到 0　　　　(e) 最优值的估计误差无法收敛到 0

图 8.12　利用深度 Q-learning 学习最优策略：经验数据不足的例子。其中 $\gamma = 0.9, r_{\text{boundary}} = r_{\text{forbidden}} = -10, r_{\text{target}} = 1$。

这个例子展示了深度 Q-learning 的高效性：从一个仅有 1000 步的回合就足以学习到最优策略。相比之下，基于表格的 Q-learning 需要 100000 步的回合才能收敛（参见图7.4）。其高效的原因是值函数法相比表格法具有更强的泛化能力，此外，经验样本也可以被反复使用，具有较高的数据使用效率。

最后，我们考虑一个有趣的例子。图8.12展示了一个仅有100步的回合。基于深度Q-learning，网络可以很好地训练（即损失函数收敛到0），但是值估计误差不能收敛到0（参见图8.12(e)）。虽然网络可以正确地拟合给定的经验样本，但是由于经验样本太少，因此无法准确估计最优值。

8.5 总结

本章仍然是在介绍TD算法，只不过从表格法转向了函数法。理解值函数法的关键是要将其描述为一个优化问题。其中最简单的目标函数是真实值和估计值之间的误差。此外还有其他目标函数，例如贝尔曼误差和投影贝尔曼误差。在算法方面，我们首先介绍了用于估计状态值的算法，进而推广到Sarsa和Q-learning。

值函数法重要的一个原因是它能将人工神经网络与强化学习结合起来。例如，深度Q-learning是早期最成功的深度强化学习算法之一。尽管神经网络已被广泛用作非线性函数近似器，但本章仍然对历史上早期研究比较多的线性函数情况进行了全面介绍。这一方面是因为充分理解线性情况对于更好地理解非线性情况至关重要，另一方面是因为基于表格的TD算法可以被视为一种特殊的基于线性值函数的TD算法。感兴趣的读者可以参考[63]以深入学习基于值函数的TD算法。关于深度Q-learning的更多理论讨论可以参见[61]。

此外，本章还介绍了一个重要概念：平稳分布。这个概念在定义目标函数时扮演了重要的角色。在下一章，我们将看到这个概念在使用策略函数时也会起到关键作用。关于这个概念的更多内容可以参见[49, 第IV章]。最后，本章的一些数学内容重度依赖于矩阵分析，一些结果未经解释即使用，相关基础知识可以参见[4, 48]。

8.6 问答

◇ 提问：表格法与值函数法的区别是什么？

回答：两者最直接的区别在于值的检索方式和更新方式。

检索方式：在表格法中，如果我们想要检索一个值，可以直接读取表格中的相应元素。然而在值函数法中，我们需要将状态输入到函数中并计算一次函数值。

更新方式：在表格法中，如果我们想要更新一个值，可以直接重写表格中的相应元素。然而在值函数法中，我们需要通过更新函数参数的方式来改变那个值。

◇ 提问：值函数法相比表格法有什么优势？

回答：由于值的检索方式不同，因此值函数法的存储效率更高。例如，表格法需要存储所有状态/动作对应的值，而值函数法只需要存储一个参数向量，而且其维度通常远小于状态/动作的个数。

由于值的更新方式不同，值函数法的泛化能力更强。具体来说，在表格法中，更新一个值不会改变其他值。然而，在值函数法中，针对一个状态/动作更新函数参数会影响其他值，因此一个状态/动作的经验样本可以泛化到其他状态值/动作值的估计。

◇ 提问：我们能将表格法和值函数法统一吗？

回答：可以。表格法可以被视为值函数法的一个特殊情况，通过选择线性函数和特殊的特征向量，值函数法可以退化成表格法。相关细节可参见方框8.2。

◇ 提问：什么是平稳分布？为什么它很重要？

回答：平稳分布描述了马尔可夫决策过程的长期行为。具体来说，当智能体执行一个给定的策略足够长的时间后，智能体访问任一状态的概率可以由这个平稳分布来描述。更多信息参见方框8.1。

这个概念之所以重要是因为我们在定义目标函数时需要描述状态的分布。平稳分布不仅对于值函数法重要，它在第9章介绍的基于策略函数的方法中也很重要。

值得指出的是，虽然该概念非常基础和重要，但是它通常不会出现在算法表达式中，因此大部分读者只需要知道这个概念的存在就足够了。

◇ 提问：线性值函数法有哪些优点和缺点？

回答：线性函数是值函数法最简单的情况，我们可以透彻分析其理论性质，因此学习线性情况可以帮助读者更好地掌握值函数法的思想。更为重要的是，之前介绍的表格法是一个特殊的线性情况，因此线性情况也是十分重要的。然而，线性函数的近似能力有限，另外在复杂任务中选择合适的特征向量也并非易事。相比之下，人工神经网络可以作为非线性函数的通用近似器，使用更为友好。

◇ 提问：为什么深度Q-learning需要经验回放？

回答：原因在于方程(8.38)中的目标函数。具体来说，为了有效地定义目标函数，我们必须指定 S、A、R、S' 的概率分布，其中一旦给定 (S, A)，R 和 S' 的分布就由系统模型决定，因此我们只需要指定状态-动作 (S, A) 的分布，其最简单的方式是假设它是均匀分布的。然而，实际中的状态-动作样本可能不是均匀分布的。为了满足均匀分布的假设，有必要打破序列中样本之间的相关性。为此，可以使用经验回放技术，通过从回放缓冲区均匀抽取样本来近似满足这一假设。此外，经验回放的一个好处是每个样本可能被多次使用，从而增加数据效率。

◇ 提问：基于表格的 Q-learning 能使用经验回放吗？

回答：尽管基于表格的 Q-learning 不必须使用经验回放，但它也可以使用经验回放而不会带来什么问题。这是因为 Q-learning 是 Off-policy 算法，对样本是如何获取的没有特别要求。

◇ 提问：为什么深度 Q-learning 需要两个网络？

回答：本质原因是简化式 (8.38) 的梯度计算。具体来说，参数 w 不仅出现在 $\hat{q}(S, A, w)$ 中，还出现在 $R + \gamma \max_{a \in \mathcal{A}(S')} \hat{q}(S', a, w)$ 中。因此，计算关于 w 的梯度并非易事。如果在短时间内固定 $R + \gamma \max_{a \in \mathcal{A}(S')} \hat{q}(S', a, w)$ 中的 w，则梯度计算可以大大简化（参见式 (8.39)）。这种梯度计算方法需要两个网络：主网络的参数在每次迭代中都会更新，而目标网络的参数在一段时间内是固定的，每隔一段时间更新一次。

◇ 提问：如果基于人工神经网络来实现函数近似，应该如何更新其参数？

回答：此时我们不应该直接使用诸如式 (8.37) 的算法来更新神经网络的参数，该算法更多的是给予原理上的支撑。在具体编程时，应通过指定损失函数并利用成熟的神经网络训练工具来实现参数的更新。

第 9 章

策略梯度方法

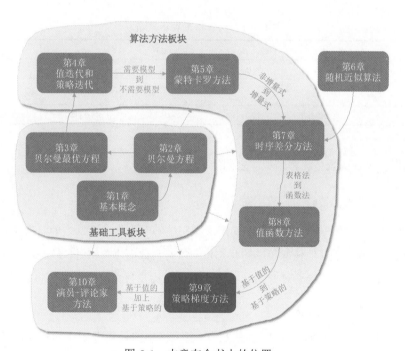

图 9.1　本章在全书中的位置。

上一章介绍了用函数表示值的方法，本章将介绍用函数表示策略的方法。当用函数表示策略时，我们可以选择一个目标函数，进而优化该目标函数以得到最优策略。这种方法被称为策略梯度（policy gradient）。策略梯度方法是基于策略的（policy-based），而本书之前的所有章节介绍的方法都是基于值的（value-based）。这两者有什么区别呢？其本质区别在于基于策略的方法是直接优化关于策略参数的目标函数，从而得到最优策略；而基于值的方法是通过先估计值再得到最优策略的。具体的区别大家学完本章就会清楚了。

9.1 策略表示：从表格到函数

在本书之前的章节中，策略都是用表格来表示的：所有状态的动作概率都存储在一个表格中，参见表9.1。实际上，策略也可以用函数来表示，记为 $\pi(a|s, \theta)$，其中 $\theta \in \mathbb{R}^m$ 是参数向量。该策略函数也可以写成其他形式，如 $\pi_\theta(a|s)$、$\pi_\theta(a, s)$、$\pi(a, s, \theta)$。

表 9.1 用表格来表示策略。

	a_1	a_2	a_3	a_4	a_5
s_1	$\pi(a_1|s_1)$	$\pi(a_2|s_1)$	$\pi(a_3|s_1)$	$\pi(a_4|s_1)$	$\pi(a_5|s_1)$
$\vdots$	$\vdots$	$\vdots$	$\vdots$	$\vdots$	$\vdots$
s_9	$\pi(a_1|s_9)$	$\pi(a_2|s_9)$	$\pi(a_3|s_9)$	$\pi(a_4|s_9)$	$\pi(a_5|s_9)$

我们首先说明表格法和函数法之间的区别。

◇ 第一，定义最优策略的方式不同。

当用表格描述策略时，最优策略的定义是它能够最大化所有状态的状态值，即其状态值大于或等于其他任意策略的状态值。当用函数描述策略时，最优策略的定义是它能够最大化一个标量目标函数。至于是什么标量目标函数，后面将详细介绍。

◇ 第二，更新策略的方式不同。

当用表格描述策略时，可以通过直接改变表格中的元素来直接更新选择某些动作的概率。当用函数描述策略时，不能再以这种方式更新策略，而只能通过改变函数参数 θ 来间接更新选择某些动作的概率。

◇ 第三，查看动作概率的方式不同。

当用表格描述策略时，可以通过查看表格中相应的元素直接获得某个动作的概率。当用函数描述策略时，我们需要将 (s, a) 输入到函数中，通过计算函数值来获得其概率（见图9.2(a)）。当然，函数的结构可能多种多样。例如，我们也可以输入一个状态，然后输出所有动作的概率（见图9.2(b)）。

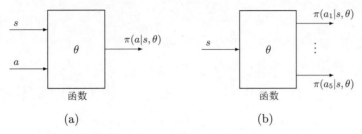

图 9.2 用函数来表示策略。这些函数可能有不同的结构。

由于上面的几点不同，使用函数表示策略具有诸多优势，例如它在处理大型状态-动作空间时更加高效，也具有更强的泛化能力。其原因与用函数表示值是类似的，这里不再赘述。

当用函数表示策略时，我们的任务是最大化一个标量目标函数 $J(\theta)$，其中 θ 代表策略函数的参数。不同参数对应不同的目标函数值，因此我们需要找到最优的参数从而优化该目标函数。最简单的优化方法是梯度上升：

$$\theta_{t+1} = \theta_t + \alpha \nabla_\theta J(\theta_t),$$

其中 $\nabla_\theta J$ 是 J 相对于 θ 的梯度，$\alpha > 0$ 是步长。

这实际上就是策略梯度方法的基本思想。虽然这个基本思想非常简单，但是想要理解其中的细节还是要花一些功夫的。我们将在本章剩余部分详细回答以下三个问题。

◇ 第一，应该使用什么目标函数？（第9.2节）

◇ 第二，如何计算目标函数的梯度？（第9.3节）

◇ 第三，如何使用经验样本来计算梯度并优化目标函数？（第9.4节）

9.2 目标函数：定义最优策略

在策略梯度方法中，用于定义最优策略的目标函数有如下两种。

目标函数 1：平均状态值

第一个常见的目标函数是平均状态值，其定义为

$$\bar{v}_\pi = \sum_{s \in \mathcal{S}} d(s) v_\pi(s),$$

其中 $d(s)$ 是状态 s 的权重，它满足对任何 $s \in \mathcal{S}$ 有 $d(s) \geqslant 0$ 且 $\sum_{s \in \mathcal{S}} d(s) = 1$。因此，权重 $d(s)$ 也可以理解为状态 s 的概率分布，那么该目标函数可以重写为

$$\bar{v}_\pi = \mathbb{E}_{S \sim d}[v_\pi(S)].$$

顾名思义，$\bar{v}_\pi$ 是所有状态值的加权平均。不同的 θ 值将导致不同的 $\bar{v}_\pi$ 值。我们的任务是找到一个最优策略（即最优的 θ）来最大化 $\bar{v}_\pi$。

在该目标函数中，如何选择概率分布 $d(s)$ 呢？有如下两种常见情况。

◇ 第一，d 与策略 π 无关，此时该目标函数对策略参数求梯度不需要考虑 d，因此这种情况最为简单。在此情况下，我们特别地用 d_0 来代替 d，用 $\bar{v}_\pi^0$ 来代替 $\bar{v}_\pi$，以表明该概率分布与策略无关。

例如，如果我们认为所有状态的重要性相同，那么可以选择 $d_0(s) = 1/|\mathcal{S}|$。如果我们只对某个特定状态 s_0 感兴趣（例如智能体始终从 s_0 出发），那么可以设计

$$d_0(s_0) = 1, \quad d_0(s \neq s_0) = 0.$$

此时 $\bar{v}_\pi = v_\pi(s_0)$，优化该目标函数就是优化从 s_0 出发的回报期望值。

◇ 第二，d 与策略 π 有关。此时常见的选择是将 d 设为 d_π，即在 π 下的平稳分布。如何理解这一选择呢？平稳分布反映了在给定策略下马尔可夫决策过程的长期行为。如果一个状态在长期内经常被访问，则其重要性高，应该有更高的权重；如果一个状态很少被访问，则其重要性低，应该有较低的权重。

d_π 的一个基本性质是 $d_\pi^\mathrm{T} P_\pi = d_\pi^\mathrm{T}$。其中 P_π 是状态转移概率矩阵。我们已经详细介绍过平稳分布了，更多信息可参见方框8.1。

下面介绍 $\bar{v}_\pi$ 的两个等价表达式。特别是第一个表达式，大家在文献中会经常遇到。

◇ 等价表达式1：假设智能体根据给定策略 $\pi(\theta)$ 收集了一个奖励序列 $\{R_{t+1}\}_{t=0}^\infty$。大家会经常在文献中看到如下目标函数：

$$J(\theta) = \lim_{n \to \infty} \mathbb{E} \left[\sum_{t=0}^n \gamma^t R_{t+1} \right] = \mathbb{E} \left[\sum_{t=0}^\infty \gamma^t R_{t+1} \right]. \tag{9.1}$$

虽然这个目标函数乍一看难以理解，但它实际上就是平均状态值 $\bar{v}_\pi$，这是因为

$$\mathbb{E} \left[\sum_{t=0}^\infty \gamma^t R_{t+1} \right] = \sum_{s \in \mathcal{S}} d(s) \mathbb{E} \left[\sum_{t=0}^\infty \gamma^t R_{t+1} | S_0 = s \right]$$

$$= \sum_{s \in \mathcal{S}} d(s) v_\pi(s)$$

$$= \bar{v}_\pi.$$

上式中的第一个等号是根据总期望定律（law of total expectation），第二个等号是根据状态值的定义。

◇ 等价表达式 2：目标函数 $\bar{v}_\pi$ 也可以重写为两个向量的内积。令

$$v_\pi = [\dots, v_\pi(s), \dots]^{\mathrm{T}} \in \mathbb{R}^{|\mathcal{S}|},$$
$$d = [\dots, d(s), \dots]^{\mathrm{T}} \in \mathbb{R}^{|\mathcal{S}|}.$$

那么有

$$\bar{v}_\pi = d^{\mathrm{T}} v_\pi.$$

这个表达式在分析其梯度时十分有用。

目标函数 2：平均奖励

第二个常见的目标函数是平均奖励（average reward）[2, 64, 65]。它的定义是

$$\bar{r}_\pi \doteq \sum_{s \in \mathcal{S}} d_\pi(s) r_\pi(s)$$
$$= \mathbb{E}_{S \sim d_\pi}[r_\pi(S)], \tag{9.2}$$

其中 d_π 是平稳分布，另外

$$r_\pi(s) \doteq \sum_{a \in \mathcal{A}} \pi(a|s, \theta) r(s, a) = \mathbb{E}_{A \sim \pi(s, \theta)}[r(s, A)|s] \tag{9.3}$$

是从状态 s 出发的（单步）即时奖励的期望值。这里 $r(s, a) \doteq \mathbb{E}[R|s, a] = \sum_r r p(r|s, a)$。

下面介绍 $\bar{r}_\pi$ 的两个等价表达式。特别是第一个表达式，大家在文献中会经常遇到。

◇ 等价表达式 1：假设智能体根据给定策略 $\pi(\theta)$ 收集到一个奖励序列 $\{R_{t+1}\}_{t=0}^{\infty}$。大家可能经常在文献中看到如下目标函数：

$$J(\theta) = \lim_{n \to \infty} \frac{1}{n} \mathbb{E}\left[\sum_{t=0}^{n-1} R_{t+1}\right]. \tag{9.4}$$

虽然这个目标函数乍一看很复杂，特别是其中还涉及求极限，但它实际上就是平均奖励 $\bar{r}_\pi$，这是因为

$$\lim_{n \to \infty} \frac{1}{n} \mathbb{E}\left[\sum_{t=0}^{n-1} R_{t+1}\right] = \sum_{s \in \mathcal{S}} d_\pi(s) r_\pi(s) = \bar{r}_\pi. \tag{9.5}$$

式 (9.5) 的证明可参见方框 9.1。

◇ 等价表达式 2：平均奖励 $\bar{r}_\pi$ 也可以表示为两个向量的内积。令

$$r_\pi = [\dots, r_\pi(s), \dots]^{\mathrm{T}} \in \mathbb{R}^{|\mathcal{S}|},$$

$$d_\pi = [\dots, d_\pi(s), \dots]^\mathrm{T} \in \mathbb{R}^{|\mathcal{S}|},$$

其中 $r_\pi(s)$ 在式(9.3)中给出。不难看出

$$\bar{r}_\pi = \sum_{s \in \mathcal{S}} d_\pi(s) r_\pi(s) = d_\pi^\mathrm{T} r_\pi.$$

这个表达式在分析其梯度时将会很有用。

方框9.1：证明平均奖励的等价表达式(9.5)

第一步，证明以下方程对任何起始状态 $s_0 \in \mathcal{S}$ 都是成立的：

$$\bar{r}_\pi = \lim_{n \to \infty} \frac{1}{n} \mathbb{E}\left[\sum_{t=0}^{n-1} R_{t+1} | S_0 = s_0\right]. \tag{9.6}$$

为此，首先注意到

$$\lim_{n \to \infty} \frac{1}{n} \mathbb{E}\left[\sum_{t=0}^{n-1} R_{t+1} | S_0 = s_0\right] = \lim_{n \to \infty} \frac{1}{n} \sum_{t=0}^{n-1} \mathbb{E}\left[R_{t+1} | S_0 = s_0\right]$$

$$= \lim_{t \to \infty} \mathbb{E}\left[R_{t+1} | S_0 = s_0\right], \tag{9.7}$$

其中最后一个等号是根据 Cesaro 均值的性质（也称为 Cesaro 求和）。具体来说，如果 $\{a_k\}_{k=1}^{\infty}$ 是一个收敛序列并且极限 $\lim_{k \to \infty} a_k$ 存在，那么 $\{1/n \sum_{k=1}^{n} a_k\}_{n=1}^{\infty}$ 也是一个收敛序列，并且有 $\lim_{n \to \infty} 1/n \sum_{k=1}^{n} a_k = \lim_{k \to \infty} a_k$。

下面分析式(9.7)中的 $\mathbb{E}[R_{t+1} | S_0 = s_0]$。根据总期望定律可得

$$\mathbb{E}[R_{t+1} | S_0 = s_0] = \sum_{s \in \mathcal{S}} \mathbb{E}[R_{t+1} | S_t = s, S_0 = s_0] p^{(t)}(s | s_0)$$

$$= \sum_{s \in \mathcal{S}} \mathbb{E}[R_{t+1} | S_t = s] p^{(t)}(s | s_0)$$

$$= \sum_{s \in \mathcal{S}} r_\pi(s) p^{(t)}(s | s_0),$$

其中 $p^{(t)}(s | s_0)$ 表示从 s_0 开始后恰好使用 t 步转移到 s 的概率。上式中的第二个等号是由于马尔可夫性质：下一时刻获得的奖励只依赖于当前状态而与之前的状态无关。根据平稳分布的定义可得

$$\lim_{t \to \infty} p^{(t)}(s | s_0) = d_\pi(s).$$

上式表明不论从哪个状态出发，最终转移到 s 的概率都是 $d_\pi(s)$。因此，我们有

$$\lim_{t \to \infty} \mathbb{E}[R_{t+1}|S_0 = s_0] = \lim_{t \to \infty} \sum_{s \in \mathcal{S}} r_\pi(s) p^{(t)}(s|s_0) = \sum_{s \in \mathcal{S}} r_\pi(s) d_\pi(s) = \bar{r}_\pi.$$

将上式代入式(9.7)可得式(9.6)。

第二步，考虑任意的状态分布向量 d。根据总期望定律有

$$\lim_{n \to \infty} \frac{1}{n} \mathbb{E}\left[\sum_{t=0}^{n-1} R_{t+1}\right] = \lim_{n \to \infty} \frac{1}{n} \sum_{s \in \mathcal{S}} d(s) \mathbb{E}\left[\sum_{t=0}^{n-1} R_{t+1}|S_0 = s\right]$$

$$= \sum_{s \in \mathcal{S}} d(s) \lim_{n \to \infty} \frac{1}{n} \mathbb{E}\left[\sum_{t=0}^{n-1} R_{t+1}|S_0 = s\right].$$

将式(9.6)代入上述方程可得

$$\lim_{n \to \infty} \frac{1}{n} \mathbb{E}\left[\sum_{t=0}^{n-1} R_{t+1}\right] = \sum_{s \in \mathcal{S}} d(s) \bar{r}_\pi = \bar{r}_\pi.$$

上式中第二个等号是因为 $\sum_{s \in \mathcal{S}} d(s) = 1$。证明完毕。

小结

到目前为止，我们介绍了两种目标函数：$\bar{v}_\pi$ 和 $\bar{r}_\pi$。每种目标函数都有几种不同但等价的表达式，见表9.2。另外，我们有时用 $\bar{v}_\pi$ 特指状态分布是稳定分布 d_π 的情况，而用 $\bar{v}_\pi^0$ 特指分布 d_0 与 π 无关的情况。下面是对这些目标函数的一些补充说明。

表 9.2　$\bar{v}_\pi$ 和 $\bar{r}_\pi$ 的不同但等价的表达式。

目标函数	表达式1	表达式2	表达式3
$\bar{v}_\pi$	$\sum_{s \in \mathcal{S}} d(s) v_\pi(s)$	$\mathbb{E}_{S \sim d}[v_\pi(S)]$	$\lim_{n \to \infty} \mathbb{E}\left[\sum_{t=0}^{n} \gamma^t R_{t+1}\right]$
$\bar{r}_\pi$	$\sum_{s \in \mathcal{S}} d_\pi(s) r_\pi(s)$	$\mathbb{E}_{S \sim d_\pi}[r_\pi(S)]$	$\lim_{n \to \infty} \frac{1}{n} \mathbb{E}\left[\sum_{t=0}^{n-1} R_{t+1}\right]$

◇ 第一，所有这些目标函数都是 π 的函数。由于 π 是由 θ 参数化的，因此这些目标函数是 θ 的函数。不同的 θ 值会得到不同的目标函数值，我们的任务是寻找最优的 θ 来最大化这些目标函数，这就是策略梯度方法的基本思想。

◇ 第二，这两个目标函数 $\bar{v}_\pi$ 和 $\bar{r}_\pi$ 在 $\gamma < 1$ 的情况下是等价的，这是因为

$$\bar{r}_\pi = (1 - \gamma) \bar{v}_\pi.$$

上式表明这两个目标函数可以同时被最大化，因此我们不需要纠结究竟选用哪个

目标函数。为什么上式成立？证明见后面的引理9.1。不过，当 $\gamma = 1$ 时，情况会比较复杂，后面也会有详细介绍。

9.3　目标函数的梯度

为了最大化上一节介绍的目标函数，可以使用梯度上升的方法。为此，需要首先计算这些目标函数的梯度。下面的定理给出了目标函数梯度的表达式，它也是本章最重要的理论结果。

定理 9.1 (策略梯度定理)。$J(\theta)$ 的梯度是

$$\nabla_\theta J(\theta) = \sum_{s \in \mathcal{S}} \eta(s) \sum_{a \in \mathcal{A}} \nabla_\theta \pi(a|s, \theta) q_\pi(s, a), \tag{9.8}$$

其中 η 是状态的概率分布，$\nabla_\theta \pi$ 是 π 关于 θ 的梯度。此外，式(9.8)有如下等价的形式：

$$\nabla_\theta J(\theta) = \mathbb{E}_{S \sim \eta, A \sim \pi(S, \theta)} \Big[\nabla_\theta \ln \pi(A|S, \theta) q_\pi(S, A) \Big], \tag{9.9}$$

其中 $\ln$ 是自然对数。

下面是关于定理9.1的一些重要说明。

◇ 第一，需要特别注意的是，定理9.1是对定理9.2、定理9.3、定理9.5的汇总。虽然这三个定理是针对不同场景的，但是因为这些不同场景中的梯度的表达式都类似，所以为了方便阅读汇总得到了定理9.1。其中 $J(\theta)$ 和 η 的具体表达式并没有给出，而是分别在定理9.2、定理9.3、定理9.5中给出。不同定理中，$J(\theta)$ 和 η 可能不同，例如 $J(\theta)$ 可以是 $\bar{v}_\pi^0$、$\bar{v}_\pi$ 或 $\bar{r}_\pi$，而且式(9.8)可能变成严格的等式或一个近似。

推导目标函数的梯度是策略梯度方法中最复杂的部分。对于大部分读者来说，熟悉定理9.1中的基本结论已经足够了，而不需要了解其证明过程。特别感兴趣的读者可以详细阅读9.3.1节和9.3.2节，其中数学推导和分析较多，建议读者根据自己的兴趣有选择性地学习。

◇ 第二，表达式(9.9)比式(9.8)往往更受欢迎。这是因为它是以期望形式表达的，后面我们将看到这个带有期望的真实的梯度可以通过随机梯度来近似。

为什么式(9.8)可以等价写成式(9.9)？证明如下。根据期望的定义，(9.8)可以重写为

$$\nabla_\theta J(\theta) = \sum_{s \in \mathcal{S}} \eta(s) \sum_{a \in \mathcal{A}} \nabla_\theta \pi(a|s, \theta) q_\pi(s, a)$$
$$= \mathbb{E}_{S \sim \eta} \Big[\sum_{a \in \mathcal{A}} \nabla_\theta \pi(a|S, \theta) q_\pi(S, a) \Big]. \tag{9.10}$$

考虑函数 $\ln \pi(a|s,\theta)$，其梯度是

$$\nabla_\theta \ln \pi(a|s,\theta) = \frac{\nabla_\theta \pi(a|s,\theta)}{\pi(a|s,\theta)}.$$

上式可写成

$$\nabla_\theta \pi(a|s,\theta) = \pi(a|s,\theta) \nabla_\theta \ln \pi(a|s,\theta). \tag{9.11}$$

将式(9.11)代入式(9.10)可得

$$\nabla_\theta J(\theta) = \mathbb{E}\left[\sum_{a \in \mathcal{A}} \pi(a|S,\theta) \nabla_\theta \ln \pi(a|S,\theta) q_\pi(S,a)\right]$$

$$= \mathbb{E}_{S \sim \eta, A \sim \pi(S,\theta)}\left[\nabla_\theta \ln \pi(A|S,\theta) q_\pi(S,A)\right].$$

◇ 第三，自然对数 $\ln$ 要求 $\pi(a|s,\theta)$ 对所有 (s,a) 都满足 $\pi(a|s,\theta) > 0$（而不能出现 $\pi(a|s,\theta) = 0$），因此这个策略必须是随机且探索性的，这可以通过使用 Softmax 函数来实现：

$$\pi(a|s,\theta) = \frac{e^{h(s,a,\theta)}}{\sum_{a' \in \mathcal{A}} e^{h(s,a',\theta)}}, \quad a \in \mathcal{A}, \tag{9.12}$$

其中 $h(s,a,\theta)$ 是一个特征函数，表示在状态 s 选择动作 a 的优先度。式(9.12)中的策略满足 $\pi(a|s,\theta) \in (0,1)$ 并且 $\sum_{a \in \mathcal{A}} \pi(a|s,\theta) = 1$ 对任何 $s \in \mathcal{S}$ 都成立。这个策略可以通过神经网络实现：网络的输入是 s，输出层是一个 Softmax 层，因此网络输出所有动作的概率为 $\pi(a|s,\theta)$，并且输出的总和等于 1，参见图9.2(b)。

9.3.1　推导策略梯度：有折扣的情况

下面开始推导目标函数的梯度。首先我们考虑有折扣的情况，即 $\gamma \in (0,1)$，这也是到目前为止本书一直考虑的情况。此时，状态值和动作值的定义是

$$v_\pi(s) = \mathbb{E}[R_{t+1} + \gamma R_{t+2} + \gamma^2 R_{t+3} + \ldots | S_t = s],$$

$$q_\pi(s,a) = \mathbb{E}[R_{t+1} + \gamma R_{t+2} + \gamma^2 R_{t+3} + \ldots | S_t = s, A_t = a].$$

并且它们满足 $v_\pi(s) = \sum_{a \in \mathcal{A}} \pi(a|s,\theta) q_\pi(s,a)$。

第一，我们证明 $\bar{v}_\pi(\theta)$ 是与 $\bar{r}_\pi(\theta)$ 等价的目标函数。

引理 9.1 $(\bar{v}_\pi(\theta)$ 与 $\bar{r}_\pi(\theta)$ 等价)。在有折扣的情况下，即当 $\gamma \in (0,1)$ 时，有

$$\bar{r}_\pi = (1-\gamma)\bar{v}_\pi. \tag{9.13}$$

因此，$\bar{v}_\pi(\theta)$ 和 $\bar{r}_\pi(\theta)$ 可以被同时最大化。

证明： 注意到 $\bar{v}_\pi(\theta) = d_\pi^{\mathrm{T}} v_\pi$ 并且 $\bar{r}_\pi(\theta) = d_\pi^{\mathrm{T}} r_\pi$，其中 v_π, r_π 满足贝尔曼方程 $v_\pi = r_\pi +$

$\gamma P_\pi v_\pi$。在贝尔曼方程两边同乘以 d_π^{T} 可得

$$\bar{v}_\pi = \bar{r}_\pi + \gamma d_\pi^{\mathrm{T}} P_\pi v_\pi = \bar{r}_\pi + \gamma d_\pi^{\mathrm{T}} v_\pi = \bar{r}_\pi + \gamma \bar{v}_\pi.$$

上式可推出(9.13). □

第二，下面的引理给出了任意一个状态值对策略的梯度。

引理 9.2 (状态值的梯度)。在有折扣的情况下，即当 $\gamma \in (0,1)$ 时，对于任意 $s \in \mathcal{S}$ 都有

$$\nabla_\theta v_\pi(s) = \sum_{s' \in \mathcal{S}} \mathrm{Pr}_\pi(s'|s) \sum_{a \in \mathcal{A}} \nabla_\theta \pi(a|s',\theta) q_\pi(s',a), \tag{9.14}$$

其中

$$\mathrm{Pr}_\pi(s'|s) \doteq \sum_{k=0}^{\infty} \gamma^k [P_\pi^k]_{ss'} = \left[(I_n - \gamma P_\pi)^{-1}\right]_{ss'}$$

是在策略 π 下从状态 s 转移到状态 s' 的折扣总概率。这里 $[\cdot]_{ss'}$ 表示矩阵的第 s 行和第 s' 列的元素。$[P_\pi^k]_{ss'}$ 等于在策略 π 下恰好用 k 步从 s 转移到 s' 的概率。

方框9.2: 证明引理9.2

首先，对任意 $s \in \mathcal{S}$ 有

$$\nabla_\theta v_\pi(s) = \nabla_\theta \left[\sum_{a \in \mathcal{A}} \pi(a|s,\theta) q_\pi(s,a) \right]$$
$$= \sum_{a \in \mathcal{A}} \left[\nabla_\theta \pi(a|s,\theta) q_\pi(s,a) + \pi(a|s,\theta) \nabla_\theta q_\pi(s,a) \right], \tag{9.15}$$

其中动作值 $q_\pi(s,a)$ 的表达式为

$$q_\pi(s,a) = r(s,a) + \gamma \sum_{s' \in \mathcal{S}} p(s'|s,a) v_\pi(s').$$

在上式两边求对 θ 的梯度可得

$$\nabla_\theta q_\pi(s,a) = 0 + \gamma \sum_{s' \in \mathcal{S}} p(s'|s,a) \nabla_\theta v_\pi(s').$$

上式中 $r(s,a) = \sum_r r p(r|s,a)$ 对 θ 的梯度等于 0，这是因为这一项与 θ 无关。将上式代入(9.15)可得

$$\nabla_\theta v_\pi(s) = \sum_{a \in \mathcal{A}} \left[\nabla_\theta \pi(a|s,\theta) q_\pi(s,a) + \pi(a|s,\theta) \gamma \sum_{s' \in \mathcal{S}} p(s'|s,a) \nabla_\theta v_\pi(s') \right.$$

$$= \sum_{a\in\mathcal{A}} \nabla_\theta \pi(a|s,\theta)q_\pi(s,a) + \gamma \sum_{a\in\mathcal{A}} \pi(a|s,\theta) \sum_{s'\in\mathcal{S}} p(s'|s,a)\nabla_\theta v_\pi(s'). \quad (9.16)$$

我们的任务是推导 $\nabla_\theta v_\pi$ 的表达式，值得注意的是它出现在上式的两边。为了求解该项，一种常见的方法是使用铺开技术（unrolling technique）[64]。不过，这里使用另一种基于矩阵-向量形式的方法，该方法相比铺开技术更加直观。首先，设

$$u(s) \doteq \sum_{a\in\mathcal{A}} \nabla_\theta \pi(a|s,\theta)q_\pi(s,a).$$

其次，有

$$\sum_{a\in\mathcal{A}} \pi(a|s,\theta) \sum_{s'\in\mathcal{S}} p(s'|s,a)\nabla_\theta v_\pi(s') = \sum_{s'\in\mathcal{S}} p(s'|s)\nabla_\theta v_\pi(s') = \sum_{s'\in\mathcal{S}} [P_\pi]_{ss'}\nabla_\theta v_\pi(s'),$$

因此，式(9.16)的矩阵-向量形式为

$$\underbrace{\begin{bmatrix} \vdots \\ \nabla_\theta v_\pi(s) \\ \vdots \end{bmatrix}}_{\nabla_\theta v_\pi \in \mathbb{R}^{mn}} = \underbrace{\begin{bmatrix} \vdots \\ u(s) \\ \vdots \end{bmatrix}}_{u \in \mathbb{R}^{mn}} + \gamma(P_\pi \otimes I_m) \underbrace{\begin{bmatrix} \vdots \\ \nabla_\theta v_\pi(s') \\ \vdots \end{bmatrix}}_{\nabla_\theta v_\pi \in \mathbb{R}^{mn}}.$$

其中 $n = |\mathcal{S}|$ 是状态的个数，m 是参数向量 θ 的维度。上式出现了克罗内克积（Kronecker product）$\otimes$，这是因为 $\nabla_\theta v_\pi(s)$ 是一个向量。上式可以更简洁地写为

$$\nabla_\theta v_\pi = u + \gamma(P_\pi \otimes I_m)\nabla_\theta v_\pi.$$

显然上式是关于 $\nabla_\theta v_\pi$ 的一个线性方程，其解为

$$\nabla_\theta v_\pi = (I_{nm} - \gamma P_\pi \otimes I_m)^{-1}u$$
$$= (I_n \otimes I_m - \gamma P_\pi \otimes I_m)^{-1}u$$
$$= [(I_n - \gamma P_\pi)^{-1} \otimes I_m]u. \quad (9.17)$$

式(9.17)给出了 $\nabla_\theta v_\pi$ 的向量形式，其针对状态 s 的展开形式为

$$\nabla_\theta v_\pi(s) = \sum_{s'\in\mathcal{S}} [(I_n - \gamma P_\pi)^{-1}]_{ss'} u(s')$$
$$= \sum_{s'\in\mathcal{S}} [(I_n - \gamma P_\pi)^{-1}]_{ss'} \sum_{a\in\mathcal{A}} \nabla_\theta \pi(a|s',\theta)q_\pi(s',a). \quad (9.18)$$

如何解读上式中的 $[(I_n - \gamma P_\pi)^{-1}]_{ss'}$ 呢？它的解读如下所示。由于 $(I_n - \gamma P_\pi)^{-1} =$

$I + \gamma P_\pi + \gamma^2 P_\pi^2 + \cdots$，我们有

$$\left[(I_n - \gamma P_\pi)^{-1}\right]_{ss'} = [I]_{ss'} + \gamma[P_\pi]_{ss'} + \gamma^2[P_\pi^2]_{ss'} + \cdots = \sum_{k=0}^{\infty} \gamma^k [P_\pi^k]_{ss'}.$$

注意，$[P_\pi^k]_{ss'}$ 是从 s 出发恰好用 k 步转移到 s' 的概率（见方框8.1）。因此，$\left[(I_n - \gamma P_\pi)^{-1}\right]_{ss'}$ 是从 s 转移到 s' 的总概率。通过令 $\left[(I_n - \gamma P_\pi)^{-1}\right]_{ss'} \doteq \Pr_\pi(s'|s)$，方程(9.18)变为(9.14)。

基于引理9.2，下面推导 $\bar{v}_\pi^0$ 的梯度。正如前面提到的，这里的上标 "0" 表示该目标函数中的状态概率分布与策略 π 无关。

定理9.2 (有折扣的情况下 $\bar{v}_\pi^0$ 的梯度)。在有折扣的情况下，即当 $\gamma \in (0,1)$ 时，$\bar{v}_\pi^0 = d_0^{\mathrm{T}} v_\pi$ 的梯度是

$$\nabla_\theta \bar{v}_\pi^0 = \mathbb{E}\left[\nabla_\theta \ln \pi(A|S,\theta) q_\pi(S,A)\right],$$

其中 $S \sim \rho_\pi, A \sim \pi(S,\theta)$ 而且

$$\rho_\pi(s) = \sum_{s' \in \mathcal{S}} d_0(s') \Pr_\pi(s|s'), \qquad s \in \mathcal{S}, \tag{9.19}$$

其中 $\Pr_\pi(s|s') = \sum_{k=0}^{\infty} \gamma^k [P_\pi^k]_{s's} = \left[(I - \gamma P_\pi)^{-1}\right]_{s's}$ 是在策略 π 下从 s' 到 s 的折扣总概率。

方框9.3：证明定理9.2

对 $\bar{v}_\pi^0 = d_0^{\mathrm{T}} v_\pi$ 两边求梯度。由于 $d_0(s)$ 与 π 无关，可得

$$\nabla_\theta \bar{v}_\pi^0 = \nabla_\theta \sum_{s \in \mathcal{S}} d_0(s) v_\pi(s) = \sum_{s \in \mathcal{S}} d_0(s) \nabla_\theta v_\pi(s).$$

将引理9.2中 $\nabla_\theta v_\pi(s)$ 的表达式代入上式可得

$$\begin{aligned}
\nabla_\theta \bar{v}_\pi^0 &= \sum_{s \in \mathcal{S}} d_0(s) \nabla_\theta v_\pi(s) = \sum_{s \in \mathcal{S}} d_0(s) \sum_{s' \in \mathcal{S}} \Pr_\pi(s'|s) \sum_{a \in \mathcal{A}} \nabla_\theta \pi(a|s',\theta) q_\pi(s',a) \\
&= \sum_{s' \in \mathcal{S}} \left(\sum_{s \in \mathcal{S}} d_0(s) \Pr_\pi(s'|s)\right) \sum_{a \in \mathcal{A}} \nabla_\theta \pi(a|s',\theta) q_\pi(s',a) \\
&\doteq \sum_{s' \in \mathcal{S}} \rho_\pi(s') \sum_{a \in \mathcal{A}} \nabla_\theta \pi(a|s',\theta) q_\pi(s',a)
\end{aligned}$$

$$= \sum_{s \in \mathcal{S}} \rho_\pi(s) \sum_{a \in \mathcal{A}} \nabla_\theta \pi(a|s,\theta) q_\pi(s,a) \qquad (将 s' 换为 s)$$

$$= \sum_{s \in \mathcal{S}} \rho_\pi(s) \sum_{a \in \mathcal{A}} \pi(a|s,\theta) \nabla_\theta \ln \pi(a|s,\theta) q_\pi(s,a)$$

$$= \mathbb{E}\left[\nabla_\theta \ln \pi(A|S,\theta) q_\pi(S,A)\right],$$

其中 $S \sim \rho_\pi, A \sim \pi(S,\theta)$。证明完毕。

根据引理9.1和引理9.2，我们可以推导出 $\bar{v}_\pi$ 和 $\bar{r}_\pi$ 的梯度。与定理9.2不同，下面定理中目标函数的状态概率分布与策略 π 相关。

定理9.3 (有折扣的情况下 $\bar{v}_\pi$ 和 $\bar{r}_\pi$ 的梯度)。在有折扣的情况下，即当 $\gamma \in (0,1)$ 时，$\bar{v}_\pi$ 和 $\bar{r}_\pi$ 的梯度为

$$\nabla_\theta \bar{r}_\pi = (1-\gamma)\nabla_\theta \bar{v}_\pi \approx \sum_{s \in \mathcal{S}} d_\pi(s) \sum_{a \in \mathcal{A}} \nabla_\theta \pi(a|s,\theta) q_\pi(s,a)$$

$$= \mathbb{E}\left[\nabla_\theta \ln \pi(A|S,\theta) q_\pi(S,A)\right],$$

其中 $S \sim d_\pi, A \sim \pi(S,\theta)$。当 γ 接近1时，上面的近似更加准确。

方框9.4: 证明定理9.3

对 $\bar{v}_\pi = \sum_{s \in \mathcal{S}} d_\pi(s) v_\pi(s)$ 两边求梯度可得

$$\nabla_\theta \bar{v}_\pi = \nabla_\theta \sum_{s \in \mathcal{S}} d_\pi(s) v_\pi(s)$$

$$= \sum_{s \in \mathcal{S}} \nabla_\theta d_\pi(s) v_\pi(s) + \sum_{s \in \mathcal{S}} d_\pi(s) \nabla_\theta v_\pi(s). \tag{9.20}$$

我们首先分析上式中的第二项 $\sum_{s \in \mathcal{S}} d_\pi(s) \nabla_\theta v_\pi(s)$。将式(9.17)中的 $\nabla_\theta v_\pi$ 代入第二项中可得

$$\sum_{s \in \mathcal{S}} d_\pi(s) \nabla_\theta v_\pi(s) = (d_\pi^{\mathrm{T}} \otimes I_m) \nabla_\theta v_\pi$$

$$= (d_\pi^{\mathrm{T}} \otimes I_m)\left[(I_n - \gamma P_\pi)^{-1} \otimes I_m\right] u$$

$$= \left[d_\pi^{\mathrm{T}}(I_n - \gamma P_\pi)^{-1}\right] \otimes I_m u. \tag{9.21}$$

注意到下式成立：

$$d_\pi^{\mathrm{T}}(I_n - \gamma P_\pi)^{-1} = \frac{1}{1-\gamma}d_\pi^{\mathrm{T}}.$$

该式可以通过两边乘以 $(I_n - \gamma P_\pi)$ 得到证明。将上式代入式 (9.21)可得

$$\sum_{s\in\mathcal{S}} d_\pi(s)\nabla_\theta v_\pi(s) = \frac{1}{1-\gamma}d_\pi^{\mathrm{T}} \otimes I_m u$$

$$= \frac{1}{1-\gamma}\sum_{s\in\mathcal{S}} d_\pi(s)\sum_{a\in\mathcal{A}}\nabla_\theta\pi(a|s,\theta)q_\pi(s,a).$$

虽然式(9.20)有两项，但是由于第二项包含一个缩放因子 $\frac{1}{1-\gamma}$，当 $\gamma \to 1$ 时，第二项起到主导作用，第一项可以忽略。此时，

$$\nabla_\theta\bar{v}_\pi \approx \frac{1}{1-\gamma}\sum_{s\in\mathcal{S}} d_\pi(s)\sum_{a\in\mathcal{A}}\nabla_\theta\pi(a|s,\theta)q_\pi(s,a).$$

上述推导过程中的近似要求第一项在 $\gamma \to 1$ 时不会趋向无穷大。更多信息可参见文献 [66, 第 4 节]。另外，根据 $\bar{r}_\pi = (1-\gamma)\bar{v}_\pi$ 可知

$$\nabla_\theta\bar{r}_\pi = (1-\gamma)\nabla_\theta\bar{v}_\pi \approx \sum_{s\in\mathcal{S}} d_\pi(s)\sum_{a\in\mathcal{A}}\nabla_\theta\pi(a|s,\theta)q_\pi(s,a)$$

$$= \sum_{s\in\mathcal{S}} d_\pi(s)\sum_{a\in\mathcal{A}}\pi(a|s,\theta)\nabla_\theta\ln\pi(a|s,\theta)q_\pi(s,a)$$

$$= \mathbb{E}\left[\nabla_\theta\ln\pi(A|S,\theta)q_\pi(S,A)\right].$$

证明完毕。

9.3.2 推导策略梯度：无折扣的情况

下面继续介绍目标函数梯度的推导，不过这次我们考虑无折扣的情况，即 $\gamma = 1$。到目前为止，本书只考虑了有折扣的情况，为什么现在突然开始考虑无折扣的情况呢？目标函数 $\bar{r}_\pi$ 的定义对有折扣和无折扣的情况都是成立的。在有折扣的情况下，$\bar{r}_\pi$ 的梯度是一种近似（定理9.3）。在无折扣的情况下，我们将看到其梯度的推导更加严格且优美。

状态值和泊松方程

在无折扣的情况下，我们需要重新定义状态值和动作值。由于奖励的直接求和 $\mathbb{E}[R_{t+1} + R_{t+2} + R_{t+3} + \ldots|S_t = s]$ 可能发散，因此状态值和动作值需要以一种特殊

的方式来定义 [64]：

$$v_\pi(s) \doteq \mathbb{E}[(R_{t+1} - \bar{r}_\pi) + (R_{t+2} - \bar{r}_\pi) + (R_{t+3} - \bar{r}_\pi) + \ldots | S_t = s],$$

$$q_\pi(s,a) \doteq \mathbb{E}[(R_{t+1} - \bar{r}_\pi) + (R_{t+2} - \bar{r}_\pi) + (R_{t+3} - \bar{r}_\pi) + \ldots | S_t = s, A_t = a],$$

其中 $\bar{r}_\pi$ 是平均奖励。文献中对 $v_\pi(s)$ 有不同的称呼，如差分奖励（differential reward）[65]
或偏置（bias）[2, 第8.2.1 节]。不难验证，上述状态值满足下式：

$$v_\pi(s) = \sum_a \pi(a|s,\theta)\left[\sum_r p(r|s,a)(r - \bar{r}_\pi) + \sum_{s'} p(s'|s,a)v_\pi(s')\right]. \tag{9.22}$$

此外，通过对比上式和 $v_\pi(s) = \sum_{a \in \mathcal{A}} \pi(a|s,\theta)q_\pi(s,a)$，可以得到动作值的表达式为
$q_\pi(s,a) = \sum_r p(r|s,a)(r - \bar{r}_\pi) + \sum_{s'} p(s'|s,a)v_\pi(s')$。将式(9.22)写成矩阵-向量形式可得

$$v_\pi = r_\pi - \bar{r}_\pi \mathbf{1}_n + P_\pi v_\pi, \tag{9.23}$$

其中 $\mathbf{1}_n = [1, \ldots, 1]^T \in \mathbb{R}^n$。读者可能注意到了方程(9.22)和(9.23)与贝尔曼方程很类
似，两者唯一的区别是多了 $\bar{r}_\pi$ 这一项。实际上，它们有一个特定的名称：泊松方程
（Poisson equation）[65, 67]。

如何从泊松方程中求解 v_π？答案将在下面的定理中给出。

定理 9.4（泊松方程的解）。令

$$v_\pi^* \doteq (I_n - P_\pi + \mathbf{1}_n d_\pi^T)^{-1} r_\pi. \tag{9.24}$$

那么 v_π^* 是式(9.23)中泊松方程的一个解，且泊松方程的任意解具有以下形式：

$$v_\pi = v_\pi^* + c\mathbf{1}_n,$$

其中 $c \in \mathbb{R}$。

上述定理表明泊松方程的解可能是不唯一的。

方框9.5：证明定理9.4

证明分为三步。

◇ 第1步：证明 v_π^* 是泊松方程的一个解。

令

$$A \doteq I_n - P_\pi + \mathbf{1}_n d_\pi^T.$$

那么 $v_\pi^* = A^{-1}r_\pi$。A 的可逆性将在第3步中证明。将 $v_\pi^* = A^{-1}r_\pi$ 代入式(9.23)

可得

$$A^{-1}r_\pi = r_\pi - \mathbf{1}_n d_\pi^{\mathrm{T}} r_\pi + P_\pi A^{-1} r_\pi.$$

我们只需要证明上式是成立的，从而证明 v_π^* 是泊松方程的一个解。具体来说，上式等价为 $(-A^{-1} + I_n - \mathbf{1}_n d_\pi^{\mathrm{T}} + P_\pi A^{-1}) r_\pi = 0$。该式可以重写为

$$(-I_n + A - \mathbf{1}_n d_\pi^{\mathrm{T}} A + P_\pi) A^{-1} r_\pi = 0.$$

上式是成立的，因为左侧括号内的项等于 0，即 $-I_n + A - \mathbf{1}_n d_\pi^{\mathrm{T}} A + P_\pi = -I_n + (I_n - P_\pi + \mathbf{1}_n d_\pi^{\mathrm{T}}) - \mathbf{1}_n d_\pi^{\mathrm{T}} (I_n - P_\pi + \mathbf{1}_n d_\pi^{\mathrm{T}}) + P_\pi = 0$。所以，$v_\pi^*$ 是泊松方程的一个解。

◇ 第 2 步：证明任意解的表达式。

将 $\bar{r}_\pi = d_\pi^{\mathrm{T}} r_\pi$ 代入式 (9.23) 可得

$$v_\pi = r_\pi - \mathbf{1}_n d_\pi^{\mathrm{T}} r_\pi + P_\pi v_\pi. \tag{9.25}$$

上式可以化为

$$(I_n - P_\pi) v_\pi = (I_n - \mathbf{1}_n d_\pi^{\mathrm{T}}) r_\pi. \tag{9.26}$$

注意 $I_n - P_\pi$ 是奇异的，这是因为对于任何策略 π 都有 $(I_n - P_\pi)\mathbf{1}_n = 0$。因此，式 (9.26) 的解不是唯一的：如果 v_π^* 是一个解，那么对于任意的 $x \in \mathrm{Null}(I_n - P_\pi)$ 可知 $v_\pi^* + x$ 也是一个解。更进一步，如果 P_π 不可约（irreducible），那么 $\mathrm{Null}(I_n - P_\pi) = \mathrm{span}\{\mathbf{1}_n\}$。此时，泊松方程的任意解都可以写成 $v_\pi^* + c\mathbf{1}_n$，其中 $c \in \mathbb{R}$ 是任意实数。

◇ 第 3 步：证明 $A = I_n - P_\pi + \mathbf{1}_n d_\pi^{\mathrm{T}}$ 是可逆的。

前面用到了 A 的可逆性，下面来证明该性质。

引理 9.3。 矩阵 $I_n - P_\pi + \mathbf{1}_n d_\pi^{\mathrm{T}}$ 是可逆的，其逆矩阵是

$$\left[I_n - (P_\pi - \mathbf{1}_n d_\pi^{\mathrm{T}}) \right]^{-1} = \sum_{k=1}^{\infty} (P_\pi^k - \mathbf{1}_n d_\pi^{\mathrm{T}}) + I_n.$$

证明： 首先我们不加证明地给出一些基本知识。设 $\rho(M)$ 为矩阵 M 的谱半径。如果 $\rho(M) < 1$，那么 $I - M$ 是可逆的。此外，$\rho(M) < 1$ 当且仅当 $\lim_{k \to \infty} M^k = 0$。

接下来我们展示 $\lim_{k \to \infty} (P_\pi - \mathbf{1}_n d_\pi^{\mathrm{T}})^k \to 0$，进而证明 $I_n - (P_\pi - \mathbf{1}_n d_\pi^{\mathrm{T}})$ 的可

逆性。具体来说，注意到

$$(P_\pi - \mathbf{1}_n d_\pi^{\mathrm{T}})^k = P_\pi^k - \mathbf{1}_n d_\pi^{\mathrm{T}}, \quad k \geqslant 1. \tag{9.27}$$

上式可以通过归纳法证明。例如，当 $k = 1$ 时，很明显等式成立。当 $k = 2$ 时，我们有

$$\begin{aligned}
(P_\pi - \mathbf{1}_n d_\pi^{\mathrm{T}})^2 &= (P_\pi - \mathbf{1}_n d_\pi^{\mathrm{T}})(P_\pi - \mathbf{1}_n d_\pi^{\mathrm{T}}) \\
&= P_\pi^2 - P_\pi \mathbf{1}_n d_\pi^{\mathrm{T}} - \mathbf{1}_n d_\pi^{\mathrm{T}} P_\pi + \mathbf{1}_n d_\pi^{\mathrm{T}} \mathbf{1}_n d_\pi^{\mathrm{T}} \\
&= P_\pi^2 - \mathbf{1}_n d_\pi^{\mathrm{T}},
\end{aligned}$$

其中最后一个等号是由于 $P_\pi \mathbf{1}_n = \mathbf{1}_n, d_\pi^{\mathrm{T}} P_\pi = d_\pi^{\mathrm{T}}, d_\pi^{\mathrm{T}} \mathbf{1}_n = 1$。$k \geqslant 3$ 的情况可以类似地证明。

由于 d_π 是平稳分布，故满足 $\lim_{k \to \infty} P_\pi^k = d_\pi^{\mathrm{T}} \mathbf{1}_n$（见方框8.1）。对式(9.27)两边求极限可得

$$\lim_{k \to \infty} (P_\pi - \mathbf{1}_n d_\pi^{\mathrm{T}})^k = \lim_{k \to \infty} P_\pi^k - d_\pi^{\mathrm{T}} \mathbf{1}_n = 0.$$

因此有 $\rho(P_\pi - \mathbf{1}_n d_\pi^{\mathrm{T}}) < 1$，进而有 $I_n - (P_\pi - \mathbf{1}_n d_\pi^{\mathrm{T}})$ 是可逆的，且其逆矩阵是

$$\begin{aligned}
(I_n - (P_\pi - \mathbf{1}_n d_\pi^{\mathrm{T}}))^{-1} &= \sum_{k=0}^{\infty} (P_\pi - \mathbf{1}_n d_\pi^{\mathrm{T}})^k \\
&= I_n + \sum_{k=1}^{\infty} (P_\pi - \mathbf{1}_n d_\pi^{\mathrm{T}})^k \\
&= I_n + \sum_{k=1}^{\infty} (P_\pi^k - \mathbf{1}_n d_\pi^{\mathrm{T}}) \\
&= \sum_{k=0}^{\infty} (P_\pi^k - \mathbf{1}_n d_\pi^{\mathrm{T}}) + \mathbf{1}_n d_\pi^{\mathrm{T}}.
\end{aligned}$$

证明完毕。 □

引理9.3的证明受到了文献 [66] 的启发。然而，文献 [66] 在其中公式 (16) 中给出的结论 $(I_n - P_\pi + \mathbf{1}_n d_\pi^{\mathrm{T}})^{-1} = \sum_{k=0}^{\infty} (P_\pi^k - \mathbf{1}_n d_\pi^{\mathrm{T}})$ 是不准确的，这因为 $\sum_{k=0}^{\infty} (P_\pi^k - \mathbf{1}_n d_\pi^{\mathrm{T}})$ 是奇异的（例如 $\sum_{k=0}^{\infty} (P_\pi^k - \mathbf{1}_n d_\pi^{\mathrm{T}}) \mathbf{1}_n = 0$），因此它不可能是一个矩阵的逆矩阵。引理9.3纠正了这个不准确之处。

梯度的推导

虽然定理9.4表明在无折扣的情况下 v_π 的值不是唯一的，但是 $\bar{r}_\pi$ 的值是唯一的。具体来说，将 $v_\pi = v_\pi^* + c\mathbf{1}_n$ 代入泊松方程可得

$$
\begin{aligned}
\bar{r}_\pi \mathbf{1}_n &= r_\pi + (P_\pi - I_n)v_\pi \\
&= r_\pi + (P_\pi - I_n)(v_\pi^* + c\mathbf{1}_n) \\
&= r_\pi + (P_\pi - I_n)v_\pi^*.
\end{aligned}
$$

注意其中 c 被抵消了，因此 $\bar{r}_\pi$ 的值是唯一的，所以我们可以在无折扣的情况下计算 $\bar{r}_\pi$ 的梯度。

定理 9.5 (无折扣情况下 $\bar{r}_\pi$ 的梯度)。在无折扣的情况下，平均奖励 $\bar{r}_\pi$ 的梯度是

$$
\begin{aligned}
\nabla_\theta \bar{r}_\pi &= \sum_{s \in \mathcal{S}} d_\pi(s) \sum_{a \in \mathcal{A}} \nabla_\theta \pi(a|s,\theta)q_\pi(s,a) \\
&= \mathbb{E}\big[\nabla_\theta \ln \pi(A|S,\theta)q_\pi(S,A)\big],
\end{aligned} \tag{9.28}
$$

其中 $S \sim d_\pi, A \sim \pi(S,\theta)$。

与前面有折扣的情况下的结果相比（定理9.3），$\bar{r}_\pi$ 在无折扣的情况下的梯度在数学上更为优美，这是因为式(9.28)是严格成立的。

方框9.6: 证明定理9.5

首先，对 $v_\pi(s) = \sum_{a \in \mathcal{A}} \pi(a|s,\theta)q_\pi(s,a)$ 两边求梯度可得

$$
\begin{aligned}
\nabla_\theta v_\pi(s) &= \nabla_\theta \left[\sum_{a \in \mathcal{A}} \pi(a|s,\theta)q_\pi(s,a)\right] \\
&= \sum_{a \in \mathcal{A}} \big[\nabla_\theta \pi(a|s,\theta)q_\pi(s,a) + \pi(a|s,\theta)\nabla_\theta q_\pi(s,a)\big],
\end{aligned} \tag{9.29}
$$

其中 $q_\pi(s,a)$ 是动作值，满足

$$
\begin{aligned}
q_\pi(s,a) &= \sum_r p(r|s,a)(r - \bar{r}_\pi) + \sum_{s'} p(s'|s,a)v_\pi(s') \\
&= r(s,a) - \bar{r}_\pi + \sum_{s'} p(s'|s,a)v_\pi(s').
\end{aligned}
$$

对上式两边求导，由于 $r(s,a) = \sum_r rp(r|s,a)$ 不依赖于 θ，可得

$$\nabla_\theta q_\pi(s,a) = 0 - \nabla_\theta \bar{r}_\pi + \sum_{s' \in \mathcal{S}} p(s'|s,a)\nabla_\theta v_\pi(s').$$

将上式代入式(9.29)可得

$$\nabla_\theta v_\pi(s) = \sum_{a \in \mathcal{A}} \left[\nabla_\theta \pi(a|s,\theta)q_\pi(s,a) + \pi(a|s,\theta)\left(-\nabla_\theta \bar{r}_\pi + \sum_{s' \in \mathcal{S}} p(s'|s,a)\nabla_\theta v_\pi(s')\right) \right]$$
$$= \sum_{a \in \mathcal{A}} \nabla_\theta \pi(a|s,\theta)q_\pi(s,a) - \nabla_\theta \bar{r}_\pi + \sum_{a \in \mathcal{A}} \pi(a|s,\theta) \sum_{s' \in \mathcal{S}} p(s'|s,a)\nabla_\theta v_\pi(s').$$
$$(9.30)$$

设

$$u(s) \doteq \sum_{a \in \mathcal{A}} \nabla_\theta \pi(a|s,\theta)q_\pi(s,a).$$

由于 $\sum_{a \in \mathcal{A}} \pi(a|s,\theta) \sum_{s' \in \mathcal{S}} p(s'|s,a)\nabla_\theta v_\pi(s') = \sum_{s' \in \mathcal{S}} p(s'|s)\nabla_\theta v_\pi(s')$,方程(9.30)
可以写成矩阵-向量形式：

$$\underbrace{\begin{bmatrix} \vdots \\ \nabla_\theta v_\pi(s) \\ \vdots \end{bmatrix}}_{\nabla_\theta v_\pi \in \mathbb{R}^{mn}} = \underbrace{\begin{bmatrix} \vdots \\ u(s) \\ \vdots \end{bmatrix}}_{u \in \mathbb{R}^{mn}} - \mathbf{1}_n \otimes \nabla_\theta \bar{r}_\pi + (P_\pi \otimes I_m) \underbrace{\begin{bmatrix} \vdots \\ \nabla_\theta v_\pi(s') \\ \vdots \end{bmatrix}}_{\nabla_\theta v_\pi \in \mathbb{R}^{mn}},$$

其中 $n = |\mathcal{S}|$，m 是向量 θ 的维数，$\otimes$ 是克罗内克积。上述方程可以简洁地写为

$$\nabla_\theta v_\pi = u - \mathbf{1}_n \otimes \nabla_\theta \bar{r}_\pi + (P_\pi \otimes I_m)\nabla_\theta v_\pi,$$

进而可得

$$\mathbf{1}_n \otimes \nabla_\theta \bar{r}_\pi = u + (P_\pi \otimes I_m)\nabla_\theta v_\pi - \nabla_\theta v_\pi.$$

在上式两边同时乘以 $d_\pi^{\mathrm{T}} \otimes I_m$ 可得

$$(d_\pi^{\mathrm{T}}\mathbf{1}_n) \otimes \nabla_\theta \bar{r}_\pi = d_\pi^{\mathrm{T}} \otimes I_m u + (d_\pi^{\mathrm{T}}P_\pi) \otimes I_m \nabla_\theta v_\pi - d_\pi^{\mathrm{T}} \otimes I_m \nabla_\theta v_\pi$$
$$= d_\pi^{\mathrm{T}} \otimes I_m u.$$

由于 $d_\pi^{\mathrm{T}}\mathbf{1}_n = 1$，由上式可得

$$\nabla_\theta \bar{r}_\pi = d_\pi^{\mathrm{T}} \otimes I_m u$$

$$= \sum_{s \in \mathcal{S}} d_\pi(s) u(s)$$

$$= \sum_{s \in \mathcal{S}} d_\pi(s) \sum_{a \in \mathcal{A}} \nabla_\theta \pi(a|s, \theta) q_\pi(s, a).$$

证明完毕。

最后，由于 v_π 不是唯一的，因此 $\bar{v}_\pi$ 也不是唯一的，所以我们这里不关注 $\bar{v}_\pi$ 的梯度。对于感兴趣的读者，值得一提的是我们可以通过增加更多的约束来唯一确定 v_π。例如，假设存在一个循环状态（recurrent state），这个循环状态的状态值可以确定下来 [65, 第 II 节]，进而可以唯一确定 c。当然，还有其他方式可以唯一确定 v_π，参见文献 [2] 中的方程 (8.6.5)~(8.6.7)。

9.4 蒙特卡罗策略梯度（REINFORCE）

有了定理 9.1 中给出的目标函数的梯度，我们就可以利用如下的梯度上升算法来最大化目标函数以获得最佳策略：

$$
\begin{aligned}
\theta_{t+1} &= \theta_t + \alpha \nabla_\theta J(\theta_t) \\
&= \theta_t + \alpha \mathbb{E}\Big[\nabla_\theta \ln \pi(A|S, \theta_t) q_\pi(S, A)\Big],
\end{aligned}
\tag{9.31}
$$

其中 $\alpha > 0$ 是学习率。由于算法 (9.31) 中的真实梯度含有期望，而这在实际中是未知的，因此我们可以用随机梯度替换真实梯度，从而得到如下算法：

$$
\theta_{t+1} = \theta_t + \alpha \nabla_\theta \ln \pi(a_t|s_t, \theta_t) q_t(s_t, a_t),
\tag{9.32}
$$

其中 $q_t(s_t, a_t)$ 是对 $q_\pi(s_t, a_t)$ 在 t 时刻的估计值。

算法 (9.32) 非常重要，因为许多其他策略梯度算法都可以通过推广该算法得到。从其表达式可以看出，策略参数 θ_t 的更新依赖于对动作值的估计 $q_t(s_t, a_t)$。到目前为止，本书介绍了两种估计值的方法，一种是蒙特卡罗方法，另一种是时序差分方法。如果 $q_t(s_t, a_t)$ 是通过蒙特卡罗估计得到的，那么该算法被称为蒙特卡罗策略梯度（Monte Carlo policy gradient）或者 REINFORCE[68]，这是最早和最简单的策略梯度算法之一。如果 $q_t(s_t, a_t)$ 是通过时序差分方法得到的，那么相应的算法实际上就是 Actor-Critic 方法，这将在下一章介绍。

下面我们更仔细地分析算法 (9.32)。由于

$$
\nabla_\theta \ln \pi(a_t|s_t, \theta_t) = \frac{\nabla_\theta \pi(a_t|s_t, \theta_t)}{\pi(a_t|s_t, \theta_t)},
$$

算法(9.32)可重写为

$$\theta_{t+1} = \theta_t + \alpha \underbrace{\left(\frac{q_t(s_t, a_t)}{\pi(a_t|s_t, \theta_t)} \right)}_{\beta_t} \nabla_\theta \pi(a_t|s_t, \theta_t).$$

上式可简写为

$$\theta_{t+1} = \theta_t + \alpha\beta_t \nabla_\theta \pi(a_t|s_t, \theta_t). \tag{9.33}$$

从上面这个方程可以得到两方面的重要结论。

◇ 第一，由于式(9.33)是一个梯度上升算法，我们可以得到如下结论。

- 如果 $\beta_t \geqslant 0$，则在 s_t 选择 a_t 的概率会增大，即

$$\pi(a_t|s_t, \theta_{t+1}) \geqslant \pi(a_t|s_t, \theta_t).$$

- 如果 $\beta_t < 0$，则在 s_t 选择 a_t 的概率会降低，即

$$\pi(a_t|s_t, \theta_{t+1}) < \pi(a_t|s_t, \theta_t).$$

为什么上面的结论成立呢？当 $\theta_{t+1} - \theta_t$ 足够小时，根据一阶泰勒展开可知

$$\begin{aligned}
\pi(a_t|s_t, \theta_{t+1}) &\approx \pi(a_t|s_t, \theta_t) + (\nabla_\theta \pi(a_t|s_t, \theta_t))^{\mathrm{T}}(\theta_{t+1} - \theta_t) \\
&= \pi(a_t|s_t, \theta_t) + \alpha\beta_t(\nabla_\theta \pi(a_t|s_t, \theta_t))^{\mathrm{T}}(\nabla_\theta \pi(a_t|s_t, \theta_t)) \quad (\text{代入}(9.33)) \\
&= \pi(a_t|s_t, \theta_t) + \alpha\beta_t \|\nabla_\theta \pi(a_t|s_t, \theta_t)\|_2^2.
\end{aligned}$$

很明显，当 $\beta_t \geqslant 0$ 时，$\pi(a_t|s_t, \theta_{t+1}) \geqslant \pi(a_t|s_t, \theta_t)$；当 $\beta_t < 0$ 时，$\pi(a_t|s_t, \theta_{t+1}) < \pi(a_t|s_t, \theta_t)$。

◇ 第二，根据上述第一个结论和 β_t 的表达式，我们可以知道该算法可以平衡探索（exploration）和利用（exploitation）。注意 β_t 的表达式为

$$\beta_t = \frac{q_t(s_t, a_t)}{\pi(a_t|s_t, \theta_t)}.$$

一方面，β_t 与 $q_t(s_t, a_t)$ 呈正比。如果 $q_t(s_t, a_t)$ 较大，那么 $\pi(a_t|s_t, \theta_t)$ 将增大，即下一个时刻选择 a_t 的概率会增大，因此该算法倾向于利用具有更大价值的动作。另一方面，当 $q_t(s_t, a_t) > 0$ 时，β_t 与 $\pi(a_t|s_t, \theta_t)$ 呈反比。此时，如果 $\pi(a_t|s_t, \theta_t)$ 较小，即选择 a_t 的概率较小，那么 $\pi(a_t|s_t, \theta_t)$ 将增大，即下一个时刻选择 a_t 的概率会增大，因此该算法会探索那些之前概率低的动作。

此外，由于式(9.32)需要使用随机样本来近似式(9.31)中的真实梯度，那么该如何进行随机采样呢？

⋄ 第一，如何采样 S？真实梯度 $\mathbb{E}[\nabla_\theta \ln \pi(A|S, \theta_t) q_\pi(S, A)]$ 中的 S 应服从概率分布 η，这是平稳分布 d_π 或者式(9.19)给出的分布 ρ_π。无论是哪一个分布，都代表在策略 π 下的长期行为。

⋄ 第二，如何采样 A？真实梯度 $\mathbb{E}[\nabla_\theta \ln \pi(A|S, \theta_t) q_\pi(S, A)]$ 中的 A 应服从概率分布 $\pi(A|S, \theta)$。采样 A 的理想方式是按照 $\pi(a|s_t, \theta_t)$ 采样得到 a_t。

然而，实际中往往不会严格按照上述理论采样 S 和 A，这主要是因为实际中的样本可能是稀缺的，例如我们不太可能等到策略运行了很久并进入平稳态之后才使用其经验样本来学习。

算法9.1给出了具体实现式(9.32)的流程。在这个算法中，首先利用 $\pi(\theta)$ 生成一个回合，然后使用回合中的每一个经验样本对 θ 进行多次更新。

算法9.1：蒙特卡罗策略梯度（REINFORCE）

初始化： 初始参数 θ；$\gamma \in (0, 1)$；$\alpha > 0$。

目标： 学习一个最优策略从而最大化 $J(\theta)$。

对于每个回合
  根据 $\pi(\theta)$ 生成 $\{s_0, a_0, r_1, \ldots, s_{T-1}, a_{T-1}, r_T\}$。
  对于 $t = 0, 1, \ldots, T-1$：
    价值更新： $q_t(s_t, a_t) = \sum_{k=t+1}^{T} \gamma^{k-t-1} r_k$
    策略更新： $\theta \leftarrow \theta + \alpha \nabla_\theta \ln \pi(a_t|s_t, \theta) q_t(s_t, a_t)$

9.5　总结

本章介绍了策略梯度方法，这是许多现代强化学习算法的基础。策略梯度方法是基于策略的，而之前章节中的所有方法都是基于值的。策略梯度方法的基本思想很简单，那就是选择一个合适的标量目标函数，然后通过梯度上升算法来优化它。

策略梯度方法中最复杂的部分是目标函数梯度的推导过程。为了推导梯度，我们必须区分具有不同目标函数、有无折扣等情况。幸运的是，不同情况下梯度的表达式是相似的，因此我们在定理9.1中总结了统一的梯度表达式，这是本章中最重要的理论结果。对于许多读者来说，了解这个定理就已经足够了；对于该定理的证明，读者可以有选择性地学习。

读者应该很好地理解策略梯度算法(9.32)，因为它是许多更复杂的策略梯度算法的基础。在下一章中，这个算法将被推广得到 Actor-Critic 的方法。

9.6 问答

◇ 提问：策略梯度方法的基本思想是什么？

回答：其基本思想很简单。第一，定义合适的标量目标函数。第二，推导该目标函数的梯度。第三，利用梯度上升算法来优化这个目标函数。第四，由于真实梯度难以获得，因此可以用随机梯度来近似真实梯度。

◇ 提问：策略梯度方法中最复杂的部分是什么？

回答：虽然策略梯度方法的基本思想很简单，但是其中梯度的推导过程相当复杂，这是因为我们必须区分众多不同的情况。

◇ 提问：策略梯度方法有哪些目标函数？

回答：本章介绍了两类目标函数：平均状态值和平均奖励。具体涉及三个目标函数：$\bar{v}_\pi, \bar{v}_\pi^0, \bar{r}_\pi$。由于它们对应的梯度是类似的，因此它们都可以在策略梯度方法中被采用。值得一提的是，式(9.1)和式(9.4)中的目标函数表达式在文献中经常遇到。

◇ 提问：为什么策略梯度的表达式包含一个自然对数？

回答：引入自然对数是为了将梯度表达式写成一个期望值。通过这种方式，我们可以用一个随机梯度来近似真实梯度。

◇ 提问：为什么在推导策略梯度时需要考虑无折扣的情况？

回答：平均奖励 $\bar{r}_\pi$ 的定义对有折扣和无折扣的情况都是成立的。在有折扣的情况下，$\bar{r}_\pi$ 的梯度是一个近似值，但是在无折扣的情况下，其梯度更为严格和优美。

◇ 提问：策略梯度算法(9.32)在数学上究竟在做什么事情？

回答：为了更好地理解这个算法，建议读者关注其在式(9.33)中的简洁表达式，该式清楚地展示了它是一个用于更新 $\pi(a_t|s_t, \theta_t)$ 的梯度上升算法，即一个样本要么使得 $\pi(a_t|s_t, \theta_{t+1}) \geqslant \pi(a_t|s_t, \theta_t)$，要么使得 $\pi(a_t|s_t, \theta_{t+1}) < \pi(a_t|s_t, \theta_t)$。

第 10 章

演员-评论家方法

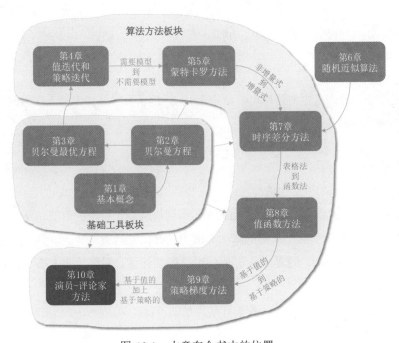

图 10.1 本章在全书中的位置。

本章将介绍 Actor-Critic 方法，该方法的中文翻译一般为"演员-评论家"。从一个角度来看，Actor-Critic 指的是一种结构，它融合了基于策略和基于价值的两类方法。这里的"Actor"对应的是策略更新。之所以称之为 Actor，是因为它对应生成动作的策略。这里的"Critic"指的是价值更新。之所以称之为 Critic，是因为它会评估策略相应的价值。从另一个角度看，Actor-Critic 本质上仍然是策略梯度的方法，它可以通过推广第9章介绍的策略梯度方法得到。在学习本章之前，读者应该确保已经比较好地了解了第8章和第9章的内容，否则学习本章时会遇到诸多挑战。

10.1　最简单的演员-评论家算法：QAC

本节将介绍最简单的 Actor-Critic 算法。我们可以通过推广式(9.32)中的策略梯度算法很容易地得到该算法。

首先，让我们回想一下。策略梯度方法的基本思想是通过最大化一个目标函数 $J(\theta)$ 来得到最优策略。用于最大化 $J(\theta)$ 的梯度上升算法是

$$
\begin{aligned}
\theta_{t+1} &= \theta_t + \alpha \nabla_\theta J(\theta_t) \\
&= \theta_t + \alpha \mathbb{E}_{S \sim \eta, A \sim \pi}\left[\nabla_\theta \ln \pi(A|S, \theta_t) q_\pi(S, A)\right],
\end{aligned} \tag{10.1}
$$

其中 η 是状态的分布（更多信息可参见定理9.1）。由于真实的梯度是无法得到的，我们可以使用随机梯度来近似：

$$
\theta_{t+1} = \theta_t + \alpha \nabla_\theta \ln \pi(a_t|s_t, \theta_t) q_t(s_t, a_t). \tag{10.2}
$$

这就是上一章式(9.32)中给出的算法。

式(10.2)非常重要，因为它清楚地展示了如何融合基于策略的方法和基于价值的方法。一方面，它是一个基于策略的算法，因为它直接更新策略参数。另一方面，它的更新需要知道 $q_t(s_t, a_t)$，这是动作值 $q_\pi(s_t, a_t)$ 的估计量，需要另一个基于价值的算法来得到 $q_t(s_t, a_t)$。

到目前为止，本书介绍了两种估计动作值的方法：第一种是基于蒙特卡罗的方法，第二种是时序差分的方法。

⋄ 如果 $q_t(s_t, a_t)$ 是通过蒙特卡罗方法来估计的，那么相应的算法被称为 REINFORCE 或者蒙特卡罗策略梯度。该算法已经在第9章介绍过了。

⋄ 如果 $q_t(s_t, a_t)$ 是通过时序差分方法来估计的，那么相应的算法通常被称为 Actor-Critic。换句话说，当我们把基于时序差分的价值估计引入到策略梯度方法时，就得到了 Actor-Critic 方法。

算法 10.1 给出了最简单的 Actor-Critic 算法。其中 Actor 对应于式 (10.2) 给出的策略更新步骤；Critic 对应于式(8.36)给出的 Sarsa 算法，用于估计策略对应的值，其中动作值由函数 $q(s, a, w)$ 表示。这种 Actor-Critic 算法有时被称为 Q Actor-Critic（QAC）。尽管它很简单，但 QAC 揭示了 Actor-Critic 算法的核心思想。我们在本章后面看到的许多高级算法都可以通过推广 QAC 得到。

算法 10.1：最简单的 Actor-Critic 算法（QAC）

初始化： 一个策略函数 $\pi(a|s, \theta_0)$，其中 θ_0 是初始参数。一个价值函数 $q(s, a, w_0)$，其中 w_0 是初始参数。$\alpha_w, \alpha_\theta > 0$。

目标： 学习一个最优策略来最大化 $J(\theta)$。

在每个回合中的 t 时刻

  根据 $\pi(a|s_t, \theta_t)$ 产生 a_t，观测 r_{t+1}, s_{t+1}，然后根据 $\pi(a|s_{t+1}, \theta_t)$ 生成 a_{t+1}

  Actor（策略更新）：

$$\theta_{t+1} = \theta_t + \alpha_\theta \nabla_\theta \ln \pi(a_t|s_t, \theta_t) q(s_t, a_t, w_t)$$

  Critic（价值更新）：

$$w_{t+1} = w_t + \alpha_w \big[r_{t+1} + \gamma q(s_{t+1}, a_{t+1}, w_t) - q(s_t, a_t, w_t) \big] \nabla_w q(s_t, a_t, w_t)$$

10.2 优势演员-评论家

下面介绍优势演员-评论家（advantage actor-critic，A2C）算法。这个算法的核心思想是引入一个基准来减少估计的方差。

10.2.1 基准不变性

策略梯度有一个重要性质：它对额外的基准（baseline）是不变的，即

$$\mathbb{E}_{S\sim\eta, A\sim\pi}\Big[\nabla_\theta \ln \pi(A|S, \theta_t) q_\pi(S, A)\Big] = \mathbb{E}_{S\sim\eta, A\sim\pi}\Big[\nabla_\theta \ln \pi(A|S, \theta_t)(q_\pi(S, A) - b(S))\Big],$$
$$(10.3)$$

其中 $b(S)$ 是基准函数，它是 S 的一个标量函数。上式表明了添加或去掉基准函数 $b(S)$ 不会影响策略梯度。下面回答两个重要问题。

⋄ 第一，为什么式(10.3)是成立的？

  式(10.3)成立的充分必要条件是下式成立：

$$\mathbb{E}_{S\sim\eta, A\sim\pi}\Big[\nabla_\theta \ln\pi(A|S,\theta_t)b(S)\Big] = 0.$$

而该式成立的原因如下所示：

$$
\begin{aligned}
\mathbb{E}_{S\sim\eta, A\sim\pi}\Big[\nabla_\theta \ln\pi(A|S,\theta_t)b(S)\Big] &= \sum_{s\in\mathcal{S}}\eta(s)\sum_{a\in\mathcal{A}}\pi(a|s,\theta_t)\nabla_\theta\ln\pi(a|s,\theta_t)b(s)\\
&= \sum_{s\in\mathcal{S}}\eta(s)\sum_{a\in\mathcal{A}}\nabla_\theta\pi(a|s,\theta_t)b(s)\\
&= \sum_{s\in\mathcal{S}}\eta(s)b(s)\sum_{a\in\mathcal{A}}\nabla_\theta\pi(a|s,\theta_t)\\
&= \sum_{s\in\mathcal{S}}\eta(s)b(s)\nabla_\theta\sum_{a\in\mathcal{A}}\pi(a|s,\theta_t)\\
&= \sum_{s\in\mathcal{S}}\eta(s)b(s)\nabla_\theta 1 = 0.
\end{aligned}
$$

◇ 第二，为什么我们要引入基准函数？它有什么用？

基准函数之所以有用，是因为它能够在我们使用随机样本近似真实梯度时减少近似的方差。具体来说，定义

$$X(S,A) \doteq \nabla_\theta \ln\pi(A|S,\theta_t)[q_\pi(S,A) - b(S)]. \tag{10.4}$$

此时真实的梯度是 $\mathbb{E}[X(S,A)]$。由于我们需要使用一个随机样本 x 来近似 $\mathbb{E}[X]$ 的值，我们希望方差 $\mathrm{var}(X)$ 越小越好。如果 $\mathrm{var}(X)$ 接近 0，那么任何样本 x 都可以准确地近似 $\mathbb{E}[X]$。相反，如果 $\mathrm{var}(X)$ 很大，样本 x 的值可能和 $\mathbb{E}[X]$ 有较大差距，此时用 x 来近似 $\mathbb{E}[X]$ 可能很不准确。

虽然 $\mathbb{E}[X]$ 对于基准是不变的，但是方差 $\mathrm{var}(X)$ 是会随着基准变化的。因此，我们可以设计一个好的基准从而最小化 $\mathrm{var}(X)$。在 REINFORCE 和 QAC 的算法中，我们实际上设置了 $b = 0$，而这不一定是一个好的基准函数。

事实上，能够最小化 $\mathrm{var}(X)$ 的最优基准是

$$b^*(s) = \frac{\mathbb{E}_{A\sim\pi}\big[\|\nabla_\theta\ln\pi(A|s,\theta_t)\|^2 q_\pi(s,A)\big]}{\mathbb{E}_{A\sim\pi}\big[\|\nabla_\theta\ln\pi(A|s,\theta_t)\|^2\big]}, \quad s\in\mathcal{S}. \tag{10.5}$$

详细的证明可参见方框10.1。

尽管式(10.5)中的基准是最优的，但它太复杂，无法在实际中使用。如果从式(10.5)中移除权重 $\|\nabla_\theta\ln\pi(A|s,\theta_t)\|^2$，就可以得到一个次优的基准，它有一个简洁的表达式：

$$b^\dagger(s) = \mathbb{E}_{A\sim\pi}[q_\pi(s,A)] = v_\pi(s), \quad s\in\mathcal{S}.$$

值得注意的是，这个次优的基准函数就是状态值函数。

方框 10.1：证明式 (10.5) 中的 $b^*(s)$ 是最优基准

令 $\bar{x} \doteq \mathbb{E}[X]$。如果 X 是一个向量，那么其方差 $\mathrm{var}(X)$ 是一个矩阵。通常可以选择其迹（trace）作为优化的标量目标函数：

$$
\begin{aligned}
\mathrm{tr}[\mathrm{var}(X)] &= \mathrm{tr}\mathbb{E}[(X - \bar{x})(X - \bar{x})^{\mathrm{T}}] \\
&= \mathrm{tr}\mathbb{E}[XX^{\mathrm{T}} - \bar{x}X^{\mathrm{T}} - X\bar{x}^{\mathrm{T}} + \bar{x}\bar{x}^{\mathrm{T}}] \\
&= \mathbb{E}[X^{\mathrm{T}}X - X^{\mathrm{T}}\bar{x} - \bar{x}^{\mathrm{T}}X + \bar{x}^{\mathrm{T}}\bar{x}] \\
&= \mathbb{E}[X^{\mathrm{T}}X] - \bar{x}^{\mathrm{T}}\bar{x}.
\end{aligned}
\tag{10.6}
$$

在导出上式时，我们使用了迹的性质 $\mathrm{tr}(AB) = \mathrm{tr}(BA)$，其中 A, B 是两个方阵。如果 $\bar{x}$ 是不变的，那么式 (10.6) 表明我们只需要最小化 $\mathbb{E}[X^{\mathrm{T}}X]$ 就可以最小化 $\mathrm{tr}[\mathrm{var}(X)]$。

把 X 在式 (10.4) 中的表达式代入 $\mathbb{E}[X^{\mathrm{T}}X]$ 可得

$$
\begin{aligned}
\mathbb{E}[X^{\mathrm{T}}X] &= \mathbb{E}\left[(\nabla_\theta \ln \pi)^{\mathrm{T}}(\nabla_\theta \ln \pi)(q_\pi(S, A) - b(S))^2\right] \\
&= \mathbb{E}\left[\|\nabla_\theta \ln \pi\|^2 (q_\pi(S, A) - b(S))^2\right],
\end{aligned}
$$

其中 $\pi(A|S, \theta)$ 简写为 π。由于 $S \sim \eta$ 且 $A \sim \pi$，上述方程可以改写为

$$
\mathbb{E}[X^{\mathrm{T}}X] = \sum_{s \in \mathcal{S}} \eta(s) \mathbb{E}_{A \sim \pi}\left[\|\nabla_\theta \ln \pi\|^2 (q_\pi(s, A) - b(s))^2\right].
$$

目标函数最优的必要条件是 $\nabla_b \mathbb{E}[X^{\mathrm{T}}X] = 0$。为确保 $\nabla_b \mathbb{E}[X^{\mathrm{T}}X] = 0$，对任意 $s \in \mathcal{S}$，$b(s)$ 应满足

$$
\mathbb{E}_{A \sim \pi}\left[\|\nabla_\theta \ln \pi\|^2 (b(s) - q_\pi(s, A))\right] = 0.
$$

不难求解上述方程进而得到最优基准函数：

$$
b^*(s) = \frac{\mathbb{E}_{A \sim \pi}[\|\nabla_\theta \ln \pi\|^2 q_\pi(s, A)]}{\mathbb{E}_{A \sim \pi}[\|\nabla_\theta \ln \pi\|^2]}, \qquad s \in \mathcal{S}.
$$

关于策略梯度方法中最优基准的更多讨论可参见 [69, 70]。

10.2.2　算法描述

当 $b(s) = v_\pi(s)$ 时，式 (10.1) 中的梯度上升算法变成了

$$
\begin{aligned}
\theta_{t+1} &= \theta_t + \alpha \mathbb{E}\left[\nabla_\theta \ln \pi(A|S, \theta_t)[q_\pi(S, A) - v_\pi(S)]\right] \\
&\doteq \theta_t + \alpha \mathbb{E}\left[\nabla_\theta \ln \pi(A|S, \theta_t)\delta_\pi(S, A)\right].
\end{aligned}
\tag{10.7}
$$

其中

$$\delta_\pi(S, A) \doteq q_\pi(S, A) - v_\pi(S)$$

被称为优势函数（advantage function），它反映了一个动作相对于其他动作的优势。具体来说，由于状态值 $v_\pi(s) = \sum_{a \in \mathcal{A}} \pi(a|s) q_\pi(s, a)$ 是平均动作值，因此 $\delta_\pi(s, a) > 0$ 意味着相应的动作值大于均值，具有一定的优势。

如果把式(10.7)中的真实梯度替换成随机梯度，可以得到

$$\theta_{t+1} = \theta_t + \alpha \nabla_\theta \ln \pi(a_t|s_t, \theta_t)[q_t(s_t, a_t) - v_t(s_t)]$$
$$= \theta_t + \alpha \nabla_\theta \ln \pi(a_t|s_t, \theta_t) \delta_t(s_t, a_t). \tag{10.8}$$

其中 s_t, a_t 是在 t 时刻 S, A 的样本。这里 $q_t(s_t, a_t)$ 和 $v_t(s_t)$ 分别是 $q_{\pi(\theta_t)}(s_t, a_t)$ 和 $v_{\pi(\theta_t)}(s_t)$ 的估计值。值得指出的是，算法(10.8)是基于 $q_t - v_t$ 这个相对值更新策略的，而不是基于其绝对值。这在直观上是合理的，因为当我们在一个状态选择一个动作时，我们只关心哪个动作相对于其他动作具有更大的价值，而并不关心其绝对动作值。

如果 $q_t(s_t, a_t)$ 和 $v_t(s_t)$ 是通过蒙特卡罗方法估计的，那么式(10.8)中的算法被称为带基准的 REINFORCE（REINFORCE with baseline）。如果 $q_t(s_t, a_t)$ 和 $v_t(s_t)$ 是通过时序差分方法估计的，那么这种算法通常被称为 Advantage Actor-Critic（A2C）。算法 10.2 给出了 A2C 算法的流程。应该注意的是，算法 10.2 中的优势函数是通过时序差分误差近似的，即

$$q_t(s_t, a_t) - v_t(s_t) \approx r_{t+1} + \gamma v_t(s_{t+1}) - v_t(s_t).$$

这个近似是合理的原因是

$$q_\pi(s_t, a_t) - v_\pi(s_t) = \mathbb{E}\Big[R_{t+1} + \gamma v_\pi(S_{t+1}) - v_\pi(S_t)|S_t = s_t, A_t = a_t\Big].$$

上式是基于 $q_\pi(s_t, a_t)$ 的原始定义得到的。使用时序差分误差的一个优势是我们只需要使用一个神经网络来表征 $v_\pi(s)$。相反，如果我们使用 $\delta_t = q_t(s_t, a_t) - v_t(s_t)$，则需要维护两个网络来分别表示 $v_\pi(s)$ 和 $q_\pi(s, a)$。当我们使用时序差分误差时，该算法也被称为 TD Actor-Critic。此外，值得注意的是，$\pi(\theta_t)$ 是一个随机策略，因此它具有一定的探索性，所以它可以直接用来生成经验样本，而不需要诸如 ϵ-Greedy 之类的技巧。A2C 还有一些变体，例如 A3C（asynchronous advantage actor-critic）等。感兴趣的读者可以参考文献 [71, 72]。

> **算法10.2：Advantage Actor-Critic（A2C）或 TD Actor-Critic**
>
> **初始化：** 策略函数 $\pi(a|s, \theta_0)$，其中 θ_0 是初始参数。价值函数 $v(s, w_0)$，其中 w_0 是初始参数。$\alpha_w, \alpha_\theta > 0$。
>
> **目标：** 学习最优策略以最大化 $J(\theta)$。
>
> 在每个回合中的 t 时刻
>
>   根据 $\pi(a|s_t, \theta_t)$ 生成 a_t，然后得到 r_{t+1}, s_{t+1}
>
>   优势函数（时序差分误差）：
> $$\delta_t = r_{t+1} + \gamma v(s_{t+1}, w_t) - v(s_t, w_t)$$
>
>   Actor（策略更新）：
> $$\theta_{t+1} = \theta_t + \alpha_\theta \delta_t \nabla_\theta \ln \pi(a_t|s_t, \theta_t)$$
>
>   Critic（价值更新）：
> $$w_{t+1} = w_t + \alpha_w \delta_t \nabla_w v(s_t, w_t)$$

10.3　异策略演员-评论家

迄今为止，我们介绍的策略梯度方法，包括 REINFORCE、QAC、A2C 都是同策略（on-policy）的，其原因可以从真实梯度的表达式中看出：

$$\nabla_\theta J(\theta) = \mathbb{E}_{S \sim \eta, A \sim \pi}\Big[\nabla_\theta \ln \pi(A|S, \theta_t)(q_\pi(S, A) - v_\pi(S))\Big].$$

为了使用随机梯度来近似这个真实梯度，我们必须按照 $\pi(\theta)$ 生成动作样本。因此，$\pi(\theta)$ 是行为策略。因为 $\pi(\theta)$ 也是我们要改进的目标策略，所以策略梯度方法是 On-policy 的。

如果我们已经有一些由其他行为策略生成的样本，那么策略梯度方法仍然可以使用这些样本来得到最优策略，此时的方法就变成了异策略（off-policy），不过此时需要采用一种称为重要性采样（importance sampling）的技术。值得一提的是，重要性采样并不仅限于强化学习领域，它是通过使用根据某一个概率分布得到的样本来估计另一个概率分布的期望值的一种通用技术。

10.3.1　重要性采样

考虑一个随机变量 $X \in \mathcal{X}$。假设 $p_0(X)$ 是一个概率分布，我们的目标是估计 $\mathbb{E}_{X \sim p_0}[X]$。假设我们有一些独立同分布的样本 $\{x_i\}_{i=1}^n$。

◇ 第一个场景: 样本 $\{x_i\}_{i=1}^{n}$ 是根据 p_0 生成的。此时, 平均值 $\bar{x} = \frac{1}{n}\sum_{i=1}^{n} x_i$ 可以用来近似 $\mathbb{E}_{X \sim p_0}[X]$。这是因为 $\bar{x}$ 是 $\mathbb{E}_{X \sim p_0}[X]$ 的无偏估计, 并且估计的方差随着 $n \to \infty$ 收敛到 0。更多信息请参见方框5.1中的大数定律。

◇ 第二个场景: 样本 $\{x_i\}_{i=1}^{n}$ 不是根据 p_0 生成的, 而是根据另一个概率分布 p_1 生成的。我们是否仍然可以使用这些样本来近似 $\mathbb{E}_{X \sim p_0}[X]$ 呢? 答案是可以的。然而, 我们不能再使用 $\bar{x} = \frac{1}{n}\sum_{i=1}^{n} x_i$ 来近似 $\mathbb{E}_{X \sim p_0}[X]$, 这是因为 $\bar{x} \approx \mathbb{E}_{X \sim p_1}[X]$ 而非 $\mathbb{E}_{X \sim p_0}[X]$。

在第二个场景中, 我们就需要使用重要性采样的技术来估计 $\mathbb{E}_{X \sim p_0}[X]$。具体来说, $\mathbb{E}_{X \sim p_0}[X]$ 满足下式:

$$\mathbb{E}_{X \sim p_0}[X] = \sum_{x \in \mathcal{X}} p_0(x) x = \sum_{x \in \mathcal{X}} p_1(x) \underbrace{\frac{p_0(x)}{p_1(x)} x}_{f(x)} = \mathbb{E}_{X \sim p_1}[f(X)]. \tag{10.9}$$

上式表明, 估计 $\mathbb{E}_{X \sim p_0}[X]$ 被转换为估计 $\mathbb{E}_{X \sim p_1}[f(X)]$ 的问题。此时, 令

$$\bar{f} \doteq \frac{1}{n}\sum_{i=1}^{n} f(x_i).$$

因为 $\bar{f}$ 可以有效地近似 $\mathbb{E}_{X \sim p_1}[f(X)]$, 所以由式(10.9)可知

$$\mathbb{E}_{X \sim p_0}[X] = \mathbb{E}_{X \sim p_1}[f(X)] \approx \bar{f} = \frac{1}{n}\sum_{i=1}^{n} f(x_i) = \frac{1}{n}\sum_{i=1}^{n} \underbrace{\frac{p_0(x_i)}{p_1(x_i)}}_{\substack{\text{重要性} \\ \text{权重}}} x_i. \tag{10.10}$$

式(10.10)表明 $\mathbb{E}_{X \sim p_0}[X]$ 可以通过 x_i 的加权平均来近似, 而这里的权重就是 $\frac{p_0(x_i)}{p_1(x_i)}$, 它被称为重要性权重 (importance weight)。当 $p_1 = p_0$ 时, 重要性权重等于 1, $\bar{f}$ 就变成了 $\bar{x}$。当 $p_0(x_i) \geqslant p_1(x_i)$ 时, 这意味着 x_i 可以在 p_0 下更频繁地被采样到, 而在 p_1 下较少地被采样到。此时重要性权重大于 1, 突出了这个样本的重要性。

一些读者可能会提出下面的问题: 为了计算 $\mathbb{E}_{X \sim p_0}[X]$, 式(10.10)需要知道 $p_0(x)$; 如果我们已经知道了 $p_0(x)$, 为什么不直接使用期望值的定义 $\mathbb{E}_{X \sim p_0}[X] = \sum_{x \in \mathcal{X}} p_0(x) x$ 来计算呢? 这个问题具有一定的迷惑性。答案如下所述。实际上, 如果要使用定义来计算 $\mathbb{E}_{X \sim p_0}[X]$, 我们需要知道 p_0 的解析表达式或者对于每一个 $x \in \mathcal{X}$ 的 $p_0(x)$ 的值。然而, 当分布是由一个神经网络表示时, 我们难以获得 p_0 的解析表达式; 或者当 $\mathcal{X}$ 很大时, 也难以获得对于每一个 $x \in \mathcal{X}$ 的 $p_0(x)$ 的值。相比之下, 式(10.10)仅需要一些样本的 $p_0(x_i)$ 的值, 因此在实践中更容易实施。

下面来看一个例子, 从而更好地理解重要性抽样。考虑 $X \in \mathcal{X} \doteq \{+1, -1\}$, 即每次采样只能得到 $+1$ 或者 -1 的样本。假设一个概率分布 p_0 满足

$$p_0(X = +1) = 0.5, \quad p_0(X = -1) = 0.5.$$

根据期望值的定义，我们知道 X 在 p_0 上的真实期望值是

$$\mathbb{E}_{X \sim p_0}[X] = (+1) \cdot 0.5 + (-1) \cdot 0.5 = 0.$$

假设另一个概率分布 p_1 满足

$$p_1(X = +1) = 0.8, \quad p_1(X = -1) = 0.2.$$

根据期望值的定义，我们知道 X 在 p_1 上的真实期望值是

$$\mathbb{E}_{X \sim p_1}[X] = (+1) \cdot 0.8 + (-1) \cdot 0.2 = 0.6.$$

假设我们有一些样本 $\{x_i\}$，这些样本是根据 p_1 采样得到的，此时我们的任务是利用这些样本来估计 $\mathbb{E}_{X \sim p_0}[X]$。图10.2展示了采集到的样本，其中 +1 的样本数量远多于 −1，这是因为 $p_1(X = +1) = 0.8 > p_1(X = -1) = 0.2$。此时如果我们直接计算样本的平均值，那么这个值会收敛到 $\mathbb{E}_{X \sim p_1}[X] = 0.6$（见图 10.2中的虚线）。如果我们利用式(10.10)计算加权平均值，那么这个值可以成功地收敛到 $\mathbb{E}_{X \sim p_0}[X] = 0$（见图10.2中的实线）。

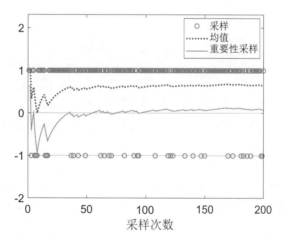

图 10.2　用于演示重要性采样的例子。这里 $X \in \{+1, -1\}$ 且 $p_0(X = +1) = p_0(X = -1) = 0.5$。样本根据 p_1 生成，其中 $p_1(X = +1) = 0.8$ 且 $p_1(X = -1) = 0.2$。样本的平均值收敛于 $E_{X \sim p_1}[X] = 0.6$，但是式(10.10)计算的加权平均值成功收敛于 $E_{X \sim p_0}[X] = 0$。

最后值得指出的是，由于式(10.10)中 $p_1(x)$ 位于分母，因此用于生成样本的分布 p_1 必须满足当 $p_0(x) \neq 0$ 时 $p_1(x) \neq 0$。否则，如果 $p_1(x) = 0$ 而 $p_0(x) \neq 0$，估计结果可能会有问题。例如，假设

$$p_1(X = +1) = 1, \quad p_1(X = -1) = 0,$$

此时根据 p_1 生成的样本只可能是 $+1$：$\{x_i\} = \{+1, +1, \ldots, +1\}$。显然，这些样本无法正确估计 $\mathbb{E}_{X \sim p_0}[X] = 0$，因为无论 n 有多大都会有

$$\frac{1}{n} \sum_{i=1}^{n} \frac{p_0(x_i)}{p_1(x_i)} x_i = \frac{1}{n} \sum_{i=1}^{n} \frac{p_0(+1)}{p_1(+1)} 1 = \frac{1}{n} \sum_{i=1}^{n} \frac{0.5}{1} 1 \equiv 0.5.$$

10.3.2 Off-policy策略梯度定理

利用重要性采样，我们可以推导出 Off-policy 策略梯度定理。假设 β 是一个行为策略，我们的目标是使用由 β 生成的样本来得到一个目标策略 π，从而最大化下面的目标函数：

$$J(\theta) = \sum_{s \in \mathcal{S}} d_\beta(s) v_\pi(s) = \mathbb{E}_{S \sim d_\beta}[v_\pi(S)],$$

其中 d_β 是在策略 β 下的平稳分布，v_π 是在策略 π 下的状态值。这个目标函数的梯度在下述定理中给出。

定理 10.1 (Off-policy 策略梯度定理)。*如果* $\gamma \in (0, 1)$，*那么* $J(\theta)$ *的* Off-policy *梯度为*

$$\nabla_\theta J(\theta) = \mathbb{E}_{S \sim \rho, A \sim \beta} \left[\underbrace{\frac{\pi(A|S, \theta)}{\beta(A|S)}}_{\substack{\text{重要性} \\ \text{权重}}} \nabla_\theta \ln \pi(A|S, \theta) q_\pi(S, A) \right], \tag{10.11}$$

其中状态分布 ρ *为*

$$\rho(s) \doteq \sum_{s' \in \mathcal{S}} d_\beta(s') \mathrm{Pr}_\pi(s|s'), \qquad s \in \mathcal{S}.$$

这里 $\mathrm{Pr}_\pi(s|s') = \sum_{k=0}^{\infty} \gamma^k [P_\pi^k]_{s's} = \left[(I - \gamma P_\pi)^{-1}\right]_{s's}$ 是在策略 π 下从 s' 到 s 的折扣总概率。

式(10.11)中的 Off-policy 梯度与定理9.1中的 On-policy 梯度相似，但有两个区别。第一个区别是重要性权重，第二个区别是 $A \sim \beta$ 而不是 $A \sim \pi$，因此我们可以使用由 β 采样得到的样本来近似真实梯度。该定理的证明在方框 10.2中给出。

> **方框 10.2: 证明定理10.1**
>
> 由于 d_β 独立于 θ，因此 $J(\theta)$ 的梯度满足
>
> $$\nabla_\theta J(\theta) = \nabla_\theta \sum_{s \in \mathcal{S}} d_\beta(s) v_\pi(s) = \sum_{s \in \mathcal{S}} d_\beta(s) \nabla_\theta v_\pi(s). \tag{10.12}$$

根据引理9.2，$\nabla_\theta v_\pi(s)$ 的表达式为

$$\nabla_\theta v_\pi(s) = \sum_{s' \in \mathcal{S}} \mathrm{Pr}_\pi(s'|s) \sum_{a \in \mathcal{A}} \nabla_\theta \pi(a|s', \theta) q_\pi(s', a), \qquad (10.13)$$

其中 $\mathrm{Pr}_\pi(s'|s) \doteq \sum_{k=0}^{\infty} \gamma^k [P_\pi^k]_{ss'} = \left[(I_n - \gamma P_\pi)^{-1}\right]_{ss'}$。将(10.13)代入(10.12)得

$$
\begin{aligned}
\nabla_\theta J(\theta) &= \sum_{s \in \mathcal{S}} d_\beta(s) \nabla_\theta v_\pi(s) = \sum_{s \in \mathcal{S}} d_\beta(s) \sum_{s' \in \mathcal{S}} \mathrm{Pr}_\pi(s'|s) \sum_{a \in \mathcal{A}} \nabla_\theta \pi(a|s', \theta) q_\pi(s', a) \\
&= \sum_{s' \in \mathcal{S}} \left(\sum_{s \in \mathcal{S}} d_\beta(s) \mathrm{Pr}_\pi(s'|s) \right) \sum_{a \in \mathcal{A}} \nabla_\theta \pi(a|s', \theta) q_\pi(s', a) \\
&\doteq \sum_{s' \in \mathcal{S}} \rho(s') \sum_{a \in \mathcal{A}} \nabla_\theta \pi(a|s', \theta) q_\pi(s', a) \\
&= \sum_{s \in \mathcal{S}} \rho(s) \sum_{a \in \mathcal{A}} \nabla_\theta \pi(a|s, \theta) q_\pi(s, a) \qquad (\text{将 } s' \text{ 换为 } s) \\
&= \mathbb{E}_{S \sim \rho} \left[\sum_{a \in \mathcal{A}} \nabla_\theta \pi(a|S, \theta) q_\pi(S, a) \right].
\end{aligned}
$$

利用重要性采样，上式可以转换为

$$
\begin{aligned}
\mathbb{E}_{S \sim \rho} \left[\sum_{a \in \mathcal{A}} \nabla_\theta \pi(a|S, \theta) q_\pi(S, a) \right] &= \mathbb{E}_{S \sim \rho} \left[\sum_{a \in \mathcal{A}} \beta(a|S) \frac{\pi(a|S, \theta)}{\beta(a|S)} \frac{\nabla_\theta \pi(a|S, \theta)}{\pi(a|S, \theta)} q_\pi(S, a) \right] \\
&= \mathbb{E}_{S \sim \rho} \left[\sum_{a \in \mathcal{A}} \beta(a|S) \frac{\pi(a|S, \theta)}{\beta(a|S)} \nabla_\theta \ln \pi(a|S, \theta) q_\pi(S, a) \right] \\
&= \mathbb{E}_{S \sim \rho, A \sim \beta} \left[\frac{\pi(A|S, \theta)}{\beta(A|S)} \nabla_\theta \ln \pi(A|S, \theta) q_\pi(S, A) \right].
\end{aligned}
$$

证明完毕。上述证明类似于定理9.1的证明。

10.3.3　算法描述

　　基于 Off-policy 策略梯度定理，下面介绍 Off-policy Actor-Critic 算法。由于 Off-policy Actor-Critic 与 On-policy Actor-Critic 有许多共同之处，因此只重点介绍一些关键步骤。

　　第一，Off-policy 策略梯度对额外的基准函数 $b(s)$ 也是不变的。具体来说，因为 $\mathbb{E}\left[\frac{\pi(A|S, \theta)}{\beta(A|S)} \nabla_\theta \ln \pi(A|S, \theta) b(S) \right] = 0$，我们有

$$\nabla_\theta J(\theta) = \mathbb{E}_{S \sim \rho, A \sim \beta} \left[\frac{\pi(A|S, \theta)}{\beta(A|S)} \nabla_\theta \ln \pi(A|S, \theta) \big(q_\pi(S, A) - b(S) \big) \right].$$

第二，为了降低估计方差，我们可以选择基准函数为 $b(S) = v_\pi(S)$。此时策略梯度为

$$\nabla_\theta J(\theta) = \mathbb{E}\left[\frac{\pi(A|S,\theta)}{\beta(A|S)}\nabla_\theta \ln \pi(A|S,\theta)\big(q_\pi(S,A) - v_\pi(S)\big)\right].$$

第三，此时对应的随机梯度算法是

$$\theta_{t+1} = \theta_t + \alpha_\theta \frac{\pi(a_t|s_t,\theta_t)}{\beta(a_t|s_t)}\nabla_\theta \ln \pi(a_t|s_t,\theta_t)\big(q_t(s_t,a_t) - v_t(s_t)\big),$$

其中 $\alpha_\theta > 0$。第四，类似于 On-policy 的情况，优势函数 $q_t(s,a) - v_t(s)$ 可以被时序差分误差所替代，即

$$q_t(s_t,a_t) - v_t(s_t) \approx r_{t+1} + \gamma v_t(s_{t+1}) - v_t(s_t) \doteq \delta_t(s_t,a_t).$$

此时，该算法变成了

$$\theta_{t+1} = \theta_t + \alpha_\theta \frac{\pi(a_t|s_t,\theta)}{\beta(a_t|s_t)}\nabla_\theta \ln \pi(a_t|s_t,\theta)\delta_t(s_t,a_t).$$

其具体步骤在算法 10.3 中给出。可以看出该算法与 A2C 算法相似，唯一的区别是在策略更新和值更新步骤都加入了额外的重要性权重。值得注意的是，除了策略更新之外，值更新也通过重要性采样变成了 Off-policy 的。实际上，重要性采样是一种通用技术，可以应用于诸多基于策略或基于值的算法。最后，算法 10.3 可以推广得到更多算法，例如可以引入 Eligibility trace 等 [73]。

算法 10.3: 基于重要性采样的 Off-policy Actor-Critic 算法

初始化： 给定一个行为策略 $\beta(a|s)$。一个目标策略 $\pi(a|s,\theta_0)$，其中 θ_0 是初始参数。一个值函数 $v(s,w_0)$，其中 w_0 是初始参数。$\alpha_w, \alpha_\theta > 0$。

目标： 学习一个最优策略以最大化 $J(\theta)$。

在每个回合中的 t 时刻

  按照 $\beta(s_t)$ 生成 a_t，然后得到 r_{t+1}, s_{t+1}

  优势函数（时序差分误差）：

$$\delta_t = r_{t+1} + \gamma v(s_{t+1}, w_t) - v(s_t, w_t)$$

  Actor（策略更新）：

$$\theta_{t+1} = \theta_t + \alpha_\theta \frac{\pi(a_t|s_t,\theta_t)}{\beta(a_t|s_t)}\delta_t \nabla_\theta \ln \pi(a_t|s_t,\theta_t)$$

  Critic（值更新）：

$$w_{t+1} = w_t + \alpha_w \frac{\pi(a_t|s_t,\theta_t)}{\beta(a_t|s_t)}\delta_t \nabla_w v(s_t, w_t)$$

10.4　确定性演员-评论家

到目前为止，我们介绍的策略梯度算法都是基于随机策略的，即 $\pi(a|s,\theta) > 0$ 对每一个 (s,a) 都成立。实际上，确定性策略也可以在策略梯度方法中使用。这里，"确定性"指的是对于任何一个状态，策略选择某一个动作的概率是 1，而选择其他动作的概率都是 0。

基于确定性策略的 Actor-Critic 方法被称为确定性 Actor-Critic（deterministic actor-critic）或者确定性策略梯度（deterministic policy gradient）。该方法非常重要，因为它天然就是 Off-policy 的，并且可以有效处理连续动作空间。

具体来说，之前我们一直使用 $\pi(a|s,\theta)$ 来表示一个策略，这个策略可以是随机性的或确定性的。在本节中，我们使用

$$a = \mu(s,\theta)$$

来专门表示一个确定性的策略。μ 是从 $\mathcal{S}$ 到 $\mathcal{A}$ 的一个映射，因此会直接输出一个动作。这与之前的 π 不同：π 输出的是某一个动作的概率。这种确定性策略也可以由神经网络来实现：例如输入是状态 s，输出是动作 a，参数是 θ。简单起见，我们通常将 $\mu(s,\theta)$ 简写为 $\mu(s)$。

10.4.1　确定性策略梯度定理

第 9 章介绍的策略梯度定理仅适用于随机策略。如果我们要求策略必须为确定性的，那么需要推导新的策略梯度定理。下面首先给出确定性策略梯度定理，再解释如何得到这个定理。

定理 10.2（确定性策略梯度定理）。$J(\theta)$ 的梯度是

$$\nabla_\theta J(\theta) = \sum_{s\in\mathcal{S}} \eta(s)\nabla_\theta\mu(s)\big(\nabla_a q_\mu(s,a)\big)|_{a=\mu(s)}$$
$$= \mathbb{E}_{S\sim\eta}\left[\nabla_\theta\mu(S)\big(\nabla_a q_\mu(S,a)\big)|_{a=\mu(S)}\right], \tag{10.14}$$

其中 η 是状态的分布。

定理 10.2 实际上是后面定理 10.3 和定理 10.4 的汇总。由于定理 10.3 和定理 10.4 中的结果具有相似的形式，我们在定理 10.2 中以统一的方式呈现。具体的细节诸如 $J(\theta)$ 和 η 的表达式将在定理 10.3 和定理 10.4 中给出。

确定性策略梯度方法是 Off-policy 的。这一点可以从式 (10.14) 中的梯度表达式看出来。与随机策略情况不同，式 (10.14) 所示的梯度并不涉及动作随机变量 A。因此，当

我们使用样本来近似该真实梯度时无需动作样本，自然也就不需要关心动作样本是哪个策略产生的，所以生成样本的策略可以和目标策略不同。

另外，一些读者可能会好奇为什么 $(\nabla_a q_\mu(S,a))|_{a=\mu(S)}$ 不能被写作 $\nabla_a q_\mu(S,\mu(S))$？这样看起来不是更简洁吗？如果我们这样做，就看不出来为什么 $q_\mu(S,\mu(S))$ 是变量 a 的函数了。当然，我们也可以使用另一个简洁而不会引起混淆的表达式：$\nabla_a q_\mu(S, a = \mu(S))$。

在本节的剩余部分，我们将给出定理10.2的推导细节。我们会推导两个常见目标函数的梯度：第一个目标函数是平均状态值，第二个目标函数是平均奖励值。由于这两个目标函数已经在第9.2节详细讨论过，因此我们有时会不加说明地使用它们的一些性质。

对于大多数读者而言，只要熟悉定理10.2的结论就足够了，而并不需要了解其推导细节。对推导细节感兴趣的读者可以有选择性地阅读本节后面的内容。

目标函数 1：平均状态值

我们首先推导平均状态值的梯度。平均状态值的表达式是

$$J(\theta) = \mathbb{E}[v_\mu(s)] = \sum_{s \in \mathcal{S}} d_0(s) v_\mu(s), \tag{10.15}$$

其中 d_0 是状态的概率分布。简单起见，我们可以假设 d_0 是一个与策略 μ 独立的分布，这样 d_0 对 θ 的梯度等于 0。d_0 的选择有两种特殊但重要的情形。第一种情形是选择 $d_0(s_0) = 1$ 且 $d_0(s \neq s_0) = 0$，其中 s_0 是一个我们感兴趣的特定状态。在这种情况下，学习到的策略旨在最大化从 s_0 出发获得的回报。第二种情形是选择 d_0 为一个给定的行为策略的分布，该行为策略可以与目标策略不同。

为了计算 $J(\theta)$ 的梯度，我们需要首先计算对任意状态 $s \in \mathcal{S}$ 的状态值 $v_\mu(s)$ 的梯度。

引理 10.1（$v_\mu(s)$ 的梯度）。当 $\gamma \in (0,1)$，对于任意 $s \in \mathcal{S}$ 有

$$\nabla_\theta v_\mu(s) = \sum_{s' \in \mathcal{S}} \mathrm{Pr}_\mu(s'|s) \nabla_\theta \mu(s') \big(\nabla_a q_\mu(s', a)\big)|_{a=\mu(s')}, \tag{10.16}$$

其中

$$\mathrm{Pr}_\mu(s'|s) \doteq \sum_{k=0}^{\infty} \gamma^k [P_\mu^k]_{ss'} = \big[(I - \gamma P_\mu)^{-1}\big]_{ss'}$$

是在策略 μ 下从状态 s 转移到状态 s' 的折扣总概率。这里 $[\cdot]_{ss'}$ 代表矩阵中 s 行 s' 列的元素。

方框 10.3：证明引理 10.1

由于策略 μ 是确定性的，我们有

$$v_\mu(s) = q_\mu(s, \mu(s)).$$

由于 q_μ 和 μ 都是 θ 的函数，我们有

$$\nabla_\theta v_\mu(s) = \nabla_\theta q_\mu(s, \mu(s)) = \left(\nabla_\theta q_\mu(s, a)\right)|_{a=\mu(s)} + \nabla_\theta \mu(s)\left(\nabla_a q_\mu(s, a)\right)|_{a=\mu(s)}.$$

$$(10.17)$$

根据动作价值的定义，对于任何给定的 (s, a)，我们有

$$q_\mu(s, a) = r(s, a) + \gamma \sum_{s' \in \mathcal{S}} p(s'|s, a) v_\mu(s'),$$

其中 $r(s, a) = \sum_r r p(r|s, a)$。由于 $r(s, a)$ 不依赖 μ，进而可以得到

$$\nabla_\theta q_\mu(s, a) = 0 + \gamma \sum_{s' \in \mathcal{S}} p(s'|s, a) \nabla_\theta v_\mu(s').$$

将上式代入式 (10.17) 可以得到

$$\nabla_\theta v_\mu(s) = \gamma \sum_{s' \in \mathcal{S}} p(s'|s, \mu(s)) \nabla_\theta v_\mu(s') + \underbrace{\nabla_\theta \mu(s)\left(\nabla_a q_\mu(s, a)\right)|_{a=\mu(s)}}_{u(s)}, \quad s \in \mathcal{S}.$$

由于上述方程对所有 $s \in \mathcal{S}$ 都成立，因此我们可以将这些方程联立从而得到一个矩阵-向量形式：

$$\underbrace{\begin{bmatrix} \vdots \\ \nabla_\theta v_\mu(s) \\ \vdots \end{bmatrix}}_{\nabla_\theta v_\mu \in \mathbb{R}^{mn}} = \underbrace{\begin{bmatrix} \vdots \\ u(s) \\ \vdots \end{bmatrix}}_{u \in \mathbb{R}^{mn}} + \gamma (P_\mu \otimes I_m) \underbrace{\begin{bmatrix} \vdots \\ \nabla_\theta v_\mu(s') \\ \vdots \end{bmatrix}}_{\nabla_\theta v_\mu \in \mathbb{R}^{mn}},$$

其中 $n = |\mathcal{S}|$，参数向量 θ 的维数为 m，P_μ 是状态转移矩阵，$[P_\mu]_{ss'} = p(s'|s, \mu(s))$，$\otimes$ 是克罗内克积。上述矩阵-向量形式可以简洁地写为

$$\nabla_\theta v_\mu = u + \gamma (P_\mu \otimes I_m) \nabla_\theta v_\mu.$$

由于这是 $\nabla_\theta v_\mu$ 的一个线性方程，我们可以求解得到

$$\nabla_\theta v_\mu = (I_{mn} - \gamma P_\mu \otimes I_m)^{-1} u$$

$$= (I_n \otimes I_m - \gamma P_\mu \otimes I_m)^{-1} u$$

$$= \left[(I_n - \gamma P_\mu)^{-1} \otimes I_m\right] u. \tag{10.18}$$

式(10.18)按元素展开的形式为

$$\nabla_\theta v_\mu(s) = \sum_{s' \in \mathcal{S}} \left[(I - \gamma P_\mu)^{-1}\right]_{ss'} u(s')$$

$$= \sum_{s' \in \mathcal{S}} \left[(I - \gamma P_\mu)^{-1}\right]_{ss'} \left[\nabla_\theta \mu(s')\left(\nabla_a q_\mu(s', a)\right)|_{a=\mu(s')}\right]. \tag{10.19}$$

其中 $\left[(I - \gamma P_\mu)^{-1}\right]_{ss'}$ 的概率解释如下所述。由于 $(I - \gamma P_\mu)^{-1} = I + \gamma P_\mu + \gamma^2 P_\mu^2 + \cdots$，我们有

$$\left[(I - \gamma P_\mu)^{-1}\right]_{ss'} = [I]_{ss'} + \gamma [P_\mu]_{ss'} + \gamma^2 [P_\mu^2]_{ss'} + \cdots = \sum_{k=0}^{\infty} \gamma^k [P_\mu^k]_{ss'}.$$

因为 $[P_\mu^k]_{ss'}$ 是正好使用 k 步从 s 转移到 s' 步的概率（更多信息可参见方框8.1），所以 $\left[(I - \gamma P_\mu)^{-1}\right]_{ss'}$ 是使用任意步数从 s 转移到 s' 的折扣总概率。通过令 $\left[(I - \gamma P_\mu)^{-1}\right]_{ss'} \doteq \mathrm{Pr}_\mu(s'|s)$，由式(10.19)可以推出式(10.16)。

有了引理10.1，下面可以推导 $J(\theta)$ 的梯度。

定理 10.3 (有折扣的情况下的确定性策略梯度定理)。在折扣因子 $\gamma \in (0, 1)$ 的情况下，式(10.15)中给出的 $J(\theta)$ 的梯度是

$$\nabla_\theta J(\theta) = \sum_{s \in \mathcal{S}} \rho_\mu(s) \nabla_\theta \mu(s) \left(\nabla_a q_\mu(s, a)\right)|_{a=\mu(s)}$$

$$= \mathbb{E}_{S \sim \rho_\mu} \left[\nabla_\theta \mu(S) \left(\nabla_a q_\mu(S, a)\right)|_{a=\mu(S)}\right],$$

其中状态分布 ρ_μ 是

$$\rho_\mu(s) = \sum_{s' \in \mathcal{S}} d_0(s') \mathrm{Pr}_\mu(s|s'), \qquad s \in \mathcal{S}.$$

这里 $\mathrm{Pr}_\mu(s|s') = \sum_{k=0}^{\infty} \gamma^k [P_\mu^k]_{s's} = \left[(I - \gamma P_\mu)^{-1}\right]_{s's}$ 是在策略 μ 下从 s' 转移到 s 的折扣总概率。

方框 10.4: 定理10.3的证明

由于 d_0 与 μ 无关，d_0 对 θ 的导数为0。因此，我们有

$$\nabla_\theta J(\theta) = \sum_{s \in \mathcal{S}} d_0(s) \nabla_\theta v_\mu(s).$$

将引理10.1中给出的 $\nabla_\theta v_\mu(s)$ 的表达式代入上式可得

$$
\begin{aligned}
\nabla_\theta J(\theta) &= \sum_{s\in\mathcal{S}} d_0(s)\nabla_\theta v_\mu(s) \\
&= \sum_{s\in\mathcal{S}} d_0(s) \sum_{s'\in\mathcal{S}} \mathrm{Pr}_\mu(s'|s)\nabla_\theta\mu(s')\big(\nabla_a q_\mu(s',a)\big)\big|_{a=\mu(s')} \\
&= \sum_{s'\in\mathcal{S}} \left(\sum_{s\in\mathcal{S}} d_0(s)\mathrm{Pr}_\mu(s'|s)\right)\nabla_\theta\mu(s')\big(\nabla_a q_\mu(s',a)\big)\big|_{a=\mu(s')} \\
&\doteq \sum_{s'\in\mathcal{S}} \rho_\mu(s')\nabla_\theta\mu(s')\big(\nabla_a q_\mu(s',a)\big)\big|_{a=\mu(s')} \\
&= \sum_{s\in\mathcal{S}} \rho_\mu(s)\nabla_\theta\mu(s)\big(\nabla_a q_\mu(s,a)\big)\big|_{a=\mu(s)} \qquad (\text{将 } s' \text{ 更改为 } s) \\
&= \mathbb{E}_{S\sim\rho_\mu}\big[\nabla_\theta\mu(S)\big(\nabla_a q_\mu(S,a)\big)\big|_{a=\mu(S)}\big].
\end{aligned}
$$

证明完毕。上述证明与文献 [74] 中的定理 1 的证明一致。这里我们考虑状态和动作个数有限的情况。当它们是连续的时，证明是类似的，不过此时求和应该换成积分 [74]。

目标函数 2：平均奖励值

下面推导平均奖励值的梯度。平均奖励值的定义是

$$
\begin{aligned}
J(\theta) = \bar{r}_\mu &= \sum_{s\in\mathcal{S}} d_\mu(s)r_\mu(s) \\
&= \mathbb{E}_{S\sim d_\mu}[r_\mu(S)],
\end{aligned}
\tag{10.20}
$$

其中

$$
r_\mu(s) = \mathbb{E}[R|s, a=\mu(s)] = \sum_r rp(r|s, a=\mu(s))
$$

是即时奖励的期望值。该目标函数已经在第9.2节有详细介绍，这里不再赘述。

下面的定理给出了 $J(\theta)$ 的梯度。

定理 10.4 (无折扣的情况下的确定性策略梯度定理)。在无折扣的情况下，式(10.20)所示的 $J(\theta)$ 的梯度为

$$
\begin{aligned}
\nabla_\theta J(\theta) &= \sum_{s\in\mathcal{S}} d_\mu(s)\nabla_\theta\mu(s)\big(\nabla_a q_\mu(s,a)\big)\big|_{a=\mu(s)} \\
&= \mathbb{E}_{S\sim d_\mu}\big[\nabla_\theta\mu(S)\big(\nabla_a q_\mu(S,a)\big)\big|_{a=\mu(S)}\big],
\end{aligned}
$$

其中 d_μ 是在策略 μ 下状态的平稳分布。

方框10.5：证明定理10.4

由于策略是确定性的，我们有

$$v_\mu(s) = q_\mu(s, \mu(s)).$$

由于 q_μ 和 μ 都是 θ 的函数，我们有

$$\nabla_\theta v_\mu(s) = \nabla_\theta q_\mu(s, \mu(s)) = \left(\nabla_\theta q_\mu(s, a)\right)|_{a=\mu(s)} + \nabla_\theta \mu(s)\left(\nabla_a q_\mu(s, a)\right)|_{a=\mu(s)}. \quad (10.21)$$

在无折扣的情况下，根据动作值的定义（参见第9.3.2节），我们有

$$\begin{aligned} q_\mu(s, a) &= \mathbb{E}[R_{t+1} - \bar{r}_\mu + v_\mu(S_{t+1})|s, a] \\ &= \sum_r p(r|s, a)(r - \bar{r}_\mu) + \sum_{s'} p(s'|s, a)v_\mu(s') \\ &= r(s, a) - \bar{r}_\mu + \sum_{s'} p(s'|s, a)v_\mu(s'). \end{aligned}$$

由于 $r(s, a) = \sum_r r p(r|s, a)$ 不依赖于 θ，我们有

$$\nabla_\theta q_\mu(s, a) = 0 - \nabla_\theta \bar{r}_\mu + \sum_{s'} p(s'|s, a)\nabla_\theta v_\mu(s').$$

将上式代入式(10.21)可得

$$\nabla_\theta v_\mu(s) = -\nabla_\theta \bar{r}_\mu + \sum_{s'} p(s'|s, \mu(s))\nabla_\theta v_\mu(s') + \underbrace{\nabla_\theta \mu(s)\left(\nabla_a q_\mu(s, a)\right)|_{a=\mu(s)}}_{u(s)}, \quad s \in \mathcal{S}.$$

因为上述方程对所有 $s \in \mathcal{S}$ 都成立，所以我们可以将这些方程联立从而得到一个矩阵-向量形式：

$$\underbrace{\begin{bmatrix} \vdots \\ \nabla_\theta v_\mu(s) \\ \vdots \end{bmatrix}}_{\nabla_\theta v_\mu \in \mathbb{R}^{mn}} = -\mathbf{1}_n \otimes \nabla_\theta \bar{r}_\mu + (P_\mu \otimes I_m) \underbrace{\begin{bmatrix} \vdots \\ \nabla_\theta v_\mu(s') \\ \vdots \end{bmatrix}}_{\nabla_\theta v_\mu \in \mathbb{R}^{mn}} + \underbrace{\begin{bmatrix} \vdots \\ u(s) \\ \vdots \end{bmatrix}}_{u \in \mathbb{R}^{mn}},$$

其中 $n = |\mathcal{S}|$，参数向量 θ 的维度为 m，P_μ 是状态转换矩阵，$[P_\mu]_{ss'} = p(s'|s, \mu(s))$，$\otimes$ 是克罗内克积。上述矩阵-向量形式可以简写为

$$\nabla_\theta v_\mu = u - \mathbf{1}_n \otimes \nabla_\theta \bar{r}_\mu + (P_\mu \otimes I_m)\nabla_\theta v_\mu.$$

上式可转换为

$$\mathbf{1}_n \otimes \nabla_\theta \bar{r}_\mu = u + (P_\mu \otimes I_m) \nabla_\theta v_\mu - \nabla_\theta v_\mu. \tag{10.22}$$

因为 d_μ 是平稳分布，所以它满足 $d_\mu^{\mathrm{T}} P_\mu = d_\mu^{\mathrm{T}}$。在式(10.22)两边同时乘以 $d_\mu^{\mathrm{T}} \otimes I_m$ 可得

$$
\begin{aligned}
(d_\mu^{\mathrm{T}} \mathbf{1}_n) \otimes \nabla_\theta \bar{r}_\mu &= d_\mu^{\mathrm{T}} \otimes I_m u + (d_\mu^{\mathrm{T}} P_\mu) \otimes I_m \nabla_\theta v_\mu - d_\mu^{\mathrm{T}} \otimes I_m \nabla_\theta v_\mu \\
&= d_\mu^{\mathrm{T}} \otimes I_m u + d_\mu^{\mathrm{T}} \otimes I_m \nabla_\theta v_\mu - d_\mu^{\mathrm{T}} \otimes I_m \nabla_\theta v_\mu \\
&= d_\mu^{\mathrm{T}} \otimes I_m u.
\end{aligned}
$$

因为 $d_\mu^{\mathrm{T}} \mathbf{1}_n = 1$，上述方程可以变换为

$$
\begin{aligned}
\nabla_\theta \bar{r}_\mu &= d_\mu^{\mathrm{T}} \otimes I_m u \\
&= \sum_{s \in \mathcal{S}} d_\mu(s) u(s) \\
&= \sum_{s \in \mathcal{S}} d_\mu(s) \nabla_\theta \mu(s) \big(\nabla_a q_\mu(s, a)\big)|_{a=\mu(s)} \\
&= \mathbb{E}_{S \sim d_\mu} \big[\nabla_\theta \mu(S) \big(\nabla_a q_\mu(S, a)\big)|_{a=\mu(S)} \big].
\end{aligned}
$$

证明完毕。

10.4.2 算法描述

基于定理10.2中给出的梯度，我们可以应用梯度上升算法来最大化 $J(\theta)$：

$$\theta_{t+1} = \theta_t + \alpha_\theta \mathbb{E}_{S \sim \eta} \big[\nabla_\theta \mu(S) \big(\nabla_a q_\mu(S, a)\big)|_{a=\mu(S)} \big].$$

相应的随机梯度上升算法是

$$\theta_{t+1} = \theta_t + \alpha_\theta \nabla_\theta \mu(s_t) \big(\nabla_a q_\mu(s_t, a)\big)|_{a=\mu(s_t)}.$$

具体的实施步骤可参见算法10.4。下面是对该算法的一些解释说明。

第一，该算法是 Off-policy 的，这是因为行为策略 β 可能与目标策略 μ 不同。具体来说，这里 Actor 是 Off-policy 的，我们在介绍定理10.2时已经解释过原因；这里 Critic 也是 Off-policy 的。有的读者可能会问为什么这里 Critic 是 Off-policy 却不需要重要性采样呢？这是因为 Critic 需要的经验样本是 $(s_t, a_t, r_{t+1}, s_{t+1}, \tilde{a}_{t+1})$，其中 $\tilde{a}_{t+1} = \mu(s_{t+1})$。这个经验样本的生成涉及两个策略：第一个是在 s_t 生成 a_t 的策略，第二个是在 s_{t+1} 生成 $\tilde{a}_{t+1}$ 的策略。其中生成 a_t 的策略是行为策略，因为 a_t 用于与环境交互；而生成 $\tilde{a}_{t+1}$ 的策略是目标策略 μ，它也是 Critic 要评价的策略。值得注意的是，$\tilde{a}_{t+1}$ 不会在下一个

时刻执行，因此 μ 不是行为策略。综上所述，这里 Critic 是 Off-policy 的。

第二，如何选择函数 $q(s,a,w)$？最初提出确定性策略梯度方法的工作 [74] 采用了线性函数 $q(s,a,w) = \phi^{\mathrm{T}}(s,a)w$，其中 $\phi(s,a)$ 是特征向量。目前主流的做法是使用神经网络来表示 $q(s,a,w)$，例如深度确定性策略梯度（deep deterministic policy gradient，DDPG）算法 [75]。

第三，如何选择行为策略 β？它可以是任何探索性策略，也可以是通过给 μ 添加噪声获得的随机策略 [75]。

算法 10.4：确定性策略梯度（确定性 Actor-Critic）

初始化：给定的行为策略 $\beta(a|s)$。确定性目标策略 $\mu(s,\theta_0)$，其中 θ_0 是初始参数。价值函数 $q(s,a,w_0)$，其中 w_0 是初始参数。$\alpha_w, \alpha_\theta > 0$。

目标：学习一个最优策略以最大化 $J(\theta)$。

在每个回合的 t 时刻

　　根据 β 生成 a_t，然后观察 r_{t+1}, s_{t+1}

　　时序差分误差：

$$\delta_t = r_{t+1} + \gamma q(s_{t+1}, \mu(s_{t+1}, \theta_t), w_t) - q(s_t, a_t, w_t)$$

　　Actor（策略更新）：

$$\theta_{t+1} = \theta_t + \alpha_\theta \nabla_\theta \mu(s_t, \theta_t) \big(\nabla_a q(s_t, a, w_t)\big)\big|_{a=\mu(s_t)}$$

　　Critic（价值更新）：

$$w_{t+1} = w_t + \alpha_w \delta_t \nabla_w q(s_t, a_t, w_t)$$

10.5　总结

本章介绍了多种 Actor-Critic 算法。

◇　第10.1节介绍了一种称为 QAC 的最简单的 Actor-Critic 算法。该算法与上一章介绍的策略梯度算法 REINFORCE 非常类似，唯一的区别在于 QAC 中的 q 值的估计依赖于时序差分方法，而 REINFORCE 依赖于蒙特卡罗方法。

◇　第10.2节将 QAC 推广到了优势 Actor-Critic 算法。我们证明了当引入额外的基准函数时策略梯度是不变的，然后给出了最优的基准函数，从而可以减小估计的方差。

◇　第10.3节将优势 Actor-Critic 算法扩展到了 Off-policy 的情况。为了做到这一点，我们介绍了一种称为重要性采样的重要技术。

◇　之前介绍的策略梯度算法都依赖于随机策略，而第10.4节展示了策略梯度方法中的策略也可以被强制限制为确定性的。我们推导了相应的确定性策略梯度，并且给出了确定性策略梯度算法。

策略梯度和 Actor-Critic 方法在现代强化学习中被广泛使用。文献中有许多先进的算法，如 SAC[76, 77]、TRPO[78]、PPO[79]、TD3[80] 等。此外，单智能体情况也可以扩展到多智能体强化学习情况（multi-agent reinforcement learning，MARL）[81–85]。经验样本也可用于估计系统模型，从而实现基于模型的强化学习（model-based reinforcement learning, MBRL）[15, 86, 87]。分布式强化学习（distributional reinforcement learning）提供了一个与传统强化学习不同的视角 [88, 89]。强化学习与控制理论之间的关系在 [90–95] 中有讨论。本书无法涵盖所有主题，不过相信本书能为读者未来的学习和研究奠定良好的基础。

10.6　问答

◇　提问：Actor-Critic 算法与策略梯度算法之间的关系是什么？

回答：Actor-Critic 算法实际上就是策略梯度方法。任何策略梯度算法在更新策略的同时也需要估计状态值或者动作值。此时，如果我们使用基于值函数的时序差分算法，那么这样的算法被称为 Actor-Critic。"Actor-Critic" 这个名称强调了算法的结构，说明了其结合了策略更新（actor）和价值更新（critic）的模块。实际上，策略更新和价值更新也是所有强化学习算法的两大基本模块，只不过不同算法中这两者的具体实现有所不同。

◇　提问：为什么在 Actor-Critic 方法需要引入额外的基准函数呢？

回答：由于引入额外的基准函数并不会改变策略梯度，因此我们可以利用该基准函数来减少估计的方差，由此产生的算法称为优势 Actor-Critic。

◇　提问：除了基于策略的算法外，重要性采样可以应用到基于值的算法中吗？

答案：可以的。这是因为重要性采样是一种通用技术，它可以使用由一个概率分布得到的样本来估计另一个概率分布的期望值。实际上，强化学习中的许多问题本质上都是期望值估计问题。例如，在基于值的方法中，动作值或状态值被定义为期望值；在基于策略的方法中，真实策略梯度也是一个期望值。因此，重要性采样可以用在基于值或基于策略的算法中。实际上，它已经在算法 10.3 中被应用于价值更新了。

◇　提问：为什么确定性策略梯度方法是 Off-policy 的？

回答：如果策略是确定性的，那么相应的策略梯度并不涉及动作的随机变量。因此，当我们使用样本来近似真实梯度时，就不需要动作样本。详细解释可以参见正文。

附录 A

概率论基础

概率论是强化学习的重要基础。下面给出本书经常使用的一些概念和结论。

◇ 随机变量（random variable）

顾名思义，"变量"表示它可以从一个数值集合中取值，"随机"表示其取值必须服从一个概率分布。

随机变量通常用大写字母表示，而一个具体样本值通常用小写字母表示。例如，X是一个随机变量，x是X的一个具体样本值。随机变量可以是标量，也可以是向量。

与普通变量一样，随机变量可以进行数学运算，例如求和、乘积、绝对值等。如果X、Y是两个随机变量，我们可以计算$X+Y$、$X+1$、XY等。

◇ 随机序列（stochastic sequence）

我们可能经常遇到对一个随机变量X采样得到的随机序列$\{x_i\}_{i=1}^n$。例如，如果投掷一枚骰子n次，设x_i为第i次投掷获得的值，那么$\{x_1, x_2, \ldots, x_n\}$是一个随机序列或者随机过程，其中$x_i$被认为也是一个随机变量。

初学者可能会感到困惑：x_i只是随机变量的一个具体的样本值，为什么这里认为它是一个随机变量？实际上，如果样本序列已经确定下来了，例如是$\{1,6,3,5,\ldots\}$，那么这个序列不是一个随机序列，因为所有样本值都已经确定了。然而，如果我们使用变量x_i来代表样本值，那么它是一个随机变量，这是因为它的取值服从了一个概率分布。这里虽然x_i是小写字母，但它仍然代表一个随机变量。

◇ 概率（probability）

符号$p(X = x)$或$p_X(x)$描述了随机变量X取值x的概率。当上下文明确时，$p(X = x)$通常简写为$p(x)$。

◇ 联合概率（joint probability）

符号$p(X = x, Y = y)$或$p(x,y)$描述了随机变量X取值x并且Y取值y的概率。一个有用的公式为

$$\sum_y p(x,y) = p(x).$$

◇ 条件概率（conditional probability）

符号$p(X = x | A = a)$描述了在随机变量A已经取值a的条件下，随机变量X取值x的概率。我们常常将$p(X = x | A = a)$简写为$p(x|a)$。

关于联合概率和条件概率，下面的等式成立：

$$p(x,a) = p(x|a)p(a)$$

且

$$p(x|a) = \frac{p(x,a)}{p(a)}.$$

由于 $p(x) = \sum_a p(x,a)$，我们有

$$p(x) = \sum_a p(x,a) = \sum_a p(x|a)p(a),$$

这被称为全概率公式（formula of total probability）。

◇ 独立性（independence）

如果两个随机变量的取值互不影响，那么这两个随机变量是独立的。从数学上讲，如果 X 和 Y 独立，则

$$p(x,y) = p(x)p(y).$$

由于 $p(x,y) = p(x|y)p(y)$，由上式可进一步推出

$$p(x|y) = p(x).$$

◇ 条件独立（conditional independence）

设 X、A、B 为三个随机变量。如果给定 B 时有

$$p(X = x|A = a, B = b) = p(X = x|B = b),$$

那么我们说 X 与条件 A 独立。

该性质在强化学习中有重要应用。具体来说，考虑三个连续时刻的状态：s_t, s_{t+1}, s_{t+2}。虽然直观上看 s_{t+2} 与 s_{t+1} 和 s_t 都有关系，但是如果 s_{t+1} 已经给定，那么 s_{t+2} 条件独立于 s_t，即有

$$p(s_{t+2}|s_{t+1}, s_t) = p(s_{t+2}|s_{t+1}).$$

这实际上就是马尔可夫过程的无记忆性质。

◇ 全概率公式（formula of total probability）

前面介绍条件概率时，我们已经提到了全概率公式。由于它很重要，下面再次单独列出它：

$$p(x) = \sum_y p(x,y) = \sum_y p(x|y)p(y).$$

◇ 链式规则（chain rule）

根据条件概率的定义可知

$$p(a,b) = p(a|b)p(b).$$

此式可推广至

$$p(a, b, c) = p(a|b, c)p(b, c) = p(a|b, c)p(b|c)p(c).$$

上式可进一步推出 $p(a, b, c)/p(c) = p(a, b|c) = p(a|b, c)p(b|c)$。由公式 $p(a, b|c) = p(a|b, c)p(b|c)$ 可推出

$$p(x|a) = \sum_b p(x, b|a) = \sum_b p(x|b, a)p(b|a).$$

◇ 期望/期望值/均值（expectation/expected value/mean value）

假设 X 是一个随机变量，其取值 x 的概率是 $p(x)$，那么 X 的期望值定义为

$$\mathbb{E}[X] = \sum_x p(x)x.$$

期望值具有线性性质：

$$\mathbb{E}[X + Y] = \mathbb{E}[X] + \mathbb{E}[Y],$$

$$\mathbb{E}[aX] = a\mathbb{E}[X].$$

上面第二个等式可以简单地通过定义证明。上面第一个等式的证明如下：

$$\begin{aligned}
\mathbb{E}[X + Y] &= \sum_x \sum_y (x + y)p(X = x, Y = y) \\
&= \sum_x x \sum_y p(x, y) + \sum_y y \sum_x p(x, y) \\
&= \sum_x xp(x) + \sum_y yp(y) \\
&= \mathbb{E}[X] + \mathbb{E}[Y].
\end{aligned}$$

此外，由于线性的性质可得

$$\mathbb{E}\left[\sum_i a_i X_i\right] = \sum_i a_i \mathbb{E}[X_i].$$

类似地，可以证明

$$\mathbb{E}[AX] = A\mathbb{E}[X],$$

其中 $A \in \mathbb{R}^{n \times n}$ 是一个确定性矩阵，$X \in \mathbb{R}^n$ 是一个随机向量。

◇ 条件期望（conditional expectation）

条件期望的定义是

$$\mathbb{E}[X|A = a] = \sum_x xp(x|a).$$

与全概率公式类似,我们有全期望公式(formula of total expectation):

$$\mathbb{E}[X] = \sum_a \mathbb{E}[X|A=a]p(a).$$

上式的证明如下:

$$\begin{aligned}
\sum_a \mathbb{E}[X|A=a]p(a) &= \sum_a \left[\sum_x p(x|a)x\right]p(a) \\
&= \sum_x \sum_a p(x|a)p(a)x \\
&= \sum_x \left[\sum_a p(x|a)p(a)\right]x \\
&= \sum_x p(x)x \\
&= \mathbb{E}[X].
\end{aligned}$$

在强化学习中经常会用到全期望公式。

此外,条件期望也满足

$$\mathbb{E}[X|A=a] = \sum_b \mathbb{E}[X|A=a, B=b]p(b|a).$$

上式在推导贝尔曼方程时会用到。我们可以利用链式法则(如 $p(x|a,b)p(b|a) = p(x,b|a)$)来证明该式,具体证明在此省略。

最后值得注意的是,$\mathbb{E}[X|A=a]$ 与 $\mathbb{E}[X|A]$ 不同。前者是一个值,而后者是一个随机变量。实际上,$\mathbb{E}[X|A]$ 是随机变量 A 的函数,此时需要用更严格的概率论来定义 $\mathbb{E}[X|A]$,这会在附录B中讨论。

◇ **期望的梯度(gradient of expectation)**

设 $f(X, \beta)$ 是随机变量 X 和确定性参数向量 β 的标量函数。那么,

$$\nabla_\beta \mathbb{E}[f(X, \beta)] = \mathbb{E}[\nabla_\beta f(X, \beta)].$$

证明:由于 $\mathbb{E}[f(X, \beta)] = \sum_x f(x, a)p(x)$,我们有 $\nabla_\beta \mathbb{E}[f(X, \beta)] = \nabla_\beta \sum_x f(x, a)p(x) = \sum_x \nabla_\beta f(x, a)p(x) = \mathbb{E}[\nabla_\beta f(X, \beta)]$。

◇ **方差、协方差、协方差矩阵(variance、covariance、covariance matrix)**

一个随机变量 X 的方差定义为 $\mathrm{var}(X) = \mathbb{E}[(X-\bar{x})^2]$,其中 $\bar{x} = \mathbb{E}[X]$。两个随机变量 X、Y 的协方差定义为 $\mathrm{cov}(X, Y) = \mathbb{E}[(X-\bar{x})(Y-\bar{y})]$。对于一个随机向量 $X = [X_1, \ldots, X_n]^\mathrm{T}$,其协方差矩阵定义为 $\mathrm{var}(X) \doteq \Sigma = \mathbb{E}[(X-\bar{x})(X-\bar{x})^\mathrm{T}] \in \mathbb{R}^{n \times n}$。$\Sigma$ 的第 ij 项是 $[\Sigma]_{ij} = \mathbb{E}[[X-\bar{x}]_i[X-\bar{x}]_j] = \mathbb{E}[(X_i-\bar{x}_i)(X_j-\bar{x}_j)] = \mathrm{cov}(X_i, X_j)$。一个

基本的性质是：如果 a 是确定性的，那么 $\text{var}(a) = 0$。此外，可以验证 $\text{var}(AX+a) = \text{var}(AX) = A\text{var}(X)A^{\text{T}} = A\Sigma A^{\text{T}}$。

下面总结了一些关于方差的有用性质。

- 性质 1：$\mathbb{E}[(X - \bar{x})(Y - \bar{y})] = \mathbb{E}[XY] - \bar{x}\bar{y} = \mathbb{E}[XY] - \mathbb{E}[X]\mathbb{E}[Y]$。

  证明：$\mathbb{E}[(X-\bar{x})(Y-\bar{y})] = \mathbb{E}[XY - X\bar{y} - \bar{x}Y + \bar{x}\bar{y}] = \mathbb{E}[XY] - \mathbb{E}[X]\bar{y} - \bar{x}\mathbb{E}[Y] + \bar{x}\bar{y} = \mathbb{E}[XY] - \mathbb{E}[X]\mathbb{E}[Y] - \mathbb{E}[X]\mathbb{E}[Y] + \mathbb{E}[X]\mathbb{E}[Y] = \mathbb{E}[XY] - \mathbb{E}[X]\mathbb{E}[Y]$。

- 性质 2：如果 X, Y 是独立的，那么 $\mathbb{E}[XY] = \mathbb{E}[X]\mathbb{E}[Y]$。

  证明：$\mathbb{E}[XY] = \sum_x \sum_y p(x,y)xy = \sum_x \sum_y p(x)p(y)xy = \sum_x p(x)x \sum_y p(y)y = \mathbb{E}[X]\mathbb{E}[Y]$。

- 性质 3：如果 X, Y 是独立的，那么 $\text{cov}(X,Y) = 0$。

  证明：当 X, Y 是独立的时候，$\text{cov}(X,Y) = \mathbb{E}[XY] - \mathbb{E}[X]\mathbb{E}[Y] = \mathbb{E}[X]\mathbb{E}[Y] - \mathbb{E}[X]\mathbb{E}[Y] = 0$。

附录B

测度概率论

本附录将简要介绍测度概率论（measure-theoretic probability theory），它也被称为严格概率论（rigorous probability theory）。我们仅介绍其中一些基本概念和结论，更多介绍可见文献 [96–98]。测度概率论需要一些测度理论的基础知识，本附录没有涵盖，感兴趣的读者可以参考文献 [99]。

读者可能会问：为了学习强化学习有必要理解测度概率论吗？如果读者对涉及随机序列收敛性的理论分析感兴趣，那么就是有必要的。例如，我们在第6章和第7章经常遇到几乎必然（almost surely）收敛的概念，这一概念就来源于测度概率论。如果读者对这些理论分析不感兴趣，则可以跳过这些部分，而不会影响学习其他内容。

概率三元组

概率三元组（probability triple）是建立测度概率论的基础，它也被称为概率空间或概率测度空间（probability space/probability measure space）。一个概率三元组包含如下三要素。

◇ Ω：这是一个集合，称为样本空间（sample space）或者结果空间（outcome space）。Ω 中的任一元素称为一个结果（outcome），记为 ω。这个集合包含随机采样所有可能的结果。

例子：当玩掷骰子游戏时，我们有 6 个可能的结果 $\{1, 2, 3, 4, 5, 6\}$。因此，$\Omega = \{1, 2, 3, 4, 5, 6\}$。

◇ $\mathcal{F}$：这是一个集合，称为事件空间（event space）。它是 Ω 的一个 σ-代数（σ-algebra）或称为 σ-域（σ-field）。σ-代数的定义见方框B.1。$\mathcal{F}$ 中的任一元素称为一个事件（event），表示为 A。样本空间 Ω 中的每一个结果只是一个基本事件（elementary event），而一个事件可能是一个或多个基本事件的组合。

例子：当玩掷骰子游戏时，一个基本事件的例子是"你得到的数字是 i"，其中 $i \in \{1, \ldots, 6\}$。一个非基本事件的例子是"你得到的数字大于 3"，这个事件的数学表示为 $A = \{\omega \in \Omega : \omega > 3\}$。由于 $\Omega = \{1, 2, 3, 4, 5, 6\}$，因此可知 $A = \{4, 5, 6\}$，即 A 是包含三个基础事件的集合。

◇ $\mathbb{P}$：这是一个从 $\mathcal{F}$ 到 $[0, 1]$ 的映射，代表概率测度（probability measure）。任何 $A \in \mathcal{F}$ 是一个包含 Ω 中一些元素的集合，而 $\mathbb{P}(A)$ 则是这个集合的概率测度。

例子：如果 $A = \Omega$，则 $\mathbb{P}(A) = 1$；如果 $A = \varnothing$（空集），则 $\mathbb{P}(A) = 0$。在掷骰子的游戏中，考虑事件"你得到的数字大于 3"，该事件可以写为 $A = \{\omega \in \Omega : \omega > 3\}$。由于 $\Omega = \{1, 2, 3, 4, 5, 6\}$，可知 $A = \{4, 5, 6\}$，所以 $\mathbb{P}(A) = 1/2$。也就是说，我们掷出一个大于 3 的数字的概率是 1/2。这里"概率"在数学上指的是"测度"。

方框 B.1: σ-代数的定义

Ω 的一个代数（algebra）是满足某些条件的 Ω 的一些子集的集合，而 σ-代数（σ-algebra）是一种特殊但重要的代数。具体来说，用 $\mathcal{F}$ 表示一个 σ-代数，那么它必须满足以下条件。

◇ $\mathcal{F}$ 包含 $\varnothing$ 和 Ω；

◇ $\mathcal{F}$ 对补集封闭；

◇ $\mathcal{F}$ 对可数并集和交集封闭。

Ω 的 σ-代数不是唯一的。根据上面三个条件，$\mathcal{F}$ 可能包含 Ω 的所有子集，也可能只包含一部分子集。此外，这三个条件并不是相互独立的。例如，如果 $\mathcal{F}$ 包含 Ω 并且对补集封闭，那么它自然包含 $\varnothing$。更多信息可参见文献 [96–98]。

◇ 例子：在玩掷骰子游戏时，我们有 $\Omega = \{1, 2, 3, 4, 5, 6\}$。$\mathcal{F} = \{\Omega, \varnothing, \{1, 2, 3\}, \{4, 5, 6\}\}$ 是一个 σ-代数，因为它满足上述三个条件（原因留给读者验证）。当然也还有其他的 σ-代数，例如 $\{\Omega, \varnothing, \{1, 2, 3, 4, 5\}, \{6\}\}$。此外，如果 Ω 仅包含有限个元素，那么由其所有子集组成的集合是一个 σ-代数。

随机变量

基于概率三元组的概念，我们可以正式定义随机变量。虽然它被称为"变量"，但它实际上是一个"函数"。具体来说，它是一个从 Ω 到 $\mathbb{R}$ 的映射：$X(\omega) : \Omega \to \mathbb{R}$，即 $X(\omega)$ 为 Ω 中的每个元素分配了一个数值。

并非所有从 Ω 到 $\mathbb{R}$ 的映射都是随机变量。如果一个映射 $X : \Omega \to \mathbb{R}$ 对于所有 $x \in \mathbb{R}$ 都满足

$$A = \{\omega \in \Omega | X(\omega) \leqslant x\} \in \mathcal{F},$$

那么 X 被称为一个随机变量。这个定义要求对任意的 x，$X(\omega) \leqslant x$ 必须是 $\mathcal{F}$ 中的一个事件。更多信息可参见文献 [96, 第 3.1 节]。

随机变量的期望

随机变量的期望的定义比较复杂，这里仅考虑特殊但重要的简单随机变量的期望。

具体来说，如果 $X(\omega)$ 能取的值的个数是有限的，那么该随机变量是简单的（simple）。令 $\mathcal{X}$ 代表 X 的所有取值的集合。简单随机变量就是如下映射：$X(w) : \Omega \to \mathcal{X}$。该映射可以写成如下解析式：

$$X(\omega) \doteq \sum_{x \in \mathcal{X}} x \mathbb{1}_{A_x}(\omega),$$

其中

$$A_x = \{\omega \in \Omega | X(\omega) = x\} \doteq X^{-1}(x)$$

并且

$$\mathbb{1}_{A_x}(\omega) \doteq \begin{cases} 1, & \omega \in A_x, \\ 0, & \omega \notin A_x. \end{cases} \tag{B.1}$$

这里 $\mathbb{1}_{A_x}(\omega)$ 是一个指示函数（indicator function）：$\mathbb{1}_{A_x}(\omega) : \Omega \to \{0, 1\}$。如果 ω 被映射到 x，那么该指示函数等于 1；否则它等于 0。Ω 中的多个 ω 可能映射到 $\mathcal{X}$ 中的同一个值，但是 Ω 中的一个 ω 不能同时映射到 $\mathcal{X}$ 中的多个值。

有了上述准备，简单随机变量的期望定义为

$$\mathbb{E}[X] \doteq \sum_{x \in \mathcal{X}} x \mathbb{P}(A_x), \tag{B.2}$$

其中

$$A_x = \{\omega \in \Omega | X(\omega) = x\}.$$

大家还记得在概率论基础中介绍的期望的定义吗？其定义为 $\mathbb{E}[X] = \sum_{x \in \mathcal{X}} x p(x)$。这个定义与式(B.2)非常类似，只是后者更加正式。

作为一个典型例子，下面我们计算式(B.1)中指示函数的期望值。值得注意的是，指示函数也是一个随机变量，它将 Ω 映射到 $\{0, 1\}$ [96, 命题 3.1.5]，因此我们可以计算它的期望值。具体来说，考虑指示函数 $\mathbb{1}_A$，其中 A 表示一个事件。那么我们有

$$\mathbb{E}[\mathbb{1}_A] = \mathbb{P}(A).$$

该式的证明如下：

$$\begin{aligned} \mathbb{E}[\mathbb{1}_A] &= \sum_{z \in \{0,1\}} z \mathbb{P}(\mathbb{1}_A = z) \\ &= 0 \cdot \mathbb{P}(\mathbb{1}_A = 0) + 1 \cdot \mathbb{P}(\mathbb{1}_A = 1) \\ &= \mathbb{P}(\mathbb{1}_A = 1) \\ &= \mathbb{P}(A). \end{aligned}$$

更多关于指示函数的性质可参见文献 [100, 第 24 章]。

随机变量的条件期望

式(B.2)中的期望将随机变量映射到一个特定的值。下面介绍一种将随机变量映射到另一个随机变量的条件期望。

假设 X、Y、Z 都是随机变量。考虑下面三种情况，后一种情况是前一种的扩展。

◇ 第一，考虑 $\mathbb{E}[X|Y=2]$ 或 $\mathbb{E}[X|Y=5]$ 这样的条件期望，它们都是具体的数值。

◇ 第二，考虑 $\mathbb{E}[X|Y=y]$，其中 y 是一个变量。由于不同 y 值会得到不同的期望值，因此不难看出这个条件期望是 y 的函数。

◇ 第三，考虑 $\mathbb{E}[X|Y]$，其中 Y 是一个随机变量。这个条件期望也是 Y 的函数。然而，因为 Y 是一个随机变量，所以 $\mathbb{E}[X|Y]$ 也是一个随机变量。由于 $\mathbb{E}[X|Y]$ 是一个随机变量，我们可以像对待普通随机变量一样对待它，例如计算它的期望值。

这里我们重点关注第三种情况中的期望，因为它经常出现在随机序列的收敛性分析中，其严格的定义可参见文献 [96, 第 13 章]，下面仅介绍一些有用的结论 [101]。

引理 B.1 (基本性质). 设 X、Y、Z 是随机变量，则以下性质成立。

(a) $\mathbb{E}[a|Y]=a$，其中 a 是一个确定的数值。

(b) $\mathbb{E}[aX+bZ|Y]=a\mathbb{E}[X|Y]+b\mathbb{E}[Z|Y]$。

(c) 如果 X、Y 是独立的，那么 $\mathbb{E}[X|Y]=\mathbb{E}[X]$。

(d) $\mathbb{E}[Xf(Y)|Y]=f(Y)\mathbb{E}[X|Y]$。

(e) $\mathbb{E}[f(Y)|Y]=f(Y)$。

(f) $\mathbb{E}[X|Y,f(Y)]=\mathbb{E}[X|Y]$。

(g) 如果 $X\geqslant 0$，那么 $\mathbb{E}[X|Y]\geqslant 0$。

(h) 如果 $X\geqslant Z$，那么 $\mathbb{E}[X|Y]\geqslant\mathbb{E}[Z|Y]$。

证明：下面只证明两个有代表性的性质，其他性质的证明是类似的。

为了证明性质 (a) 中的 $\mathbb{E}[a|Y]=a$，我们只需要证明 $\mathbb{E}[a|Y=y]=a$ 对任意 Y 可能取的数值 y 都成立即可，而这显然是成立的。

为了证明性质 (d)，我们只需要证明 $\mathbb{E}[Xf(Y)|Y=y]=f(Y=y)\mathbb{E}[X|Y=y]$ 对任意 Y 可能取的数值 y 都成立即可，而此式成立是因为 $\mathbb{E}[Xf(Y)|Y=y]=\sum_x xf(y)$ $p(x|y)=f(y)\sum_x xp(x|y)=f(y)\mathbb{E}[X|Y=y]$。 □

由于 $\mathbb{E}[X|Y]$ 是一个随机变量，我们可以计算它的期望。下面给出了相关的一些性质，这些性质对于分析随机序列的收敛性十分有用。

引理 B.2。设 X、Y、Z 为随机变量，则以下性质成立。

(a) $\mathbb{E}\big[\mathbb{E}[X|Y]\big]=\mathbb{E}[X]$。

(b) $\mathbb{E}\big[\mathbb{E}[X|Y,Z]\big]=\mathbb{E}[X]$。

(c) $\mathbb{E}\big[\mathbb{E}[X|Y]|Y\big] = \mathbb{E}[X|Y]$。

证明：为了证明性质 (a)，我们只需要证明 $\mathbb{E}\big[\mathbb{E}[X|Y=y]\big] = \mathbb{E}[X]$ 对所有 Y 可能取的值 y 都成立即可。为此，由于 $\mathbb{E}[X|Y]$ 是 Y 的函数，我们可以将其表示为 $f(Y) \doteq \mathbb{E}[X|Y]$。那么有

$$
\begin{aligned}
\mathbb{E}\big[\mathbb{E}[X|Y]\big] = \mathbb{E}\big[f(Y)\big] &= \sum_y f(Y=y)p(y) \\
&= \sum_y \mathbb{E}[X|Y=y]p(y) \\
&= \sum_y \left(\sum_x xp(x|y) \right) p(y) \\
&= \sum_x x \sum_y p(x|y)p(y) \\
&= \sum_x x \sum_y p(x,y) \\
&= \sum_x xp(x) \\
&= \mathbb{E}[X].
\end{aligned}
$$

对性质 (b) 的证明是类似的：

$$
\mathbb{E}\big[\mathbb{E}[X|Y,Z]\big] = \sum_{y,z} \mathbb{E}[X|y,z]p(y,z) = \sum_{y,z}\sum_x xp(x|y,z)p(y,z) = \sum_x xp(x) = \mathbb{E}[X].
$$

性质 (c) 可以直接由引理B.1中的性质 (e) 推出。具体来说，如果 $f(Y) \doteq \mathbb{E}[X|Y]$，那么 $\mathbb{E}[\mathbb{E}[X|Y]|Y] = \mathbb{E}[f(Y)|Y] = f(Y) = \mathbb{E}[X|Y]$。 $\square$

随机序列收敛性的定义

我们关注测度概率论的一个重要原因是它能严格描述随机序列的收敛性。

考虑随机序列 $\{X_k\} \doteq \{X_1, X_2, \ldots, X_k, \ldots\}$。这个序列中的每一个元素都是在三元组 $(\Omega, \mathcal{F}, \mathbb{P})$ 上定义的随机变量。当我们说 $\{X_k\}$ 收敛时，我们应该非常小心，因为存在许多不同类型的收敛。

◇ **必然收敛**（sure convergence）

定义：如果下式成立，那么 $\{X_k\}$ 必然（surely）或处处（everywhere）或逐点（point-wise）收敛到 X：

$$
\lim_{k \to \infty} X_k(\omega) = X(\omega), \quad \text{对任意} \omega \in \Omega.
$$

这意味着对于 Ω 中的所有元素，$\lim_{k\to\infty} X_k(\omega) = X(\omega)$ 都是成立的。该定义也可

以等价地描述为

$$A = \Omega \quad \text{其中} \quad A = \left\{ \omega \in \Omega : \lim_{k \to \infty} X_k(\omega) = X(\omega) \right\}.$$

◇ **几乎必然收敛**（almost sure convergence）

定义：如果下式成立，那么 $\{X_k\}$ 几乎必然（almost surely）或几乎处处（almost everywhere）或以概率 1（with probability 1，w.p.1）收敛到 X：

$$\mathbb{P}(A) = 1 \quad \text{其中} \quad A = \left\{ \omega \in \Omega : \lim_{k \to \infty} X_k(\omega) = X(\omega) \right\}. \tag{B.3}$$

这意味着对于 Ω 中的几乎所有元素，$\lim_{k \to \infty} X_k(\omega) = X(\omega)$ 都是成立的。而那些无法让这个极限成立的元素构成了一个测度为 0 的集合。简单起见，式(B.3)通常写为

$$\mathbb{P}\left(\lim_{k \to \infty} X_k = X \right) = 1.$$

几乎必然收敛可以表示为 $X_k \xrightarrow{\text{a.s.}} X$.

◇ **概率收敛**（convergence in probability）

定义：如果对于任何 $\epsilon > 0$ 下式都成立，那么 $\{X_k\}$ 概率收敛到 X：

$$\lim_{k \to \infty} \mathbb{P}(A_k) = 0 \quad \text{其中} \quad A_k = \{\omega \in \Omega : |X_k(\omega) - X(\omega)| > \epsilon\}. \tag{B.4}$$

简单起见式(B.4)可以写成

$$\lim_{k \to \infty} \mathbb{P}(|X_k - X| > \epsilon) = 0.$$

概率收敛和（几乎）必然收敛的区别如下。（几乎）必然收敛首先评估在 Ω 中每个点的收敛性，然后检查这些点的测度。概率收敛首先检查满足 $|X_k - X| > \epsilon$ 的点，然后评估其测度是否会随着 $k \to \infty$ 收敛到 0。

◇ **均值收敛**（convergence in mean）

定义：如果下式成立，那么 $\{X_k\}$ 以 r 次均值（或 L^r 范数）收敛到 X：

$$\lim_{k \to \infty} \mathbb{E}[|X_k - X|^r] = 0.$$

最常见的情况是 $r = 1$ 和 $r = 2$。值得一提的是，均值收敛并不等同于 $\lim_{k \to \infty} \mathbb{E}[X_k - X] = 0$ 或 $\lim_{k \to \infty} \mathbb{E}[X_k] = \mathbb{E}[X]$，因为可能 $\mathbb{E}[X_k]$ 收敛但方差不收敛。

◇ **分布收敛**（convergence in distribution）

定义：假设 X_k 的累积分布函数（cumulative distribution function）是 $\mathbb{P}(X_k \leqslant a)$，

其中 $a \in \mathbb{R}$。如果累积分布函数满足下式，那么 $\{X_k\}$ 以分布收敛到 X：

$$\lim_{k \to \infty} \mathbb{P}(X_k \leqslant a) = \mathbb{P}(X \leqslant a), \quad \text{对所有} a \in \mathbb{R}.$$

上式可以另写为

$$\lim_{k \to \infty} \mathbb{P}(A_k) = \mathbb{P}(A),$$

其中

$$A_k \doteq \{\omega \in \Omega : X_k(\omega) \leqslant a\}, \quad A \doteq \{\omega \in \Omega : X(\omega) \leqslant a\}.$$

上述不同收敛类型之间的关系如下所示：

几乎必然收敛 $\implies$ 概率收敛 $\implies$ 分布收敛

均值收敛 $\implies$ 概率收敛 $\implies$ 分布收敛

几乎必然收敛和平均收敛相互之间不能推出，更多信息可参见文献 [102]。

附录 C

序列的收敛性

下面介绍一些关于确定性序列（deterministic sequence）和随机序列（stochastic sequence）收敛性的结果，这些结果对于分析第6章和第7章的强化学习算法的收敛性十分有用。

C.1 确定性序列的收敛性

单调序列的收敛性

考虑一个序列 $\{x_k\} \doteq \{x_1, x_2, \ldots, x_k, \ldots\}$，其中 $x_k \in \mathbb{R}$。这个序列是确定性的，即 x_k 不是随机变量。关于确定性序列，最著名的收敛性结论之一是关于单调序列。

定理 C.1 (单调序列的收敛性)。如果序列 $\{x_k\}$ 是非递增的并且有下界：

◇ 非增：对所有的 k，有 $x_{k+1} \leqslant x_k$;

◇ 下界：对所有的 k，有 $x_k \geqslant \alpha$;

那么当 $k \to \infty$ 时，x_k 会收敛到一个极限，该极限是 $\{x_k\}$ 的下确界。

类似地，如果 $\{x_k\}$ 是非递减的并且有上界，那么该序列也是收敛的。

非单调序列的收敛性

接下来介绍非单调序列的收敛性。为此，首先引入下面的算子 [103]。对任意 $z \in \mathbb{R}$，定义

$$z^+ \doteq \begin{cases} z, & z \geqslant 0, \\ 0, & z < 0, \end{cases}$$

$$z^- \doteq \begin{cases} z, & z \leqslant 0, \\ 0, & z > 0. \end{cases}$$

显然，$z^+ \geqslant 0$ 且 $z^- \leqslant 0$ 对任意 z 都成立。此外，

$$z = z^+ + z^-$$

也对所有 $z \in \mathbb{R}$ 都成立。

下面分析 $\{x_k\}$ 的收敛性。将 x_k 重写为

$$\begin{aligned} x_k &= x_k - x_{k-1} + x_{k-1} - x_{k-2} + \cdots - x_2 + x_2 - x_1 + x_1 \\ &= \sum_{i=1}^{k-1}(x_{i+1} - x_i) + x_1 \\ &\doteq S_k + x_1, \end{aligned} \tag{C.1}$$

其中 $S_k \doteq \sum_{i=1}^{k-1}(x_{i+1} - x_i)$。这里 S_k 可以分解为

$$S_k = \sum_{i=1}^{k-1}(x_{i+1} - x_i) = S_k^+ + S_k^-,$$

其中

$$S_k^+ = \sum_{i=1}^{k-1}(x_{i+1} - x_i)^+ \geqslant 0, \qquad S_k^- = \sum_{i=1}^{k-1}(x_{i+1} - x_i)^- \leqslant 0.$$

下面给出 S_k^+ 和 S_k^- 的一些有用性质。

◇ $\{S_k^+ \geqslant 0\}$ 是一个非递减序列，因为对于所有的 k 都有 $S_{k+1}^+ \geqslant S_k^+$。

◇ $\{S_k^- \leqslant 0\}$ 是一个非递增序列，因为对于所有的 k 都有 $S_{k+1}^- \leqslant S_k^-$。

◇ 如果 S_k^+ 有上界，则 S_k^- 有下界，这是因为 $S_k^- \geqslant -S_k^+ - x_1$ 成立，而该不等式可由 $S_k^- + S_k^+ + x_1 = x_k \geqslant 0$ 推出。

有了上面的准备，我们给出如下结果。

定理 C.2 (非单调序列的收敛性)。对于任意非负序列 $\{x_k \geqslant 0\}$，如果

$$\sum_{k=1}^{\infty}(x_{k+1} - x_k)^+ < \infty, \tag{C.2}$$

那么当 $k \to \infty$ 时，$\{x_k\}$ 收敛。

证明： 首先，令 $S_k^+ = \sum_{i=1}^{k-1}(x_{i+1} - x_i)^+$。条件 $\sum_{k=1}^{\infty}(x_{k+1} - x_k)^+ < \infty$ 表明对于所有的 k，S_k^+ 都具有有限上界。由于 $\{S_k^+\}$ 是非递减的，$\{S_k^+\}$ 的收敛性立即可以从定理C.1得出。设 S_*^+ 为 S_k^+ 的收敛值。

其次，S_k^+ 的有界性意味着 S_k^- 是下界有限的，这是因为 $S_k^- \geqslant -S_k^+ - x_1$。由于 $\{S_k^-\}$ 是非递增的，$\{S_k^-\}$ 的收敛性立即可以从定理C.1得出。设 S_*^- 为 S_k^- 的收敛值。

最后，因为 $x_k = S_k^+ + S_k^- + x_1$（如式(C.1)所示），所以由 S_k^+ 和 S_k^- 的收敛性可知 $\{x_k\}$ 能收敛到 $S_*^+ + S_*^- + x_1$。

定理C.2比定理C.1更为一般化，因为它允许 $\{x_k\}$ 是非单调的。反过来说，定理C.1是定理C.2的一个特殊情况。这是因为在单调情况下定理C.2仍然是适用的。具体来说，如果 $0 \leqslant x_{k+1} \leqslant x_k$，那么 $\sum_{k=1}^{\infty}(x_{k+1} - x_k)^+ = 0$，此时(C.2)仍然成立。

我们该如何理解条件(C.2)呢？该条件的直观意义是 $(x_{k+1} - x_k)^+$ 是逐渐收敛到0的，因此虽然 $\{x_k\}$ 不是递减的，但是当 k 很大时这个序列已经接近递减序列了。换句话说，条件(C.2)要求序列的递增变化是逐渐被抑制的。

定理C.2针对的是一般化的序列。下面考虑一个特殊但重要的序列。假设 $\{x_k \geqslant 0\}$ 是一个非负序列并且满足

$$x_{k+1} \leqslant x_k + \eta_k.$$

如果 $\eta_k = 0$，那么 $x_{k+1} \leqslant x_k$，此时序列是单调的。如果 $\eta_k \geqslant 0$，那么该序列不是单调的，因为 x_{k+1} 有可能大于 x_k。此时我们能得到其收敛性条件吗？答案是肯定的，下面的结果表明当 η_k 满足一些条件时就能确保 $\{x_k\}$ 的收敛，这个结果是定理C.2的直接推论。

推论 C.1。假设一个非负序列 $\{x_k \geqslant 0\}$ 满足

$$x_{k+1} \leqslant x_k + \eta_k.$$

如果 $\{\eta_k \geqslant 0\}$ 满足

$$\sum_{k=1}^{\infty} \eta_k < \infty,$$

那么 $\{x_k \geqslant 0\}$ 收敛。

> **证明：** 由于 $x_{k+1} \leqslant x_k + \eta_k$，因此对所有的 k 都有 $(x_{k+1} - x_k)^+ \leqslant \eta_k$，由此可得
>
> $$\sum_{k=1}^{\infty} (x_{k+1} - x_k)^+ \leqslant \sum_{k=1}^{\infty} \eta_k < \infty.$$
>
> 因此式(C.2)中的条件成立，所以根据定理C.2可以得出该序列的收敛性。

如何从直观上理解推论C.1呢？从直观上来说，$\sum_{k=1}^{\infty} \eta_k < \infty$ 意味着 η_k 逐渐收敛到0，因此 $\{x_k\}$ 最终逐渐变成了单调序列。

C.2　随机序列的收敛性

下面考虑随机序列。虽然附录B已经给出了随机序列收敛性的多种定义，但是还没有介绍如何确定一个随机序列是否收敛。下面介绍一类重要的随机序列，称为Martingale（鞅）。如果一个序列能够被归为Martingale（或其变体之一），那么其收敛性往往不难证明。

鞅序列的收敛

◇　定义：一个随机序列 $\{X_k\}_{k=1}^{\infty}$ 被称为Martingale，如果 $\mathbb{E}[|X_k|] < \infty$ 并且

$$\mathbb{E}[X_{k+1}|X_1, \ldots, X_k] = X_k \tag{C.3}$$

对任意 k 几乎必然成立。注意，这里 $\mathbb{E}[X_{k+1}|X_1,\ldots,X_k]$ 是随机变量，而不是一个确定值，这也是为什么需要说该式 "几乎必然" 的原因。另外，$\mathbb{E}[X_{k+1}|X_1,\ldots,X_k]$ 通常简写为 $\mathbb{E}[X_{k+1}|\mathcal{H}_k]$，其中 $\mathcal{H}_k = \{X_1,\ldots,X_k\}$ 表示序列过去的 "历史"，而且 $\mathcal{H}_k$ 还有一个特定的名字：Filtration，更多信息可参见 [96, 第14章] 和 [104]。

◇ 例子：能够形象地说明 Martingale 的一个例子是随机游走（random walk），这是描述一个点随机移动的随机过程。具体来说，令 X_k 表示一个点 k 时刻的位置。从 X_k 开始，如果单步位移的平均值等于 0，那么下一个时刻的位置 X_{k+1} 的期望等于 X_k，此时有 $\mathbb{E}[X_{k+1}|X_1,\ldots,X_k] = X_k$，所以 $\{X_k\}$ 是一个 Martingale。

Martingale 的一个基本性质是

$$\mathbb{E}[X_{k+1}] = \mathbb{E}[X_k]$$

对任意 k 都成立。由此可得

$$\mathbb{E}[X_k] = \mathbb{E}[X_{k-1}] = \cdots = \mathbb{E}[X_2] = \mathbb{E}[X_1].$$

这个结果可以通过对 (C.3) 的两边求期望进而应用引理 B.2 中的性质 (b) 加以证明。

注意，Martingale 的期望是不变的常数。下面我们将其扩展到两类更一般化的变体：Submartingale 和 Supermartingale，它们的期望是单调变化的。

◇ 定义：一个随机序列 $\{X_k\}$ 被称为 Submartingale（次鞅），如果 $\mathbb{E}[|X_k|] < \infty$ 并且

$$\mathbb{E}[X_{k+1}|X_1,\ldots,X_k] \geqslant X_k \tag{C.4}$$

对所有 k 成立。

对式 (C.4) 的两边求期望值可得 $\mathbb{E}[X_{k+1}] \geqslant \mathbb{E}[X_k]$，这是因为 $\mathbb{E}[\mathbb{E}[X_{k+1}|X_1,\ldots,X_k]] = \mathbb{E}[X_{k+1}]$（引理 B.2 中的性质 (b)）。由此可得

$$\mathbb{E}[X_k] \geqslant \mathbb{E}[X_{k-1}] \geqslant \cdots \geqslant \mathbb{E}[X_2] \geqslant \mathbb{E}[X_1].$$

因此，Submartingale 的期望是递增的。

值得一提的是，当我们比较两个随机变量 X 和 Y 时，$X \leqslant Y$ 意味着对所有 $\omega \in \Omega$ 都有 $X(\omega) \leqslant Y(\omega)$，而并不意味着 X 的最大值小于 Y 的最小值。

◇ 定义：一个随机序列 $\{X_k\}$ 被称为 Supermartingale（超鞅），如果 $\mathbb{E}[|X_k|] < \infty$ 并且

$$\mathbb{E}[X_{k+1}|X_1,\ldots,X_k] \leqslant X_k \tag{C.5}$$

对所有的 k 成立。

类似地，对 (C.5) 两边取期望可得 $\mathbb{E}[X_{k+1}] \leqslant \mathbb{E}[X_k]$，进而可得

$$\mathbb{E}[X_k] \leqslant \mathbb{E}[X_{k-1}] \leqslant \cdots \leqslant \mathbb{E}[X_2] \leqslant \mathbb{E}[X_1].$$

因此，Supermartingale 的期望是递减的。

Submartingale 和 Supermartingale 分别对应期望递增和期望递减的情况。为了方便初学者区分它们，下面介绍一个简单技巧。"Supermartingale" 中有一个字母 "p" 向下指，因此其期望是递减的；"Submartingale" 中有一个字母 "b" 向上指，因此其期望是递增的 [104]。

为了方便理解，读者可以将 Submartingale 和 Supermartingale 与确定性序列中的单调情况相类比。针对确定性单调序列的收敛性已经在定理 C.1 中给出，下面给出针对随机序列的一个类似的结果。

定理 C.3（鞅的收敛性）。如果 $\{X_k\}$ 是 Submartingale 或 Supermartingale，那么存在一个有限的随机变量 X，使得 X_k 几乎必然收敛于 X。

上述定理的证明省略。关于鞅的介绍可参见文献 [96, 第 14 章] 和 [104]。

准鞅序列的收敛

接下来介绍 Quasimartingale（准鞅），它的期望值不是单调的。为了方便理解，读者可以将其与确定性序列中的非单调情况相类比。Quasimartingale 的严格定义和收敛是比较复杂的，下面仅列出一些有用的性质。

> 定义事件 A_k 为 $A_k \doteq \{\omega \in \Omega : \mathbb{E}[X_{k+1} - X_k | \mathcal{H}_k] \geqslant 0\}$，其中 $\mathcal{H}_k = \{X_1, \ldots, X_k\}$。事件 A_k 对应了 X_{k+1} 的期望大于 X_k 的情况。设 $\mathbb{1}_{A_k}$ 是一个指示函数：
>
> $$\mathbb{1}_{A_k} = \begin{cases} 1, & \mathbb{E}[X_{k+1} - X_k | \mathcal{H}_k] \geqslant 0, \\ 0, & \mathbb{E}[X_{k+1} - X_k | \mathcal{H}_k] < 0. \end{cases}$$
>
> 指示函数的一个基本性质是对于任意事件 A 有
>
> $$\mathbb{1}_A + \mathbb{1}_{A^c} = 1.$$
>
> 其中 A^c 表示 A 的补事件（complementary event）。因此，对于任意随机变量都有
>
> $$X = \mathbb{1}_A X + \mathbb{1}_{A^c} X.$$

尽管 Quasimartingale 的期望并不是单调的，不过在一些条件下仍然能保证其收敛性。

定理 C.4 (准鞅的收敛性). 对于一个非负的随机序列 $\{X_k \geq 0\}$, 如果

$$\sum_{k=1}^{\infty} \mathbb{E}[(X_{k+1} - X_k)\mathbb{1}_{A_k}] < \infty,$$

那么 $\sum_{k=1}^{\infty} \mathbb{E}[(X_{k+1} - X_k)\mathbb{1}_{A_k^c}] > -\infty$ 并且存在一个有限的随机变量 X 使得当 $k \to \infty$ 时, X_k 几乎必然收敛于 X。

为了方便理解, 定理C.4可以被视为定理C.2的类比, 后者是针对非单调的确定性序列。定理C.4的证明可参见文献 [105, 命题9.5]。注意, 这里的 X_k 应该是非负的, 因此 $\sum_{k=1}^{\infty} \mathbb{E}[(X_{k+1} - X_k)\mathbb{1}_{A_k}]$ 的有界性可以推出 $\sum_{k=1}^{\infty} \mathbb{E}[(X_{k+1} - X_k)\mathbb{1}_{A_k^c}]$ 的有界性。

梳理与比较

前面介绍了不少关于序列收敛性的内容, 为了方便读者理解, 下面对这些内容进行梳理。

◇ 确定性序列

- 单调序列: 如定理C.1所示, 如果一个序列是单调且有界的, 那么它一定收敛。

- 非单调序列: 如定理C.2所示, 即使一个序列是非单调的, 但如果非单调的变化是被抑制的 (例如 $\sum_{k=1}^{\infty}(x_{k+1} - x_k)^+ < \infty$), 那么它仍然收敛。

◇ 随机序列

- Submartingale 或 Supermartingale: 如定理C.3所示, 由于 Submartingale 和 Supermartingale 的期望是单调变化的, 因此该序列几乎必然收敛。

- Quasimartingale: 如定理C.4所示, 即使 Quasimartingale 的期望是非单调的, 但如果非单调的变化是被抑制的 (例如 $\sum_{k=1}^{\infty} \mathbb{E}[(X_{k+1} - X_k)\mathbf{1}_{\mathbb{E}[X_{k+1}-X_k|\mathcal{H}_k]>0}] < \infty$), 那么它仍然收敛。

为了方便读者理解, 表C.1汇总了不同种类的鞅的期望值的单调性。

表 C.1　不同种类的鞅的期望值的单调性总结。

鞅的变体	期望的单调性
鞅（Martingale）	常数: $\mathbb{E}[X_{k+1}] = \mathbb{E}[X_k]$
次鞅（Submartingale）	递增: $\mathbb{E}[X_{k+1}] \geq \mathbb{E}[X_k]$
超鞅（Supermartingale）	递减: $\mathbb{E}[X_{k+1}] \leq \mathbb{E}[X_k]$
准鞅（Quasimartingale）	非单调

附录D

梯度下降方法

梯度下降方法是最常用的优化方法之一，它也是第6章介绍的随机梯度下降方法的基础。

凸性

◇ 定义

- 凸集：假设 $\mathcal{D}$ 是 $\mathbb{R}^n$ 的一个子集。如果对于任意的 $x, y \in \mathcal{D}$ 以及任意 $c \in [0, 1]$ 都有 $z \doteq cx + (1 - c)y \in \mathcal{D}$，那么这个集合是凸集（convex set）。

- 凸函数：假设 $f : \mathcal{D} \to \mathbb{R}$，其中 $\mathcal{D}$ 是凸的。如果

$$f(cx + (1 - x)y) \leqslant cf(x) + (1 - c)f(y)$$

对所有 $x, y \in \mathcal{D}$ 和 $c \in [0, 1]$ 都成立，那么 $f(x)$ 是凸函数（convex function）。

◇ 判别条件

- 一阶条件：考虑函数 $f : \mathcal{D} \to \mathbb{R}$，其中 $\mathcal{D}$ 是凸的。如果

$$f(y) - f(x) \geqslant \nabla f(x)^{\mathrm{T}}(y - x) \tag{D.1}$$

对所有 $x, y \in \mathcal{D}$ 都成立，那么 f 是凸的 [106, 第3.1.3节]。当 x 是标量时，$\nabla f(x)$ 表示 $f(x)$ 在 x 的切线斜率，此时(D.1)的几何解释是点 $(y, f(y))$ 总是位于切线之上。

- 二阶条件：考虑函数 $f : \mathcal{D} \to \mathbb{R}$，其中 $\mathcal{D}$ 是凸的。如果

$$\nabla^2 f(x) \succeq 0$$

对所有 $x \in \mathcal{D}$ 都成立，那么 f 是凸的。这里 $\nabla^2 f(x)$ 是海森矩阵（Hessian matrix）。

◇ 凸度

不同凸函数的凸度（degree of convexity）可能是不同的。后面我们将看到凸度可能影响梯度下降算法中步长的选择。海森矩阵是描述凸度的一个有效工具。具体来说，如果在某一点海森矩阵 $\nabla^2 f(x)$ 接近奇异，那么该函数在该点周围是平坦的，因此是弱凸的。相反，如果 $\nabla^2 f(x)$ 的最小奇异值是正的且较大，那么该函数在该点周围是弯曲的，因此是强凸的。

$\nabla^2 f(x)$ 的下界和上界在表征函数凸性方面起着重要作用。

- $\nabla^2 f(x)$ 的下界：如果 $\nabla^2 f(x) \succeq \ell I_n$ 对所有 x 都成立（其中 $\ell > 0$），那么该函数被称为强凸或严格凸（strictly convex）。

- $\nabla^2 f(x)$ 的上界：如果 $\nabla^2 f(x) \preceq LI_n$ 对所有 x 都成立（其中 $L > 0$），那么该函数在任意一点的凸度不可能任意大。换句话说，一阶导数 $\nabla f(x)$ 不可能任意快的变化，因为其变化率是有上界的，该上界条件可以由 $\nabla f(x)$ 的利普希茨（Lipschitz）条件导出，如下所示。

　　引理 D.1。假设 f 是一个凸函数。如果 $\nabla f(x)$ 是利普希茨连续的并且利普希茨常数为 L，即

$$\|\nabla f(x) - \nabla f(y)\| \leqslant L\|x - y\|, \quad \text{对任意} x, y,$$

那么 $\nabla^2 f(x) \preceq LI_n$ 对任意 x 都成立。这里 $\|\cdot\|$ 表示欧几里得范数。

梯度下降算法

　　考虑如下优化问题：

$$\min_x f(x)$$

其中 $x \in \mathcal{D} \subseteq \mathbb{R}^n, f : \mathcal{D} \to \mathbb{R}$。可用于求解该优化问题的梯度下降算法是

$$x_{k+1} = x_k - \alpha_k \nabla f(x_k), \quad k = 0, 1, 2, \ldots \tag{D.2}$$

其中 α_k 被称为步长（step size），它可以固定不变，也可以不断变化。下面是关于(D.2)的一些解释说明。

◇ 变化的方向：$\nabla f(x_k)$ 是一个向量，指向 $f(x)$ 在 x_k 附近增加最快的方向。因此，$-\nabla f(x_k)$ 是 $f(x)$ 在 x_k 附近减小最快的方向。

◇ 变化的幅度：x_k 的变化量等于 $-\alpha_k \nabla f(x_k)$，该量的幅值由步长 α_k 和 $\nabla f(x_k)$ 的幅值共同决定。

- $\nabla f(x_k)$ 的幅值

　　当 x_k 离最优解 x^* 比较近时，由于 $\nabla f(x^*) = 0$，因此 $\|\nabla f(x_k)\|$ 的幅值比较小，x_k 的变化幅值较小。这是合理的，因为此时已经接近最优解，应避免大幅度改变 x 从而错过最优解。

　　当 x_k 离最优解 x^* 比较远时，$\nabla f(x_k)$ 的幅值可能较大，此时 x_k 的变化幅值也较大。这也是合理的，因为我们希望能尽快接近最优解。

- 步长 α_k 的大小

　　如果 α_k 较小，那么 $-\alpha_k \nabla f(x_k)$ 的幅值也较小，因此收敛过程缓慢。如果 α_k 太大，那么 x_k 的变化较为激进，这可能加快收敛速度，也可能导致发散。

我们应该如何选择 α_k 呢？α_k 的选择应该依赖于 $f(x_k)$ 的凸度。如果函数在最优解附近比较弯曲（即凸度强），那么步长 α_k 应该较小，从而保证收敛。如果函数在最优解附近比较平坦（即凸度弱），那么步长可以较大，从而快速接近最优解。

收敛性分析

下面给出梯度下降算法(D.2)的收敛性分析，即证明 x_k 能够收敛到最优解 x^*，该最优解满足 $\nabla f(x^*) = 0$。首先，我们做一些假设。

◇ 假设 1：$f(x)$ 是强凸的，从而有

$$\nabla^2 f(x) \succeq \ell I,$$

其中 $\ell > 0$。

◇ 假设 2：$\nabla f(x)$ 是利普希茨连续的。由引理D.1可得

$$\nabla^2 f(x) \preceq L I_n.$$

收敛性证明如下所示。

证明：对于任意的 x_{k+1} 和 x_k，根据文献 [106, 第9.1.2节]，我们有

$$f(x_{k+1}) = f(x_k) + \nabla f(x_k)^{\mathrm{T}}(x_{k+1} - x_k) + \frac{1}{2}(x_{k+1} - x_k)^{\mathrm{T}}\nabla^2 f(z_k)(x_{k+1} - x_k), \quad \text{(D.3)}$$

其中 z_k 是 x_k 和 x_{k+1} 的一个凸组合（convex combination）。根据假设条件 $\nabla^2 f(z_k) \preceq L I_n$，可得 $\|\nabla^2 f(z_k)\| \leqslant L$。那么从式(D.3)可以推出

$$f(x_{k+1}) \leqslant f(x_k) + \nabla f(x_k)^{\mathrm{T}}(x_{k+1} - x_k) + \frac{1}{2}\|\nabla^2 f(z_k)\|\|x_{k+1} - x_k\|^2$$
$$\leqslant f(x_k) + \nabla f(x_k)^{\mathrm{T}}(x_{k+1} - x_k) + \frac{L}{2}\|x_{k+1} - x_k\|^2.$$

将 $x_{k+1} = x_k - \alpha_k \nabla f(x_k)$ 代入上述不等式得

$$f(x_{k+1}) \leqslant f(x_k) + \nabla f(x_k)^{\mathrm{T}}(-\alpha_k \nabla f(x_k)) + \frac{L}{2}\|\alpha_k \nabla f(x_k)\|^2$$
$$= f(x_k) - \alpha_k\|\nabla f(x_k)\|^2 + \frac{\alpha_k^2 L}{2}\|\nabla f(x_k)\|^2$$
$$= f(x_k) - \underbrace{\alpha_k\left(1 - \frac{\alpha_k L}{2}\right)}_{\eta_k}\|\nabla f(x_k)\|^2. \quad \text{(D.4)}$$

下面证明如果选择

$$0 < \alpha_k < \frac{2}{L}, \quad \text{(D.5)}$$

那么序列 $\{f(x_k)\}_{k=1}^{\infty}$ 收敛于 $f(x^*)$，其中 $\nabla f(x^*) = 0$。第一，由式(D.5)可知 $\eta_k > 0$，进而由式(D.4)可知 $f(x_{k+1}) \leqslant f(x_k)$，所以 $\{f(x_k)\}$ 是一个递减序列。第二，由于 $f(x_k) \geqslant f(x^*)$ 对所有 x_k 成立，根据单调收敛定理C.1，可知 $\{f(x_k)\}$ 随着 $k \to \infty$ 收敛。假设其收敛值为 f^*，在式(D.4)的两边取极限可得

$$\lim_{k \to \infty} f(x_{k+1}) \leqslant \lim_{k \to \infty} f(x_k) - \lim_{k \to \infty} \eta_k \|\nabla f(x_k)\|^2$$

$$\Leftrightarrow f^* \leqslant f^* - \lim_{k \to \infty} \eta_k \|\nabla f(x_k)\|^2$$

$$\Leftrightarrow 0 \leqslant - \lim_{k \to \infty} \eta_k \|\nabla f(x_k)\|^2.$$

由于 $\eta_k \|\nabla f(x_k)\|^2 \geqslant 0$，上述不等式表明 $\lim_{k \to \infty} \eta_k \|\nabla f(x_k)\|^2 = 0$。如果 η_k 不接近于 0，那么 $\nabla f(x)$ 收敛到 0，因此 x 收敛到 x^*。证明完毕。以上证明受到 [107] 启发。

不等式(D.5)告诉了我们该如何选择 α_k。如果函数较平坦（即 L 较小），那么步长可以大一点；如果函数较弯曲（即 L 较大），那么步长必须足够小才能确保收敛。当然，还有许多其他方法可以证明梯度下降算法的收敛性，例如收缩映射定理 [108, 引理3]，更全面的介绍可以参见文献 [106]。

符　　号

在本书中，矩阵、随机变量通常由大写字母表示；向量、标量、样本值通常由小写字母表示。本书常用的数学符号如下所述。

$=$	等于
$\approx$	近似
$\doteq$	定义
$\geqslant, >, \leqslant, <$	向量或者矩阵元素间的比较
$\in$	属于
$\|\cdot\|_2$	向量的欧几里得范数或相应的诱导矩阵范数
$\|\cdot\|_\infty$	向量的无穷范数或相应的诱导矩阵范数
$\ln$	自然对数
$\mathbb{R}$	实数集合
$\mathbb{R}^n$	由所有 n 维实数向量组成的集合
$\mathbb{R}^{n \times m}$	由所有 $n \times m$ 维实数矩阵组成的集合
$A \succeq 0 \ (A \succ 0)$	矩阵 A 是半正定的（正定的）
$A \preceq 0 \ (A \succ 0)$	矩阵 A 是半负定的（负定的）
$|x|$	实数 x 的绝对值
$|\mathcal{S}|$	集合 $\mathcal{S}$ 中元素的个数
$\nabla_x f(x)$	标量函数 $f(x)$ 对向量 x 的梯度，有时简写为 $\nabla f(x)$
$[A]_{ij}$	矩阵 A 中第 i 行第 j 列的元素
$[x]_i$	向量 x 的第 i 个元素
$X \sim p$	随机变量 X 的概率分布是 p
$p(X = x), \Pr(X = x)$	$X = x$ 的概率，常简写为 $p(x)$ 或 $\Pr(x)$
$p(x|y)$	条件概率
$\mathbb{E}_{X \sim p}[X]$	随机变量 X 的期望值；当 X 的分布明确时，常简写为 $\mathbb{E}[X]$
$\mathrm{var}(X)$	随机变量 X 的方差
$\arg\max_x f(x)$	使得 $f(x)$ 达到最大值的最优 x
$\mathbf{1}_n$	元素全为 1 的向量；当其维数明确时，常简写为 $\mathbf{1}$
I_n	$n \times n$ 的单位矩阵；当其维数明确时，常简写为 I

索 引

参 考 文 献

[1] M. Pinsky and S. Karlin, *An introduction to stochastic modeling (3rd Edition)*. Academic Press, 1998.

[2] M. L. Puterman, *Markov decision processes: Discrete stochastic dynamic programming*. John Wiley & Sons, 2014.

[3] R. S. Sutton and A. G. Barto, *Reinforcement learning: An introduction (2nd Edition)*. MIT Press, 2018.

[4] R. A. Horn and C. R. Johnson, *Matrix analysis*. Cambridge University Press, 2012.

[5] D. P. Bertsekas and J. N. Tsitsiklis, *Neuro-dynamic programming*. Athena Scientific, 1996.

[6] H. K. Khalil, *Nonlinear systems (3rd Edition)*. Patience Hall, 2002.

[7] G. Strang, *Calculus*. Wellesley-Cambridge Press, 1991.

[8] A. Besenyei, "A brief history of the mean value theorem," 2012, Lecture notes.

[9] A. Y. Ng, D. Harada, and S. Russell, "Policy invariance under reward transformations: Theory and application to reward shaping," in *International Conference on Machine Learning*, vol. 99, 1999, pp. 278-287 .

[10] R. E. Bellman, *Dynamic programming*. Princeton University Press, 2010.

[11] R. E. Bellman and S. E. Dreyfus, *Applied dynamic programming*. Princeton University Press, 2015.

[12] J. Bibby, "Axiomatisations of the average and a further generalisation of monotonic sequences," *Glasgow Mathematical Journal*, vol. 15, no. 1, 1974, pp. 63-65.

[13] A. S. Polydoros and L. Nalpantidis, "Survey of model-based reinforcement learning: Applications on robotics," *Journal of Intelligent & Robotic Systems*, vol. 86, no. 2, 2017, pp. 153-173.

[14] T. M. Moerland, J. Broekens, A. Plaat, and C. M. Jonker, "Model-based reinforcement learning: A survey," *Foundations and Trends in Machine Learning*, vol. 16, no. 1, 2023, pp. 1-118.

[15] F.-M. Luo, T. Xu, H. Lai, X.-H. Chen, W. Zhang, and Y. Yu, "A survey on model-based reinforcement learning," *arXiv:2206.09328*, 2022.

[16] X. Wang, Z. Zhang, and W. Zhang, "Model-based multi-agent reinforcement learning: Recent progress and prospects," *arXiv:2203.10603*, 2022.

[17] M. Riedmiller, R. Hafner, T. Lampe, *et al.*, "Learning by playing solving sparse reward tasks from scratch," in *International Conference on Machine Learning*, 2018, pp. 4344-

4353.

[18] J. Ibarz, J. Tan, C. Finn, M. Kalakrishnan, P. Pastor, and S. Levine, "How to train your robot with deep reinforcement learning: Lessons we have learned," *The International Journal of Robotics Research*, vol. 40, no. 4-5, 2021, pp. 698-721.

[19] S. Narvekar, B. Peng, M. Leonetti, J. Sinapov, M. E. Taylor, and P. Stone, "Curriculum learning for reinforcement learning domains: A framework and survey," *The Journal of Machine Learning Research*, vol. 21, no. 1, 2020, pp. 7382-7431.

[20] C. Szepesvári, *Algorithms for reinforcement learning*. Springer, 2010.

[21] A. Maroti, "RBED: Reward based epsilon decay," *arXiv:1910.13701*, 2019.

[22] V. Mnih, K.Kavukcuoglu, D.Silver, "Human-level control through deep reinforcement learning," *Nature*, vol. 518, no. 7540, 2015, pp. 529-533.

[23] W. Dabney, G. Ostrovski, and A. Barreto, "Temporally-extended epsilon-greedy exploration," *arXiv:2006.01782*, 2020.

[24] H.-F. Chen, *Stochastic approximation and its applications*. Springer Science & Business Media, 2006, vol. 64.

[25] H. Robbins and S. Monro, "A stochastic approximation method," *The Annals of Mathematical Statistics*, 1951, pp. 400-407.

[26] J. Venter, "An extension of the Robbins-Monro procedure," *The Annals of Mathematical Statistics*, vol. 38, no. 1, 1967, pp. 181-190.

[27] D.Ruppert, "Efficient estimations from a slowly convergent Robbins-Monro process," Cornell University Operations Research and Industrial Engineering, Tech. Rep., 1988.

[28] J. Lagarias, "Euler's constant: Euler's work and modern developments," *Bulletin of the American Mathematical Society*, vol. 50, no. 4, 2013, pp. 527-628.

[29] J. H. Conway and R. Guy, *The book of numbers*. Springer Science & Business Media, 1998.

[30] S. Ghosh, "The Basel problem," *arXiv:2010.03953*, 2020.

[31] A. Dvoretzky, "On stochastic approximation," in *The Third Berkeley Symposium on Mathematical Statistics and Probability*, 1956.

[32] T. Jaakkola, M. I. Jordan, and S. P. Singh, "On the convergence of stochastic iterative dynamic programming algorithms," *Neural Computation*, vol. 6, no. 6, 1994, pp. 1185-1201.

[33] T. Kailath, A. H. Sayed, and B. Hassibi, *Linear estimation*. Prentice Hall, 2000.

[34] C. K. Chui and G. Chen, *Kalman filtering*. Springer, 2017.

[35] G. A. Rummery and M. Niranjan, *On-line Q-learning using connectionist systems*. Technical Report, Cambridge University, 1994.

[36] H. Van Seijen, H. Van Hasselt, S. Whiteson, and M. Wiering, "A theoretical and empirical analysis of Expected Sarsa," in *IEEE Symposium on Adaptive Dynamic Pro-

gramming and Reinforcement Learning, 2009, pp. 177-184.

[37] M. Ganger, E. Duryea, and W. Hu, "Double Sarsa and double expected Sarsa with shallow and deep learning," *Journal of Data Analysis and Information Processing*, vol. 4, no. 4, 2016, pp. 159-176.

[38] C. J. C. H. Watkins, "Learning from delayed rewards," Ph.D. dissertation, King's College, 1989.

[39] C. J. Watkins and P. Dayan, "Q-learning," *Machine learning*, vol. 8, no. 3-4, 1992, pp. 279-292.

[40] T. C. Hesterberg, *Advances in importance sampling*. PhD Thesis, Stanford University, 1988.

[41] H. Hasselt, "Double Q-learning," *Advances in Neural Information Processing Systems*, vol. 23, 2010.

[42] H. Van Hasselt, A. Guez, and D. Silver, "Deep reinforcement learning with double Q-learning," in *AAAI Conference on Artificial Intelligence*, vol. 30, 2016.

[43] C. Dann, G. Neumann, and J. Peters, "Policy evaluation with temporal differences: A survey and comparison," *Journal of Machine Learning Research*, vol. 15, 2014, pp. 809-883.

[44] J. Clifton and E. Laber, "Q-learning: Theory and applications," *Annual Review of Statistics and Its Application*, vol. 7, 2020, pp. 279-301.

[45] B. Jang, M. Kim, G. Harerimana, and J. W. Kim, "Q-learning algorithms: A comprehensive classification and applications," *IEEE Access*, vol. 7, 2019, pp. 133 653-133 667.

[46] R. S. Sutton, "Learning to predict by the methods of temporal differences," *Machine Learning*, vol. 3, no. 1, 1988, pp. 9-44.

[47] G. Strang, *Linear algebra and its applications (4th Edition)*. Belmont, CA: Thomson, Brooks/Cole, 2006.

[48] C. D. Meyer and I. Stewart, *Matrix analysis and applied linear algebra*. SIAM, 2023.

[49] M. Pinsky and S. Karlin, *An introduction to stochastic modeling*. Academic Press, 2010.

[50] M. G. Lagoudakis and R. Parr, "Least-squares policy iteration," *The Journal of Machine Learning Research*, vol. 4, 2003, pp. 1107-1149.

[51] R. Munos, "Error bounds for approximate policy iteration," in *International Conference on Machine Learning*, vol. 3, 2003, pp. 560-567.

[52] A. Geramifard, T. J. Walsh, S. Tellex, G. Chowdhary, N. Roy, and J. P. How, "A tutorial on linear function approximators for dynamic programming and reinforcement learning," *Foundations and Trends in Machine Learning*, vol. 6, no. 4, 2013, pp. 375-451.

[53] B. Scherrer, "Should one compute the temporal difference fix point or minimize the

Bellman residual? the unified oblique projection view," in *International Conference on Machine Learning*, 2010.

[54] D. P. Bertsekas, *Dynamic programming and optimal control: Approximate dynamic programming (Volume II)*. Athena Scientific, 2011.

[55] S. Abramovich, G. Jameson, and G. Sinnamon, "Refining Jensen's inequality," *Bulletin mathématique de la Société des Sciences Mathématiques de Roumanie*, 2004, pp. 3-14.

[56] S. S. Dragomir, "Some reverses of the Jensen inequality with applications," *Bulletin of the Australian Mathematical Society*, vol. 87, no. 2, 2013, pp. 177-194.

[57] S. J. Bradtke and A. G. Barto, "Linear least-squares algorithms for temporal difference learning," *Machine Learning*, vol. 22, no. 1, 1996, pp. 33-57.

[58] K. S. Miller, "On the inverse of the sum of matrices," *Mathematics Magazine*, vol. 54, no. 2, 1981, pp. 67-72.

[59] S. A. U. Islam and D. S. Bernstein, "Recursive least squares for real-time implementation," *IEEE Control Systems Magazine*, vol. 39, no. 3, 2019, pp. 82-85.

[60] V. Mnih, K.Kavukcuogle, D.Silver, "Playing Atari with deep reinforcement learning," *arXiv preprint arXiv:1312.5602*, 2013.

[61] J. Fan, Z. Wang, Y. Xie, and Z. Yang, "A theoretical analysis of deep Q-learning," in *Learning for Dynamics and Control*, 2020, pp. 486-489.

[62] L.-J. Lin, *Reinforcement learning for robots using neural networks*. 1992, Technical report.

[63] J. N. Tsitsiklis and B. Van Roy, "An analysis of temporal-difference learning with function approximation," *IEEE Transactions on Automatic Control*, vol. 42, no. 5, 1997, pp. 674-690.

[64] R. S. Sutton, D. McAllester, S. Singh, and Y. Mansour, "Policy gradient methods for reinforcement learning with function approximation," *Advances in Neural Information Processing Systems*, vol. 12, 1999.

[65] P. Marbach and J. N. Tsitsiklis, "Simulation-based optimization of Markov reward processes," *IEEE Transactions on Automatic Control*, vol. 46, no. 2, 2001, pp. 191-209.

[66] J. Baxter and P. L. Bartlett, "Infinite-horizon policy-gradient estimation," *Journal of Artificial Intelligence Research*, vol. 15, 2001, pp. 319-350.

[67] X.-R. Cao, "A basic formula for online policy gradient algorithms," *IEEE Transactions on Automatic Control*, vol. 50, no. 5, 2005, pp. 696-699.

[68] R. J. Williams, "Simple statistical gradient-following algorithms for connectionist reinforcement learning," *Machine Learning*, vol. 8, no. 3, 1992, pp. 229-256.

[69] J. Peters and S. Schaal, "Reinforcement learning of motor skills with policy gradients," *Neural Networks*, vol. 21, no. 4, 2008, pp. 682-697.

[70] E. Greensmith, P. L. Bartlett, and J. Baxter, "Variance reduction techniques for gradient estimates in reinforcement learning," *Journal of Machine Learning Research*, vol. 5, no. 9, 2004.

[71] V. Mnih, A.P.Badia, M.Mirza, "Asynchronous methods for deep reinforcement learning," in *International Conference on Machine Learning*, 2016, pp. 1928-1937.

[72] M. Babaeizadeh, I. Frosio, S. Tyree, J. Clemons, and J. Kautz, "Reinforcement learning through asynchronous advantage actor-critic on a GPU," *arXiv:1611.06256*, 2016.

[73] T. Degris, M. White, and R. S. Sutton, "Off-policy actor-critic," *arXiv:1205.4839*, 2012.

[74] D. Silver, G. Lever, N. Heess, T. Degris, D. Wierstra, and M. Riedmiller, "Deterministic policy gradient algorithms," in *International Conference on Machine Learning*, 2014, pp. 387-395.

[75] T. P. Lillicrap, J.J.Hunt, A.Pritzel, "Continuous control with deep reinforcement learning," *arXiv:1509.02971*, 2015.

[76] T. Haarnoja, A. Zhou, P. Abbeel, and S. Levine, "Soft actor-critic: Off-policy maximum entropy deep reinforcement learning with a stochastic actor," in *International Conference on Machine Learning*, 2018, pp. 1861-1870.

[77] T. Haarnoja, A.Zhou, K.Hartikaimen, "Soft actor-critic algorithms and applications," *arXiv:1812.05905*, 2018.

[78] J. Schulman, S. Levine, P. Abbeel, M. Jordan, and P. Moritz, "Trust region policy optimization," in *International Conference on Machine Learning*, 2015, pp. 1889-1897.

[79] J. Schulman, F. Wolski, P. Dhariwal, A. Radford, and O. Klimov, "Proximal policy optimization algorithms," *arXiv:1707.06347*, 2017.

[80] S. Fujimoto, H. Hoof, and D. Meger, "Addressing function approximation error in actor-critic methods," in *International Conference on Machine Learning*, 2018, pp. 1587-1596.

[81] J. Foerster, G. Farquhar, T. Afouras, N. Nardelli, and S. Whiteson, "Counterfactual multi-agent policy gradients," in *AAAI Conference on Artificial Intelligence*, vol. 32, 2018.

[82] R. Lowe, Y. I. Wu, A. Tamar, J. Harb, O. Pieter Abbeel, and I. Mordatch, "Multi-agent actor-critic for mixed cooperative-competitive environments," *Advances in Neural Information Processing Systems*, vol. 30, 2017.

[83] Y. Yang, R. Luo, M. Li, M. Zhou, W. Zhang, and J. Wang, "Mean field multi-agent reinforcement learning," in *International Conference on Machine Learning*, 2018,pp. 5571-5580.

[84] O. Vinyals, I.Babuschkin, W.M.Czarnecki, "Grandmaster level in StarCraft II using multi-agent reinforcement learning," *Nature*, vol. 575, no. 7782, 2019, pp. 350-354.

[85] Y. Yang and J. Wang, "An overview of multi-agent reinforcement learning from game theoretical perspective," *arXiv:2011.00583*, 2020.

[86] S. Levine and V. Koltun, "Guided policy search," in *International Conference on Machine Learning*, 2013, pp. 1-9.

[87] M. Janner, J. Fu, M. Zhang, and S. Levine, "When to trust your model: Model-based policy optimization," *Advances in Neural Information Processing Systems*, vol. 32, 2019.

[88] M. G. Bellemare, W. Dabney, and R. Munos, "A distributional perspective on reinforcement learning," in *International Conference on Machine Learning*, 2017, pp. 449-458.

[89] M. G. Bellemare, W. Dabney, and M. Rowland, *Distributional Reinforcement Learning*. MIT Press, 2023.

[90] H. Zhang, D. Liu, Y. Luo, and D. Wang, *Adaptive dynamic programming for control: algorithms and stability*. Springer Science & Business Media, 2012.

[91] F. L. Lewis, D. Vrabie, and K. G. Vamvoudakis, "Reinforcement learning and feedback control: Using natural decision methods to design optimal adaptive controllers," *IEEE Control Systems Magazine*, vol. 32, no. 6, 2012, pp. 76-105.

[92] F. L. Lewis and D. Liu, *Reinforcement learning and approximate dynamic programming for feedback control*. John Wiley & Sons, 2013.

[93] Z.-P. Jiang, T. Bian, and W. Gao, "Learning-based control: A tutorial and some recent results," *Foundations and Trends in Systems and Control*, vol. 8, no. 3, 2020, pp. 176-284.

[94] S. Meyn, *Control systems and reinforcement learning*. Cambridge University Press, 2022.

[95] S. E. Li, *Reinforcement learning for sequential decision and optimal control*. Springer, 2023.

[96] J. S. Rosenthal, *First look at rigorous probability theory (2nd Edition)*. World Scientific Publishing Company, 2006.

[97] D. Pollard, *A user's guide to measure theoretic probability*. Cambridge University Press, 2002.

[98] P. J. Spreij, "Measure theoretic probability," *UvA Course Notes*, 2012.

[99] R. G. Bartle, *The elements of integration and Lebesgue measure*. John Wiley & Sons, 2014.

[100] M. Taboga, *Lectures on probability theory and mathematical statistics (2nd Edition)*. CreateSpace Independent Publishing Platform, 2012.

[101] T. Kennedy, "Theory of probability," 2007, Lecture notes.

[102] A. W. Van der Vaart, *Asymptotic statistics*. Cambridge University Press, 2000.

[103] L. Bottou, "Online learning and stochastic approximations," *Online Learning in Neural Networks*, vol. 17, no. 9, 1998, p. 142.

[104] D. Williams, *Probability with martingales*. Cambridge University Press, 1991.

[105] M. Métivier, *Semimartingales: A course on stochastic processes*. Walter de Gruyter, 1982.

[106] S. Boyd, S. P. Boyd, and L. Vandenberghe, *Convex optimization*. Cambridge University Press, 2004.

[107] S. Bubeck *et al.*, "Convex optimization: Algorithms and complexity," *Foundations and Trends in Machine Learning*, vol. 8, no. 3-4, 2015, pp. 231–357.

[108] A. Jung, "A fixed-point of view on gradient methods for big data," *Frontiers in Applied Mathematics and Statistics*, vol. 3, p. 18, 2017.